Nouveau

1re

FOCUS BAC avec SCHOOLMOUV

SVT

Spécialité

Maxime Treiber
Certifié de SVT
Académie de Créteil

Aurélie Deneux
Agrégée de SVT
Académie de Créteil

Avec la participation de

Cécile Ghienne (fiches Coaching Bac)
Docteure en sciences du langage et professeure en didactique

Marion Petipré (fiches Grand Oral)
Conceptrice et directrice du programme D.U. ParéO
(Passeport pour réussir et s'orienter) à l'Université de Paris.

Belin: ÉDUCATION
SCHOOLMOUV

Sommaire

LE PATRIMOINE GÉNÉTIQUE

1 La transmission génétique du patrimoine chez les eucaryotes

2 Mutation de l'ADN et variabilité génétique

3 L'expression du patrimoine génétique et les enzymes

4 L'histoire humaine lue dans son génome

170 bis, boulevard du Montparnasse, 75680 Paris Cedex 14.

ISBN : 979-10-358-2307-8

Sommaire

LE SYSTÈME IMMUNITAIRE

12
L'immunité innée

13
L'immunité adaptative

14
L'utilisation de l'immunité adaptative en santé humaine

Coaching BAC

Grand Oral

L'épreuve de SVT si tu conserves la spécialité en Terminale

QUAND L'ÉPREUVE SE DÉROULE-T-ELLE ?

L'épreuve écrite de Terminale se déroule généralement au mois de **mars**. Il s'agit d'une épreuve corrigée par des enseignants extérieurs à l'établissement. **Si tu abandonnes la spécialité SVT à la fin de la classe de Première, alors tu seras évalué(e) au contrôle continu** : la moyenne de tes notes pendant l'année de Première sera affectée du coefficient **8 (sur 100)** pour la note finale du bac.

COMBIEN DE TEMPS DURE-T-ELLE ?

L'épreuve terminale de spécialité de SVT comporte **deux parties** : une **épreuve écrite**, qui dure **3 h 30**, et une **épreuve d'évaluation des compétences expérimentales** (ECE), qui dure **1 h**.

COMMENT LES POINTS SONT-ILS RÉPARTIS ENTRE LES DIFFÉRENTS EXERCICES ?

L'**épreuve écrite** compte pour **15 points** (sur 20) et l'**épreuve pratique** compte pour **5 points** (sur 20). La note globale de l'épreuve est donnée sur 20 points. Dans l'épreuve écrite, l'**exercice 1** est noté sur 6 ou 7 points, l'**exercice 2** est noté sur 8 ou 9 points.

QUEL EST LE POIDS DE L'ÉPREUVE DE SPÉCIALITÉ SVT ?

Dans le nouveau baccalauréat, l'ensemble des épreuves terminales compte pour 60 % de la note finale. Le coefficient de l'épreuve de spécialité de SVT est de **16 (sur 100)**.

QUELS TYPES D'EXERCICES DOIS-JE MAÎTRISER ?

Tu dois maîtriser deux types d'exercices. L'**exercice 1** nécessite de rédiger un texte argumenté répondant à une question scientifique posée. Le questionnement peut être accompagné d'un ou plusieurs documents. L'**exercice 2** demande de développer un raisonnement scientifique pour résoudre le problème posé.

SUR QUELLE PARTIE DU PROGRAMME VAIS-JE ÊTRE ÉVALUÉ(E) ?

L'épreuve écrite porte sur la maîtrise des **connaissances et compétences** acquises dans le cadre du **programme du cycle terminal** (Première et Terminale) à **l'exception de 6 parties**, qui sont travaillées après l'épreuve en Terminale. Les exercices portent sur des **thématiques du programme de classe de Terminale**. Cependant, celles-ci s'appuient abondamment sur les connaissances de la classe de Première : tu devras donc bien les maîtriser !

QUELLES SONT LES ATTENTES DU JURY ?

L'épreuve a pour objectif de valider la maîtrise des connaissances et compétences acquises dans le cadre du programme du cycle terminal. L'**exercice 1** permet d'évaluer la capacité à mobiliser des connaissances, à les organiser et à les exposer avec la syntaxe, le vocabulaire scientifique et les modes de communication scientifique appropriés. L'**exercice 2** permet d'évaluer la capacité à pratiquer une démarche scientifique, à partir de l'exploitation d'un ensemble de documents et en mobilisant des connaissances voir Méthode BAC, p. 8-9.

Pour te préparer à l'épreuve tout au long de l'année, consulte les fiches Coaching BAC, p. 266-279.

1 Les clés pour réussir

Étape 1 Analyser et reformuler les termes du sujet

Cette étape est essentielle pour les deux types d'exercices. Elle vise à comprendre le sens du travail à faire, les exigences et les limites. Il faut en particulier analyser :

- **le verbe employé** (« expliquer », « décrire »...) ;
- **les mots clés du sujet** ;
- **les limites du sujet** ;
- **les exigences spécifiées dans le paratexte** (« texte argumenté », « preuves », utilisation des documents...).

Étape 2 Recenser et organiser les idées et arguments pour répondre au sujet

- **Analyse** les documents.
- **Mobilise tes connaissances** sur le sujet.
- **Repère les idées clés** et les détails qui y sont associés.
- **Formule ta conclusion.**
- **Organise tes idées clés** selon un ordre logique qui permet leur énonciation progressive sans aller-retour. Chacune constitue alors une « grande » partie de développement.
- **Choisis un argument** à présenter par idée clé. C'est-à-dire une preuve pour un des détails pour chacune des idées clés.
- **Choisis ce que tu présenteras sous forme de texte et sous forme de schéma** (que tu esquisseras au brouillon).

COUP DE POUCE

Une fois ta conclusion formulée, vérifie qu'il s'agit bien d'une réponse complète au problème posé. Si c'est le cas, passe à l'organisation de ton texte. Si ce n'est pas le cas, remobilise tes connaissances.

CONSEIL

Pour chacune des parties, établis l'ordre logique dans lequel tu énonceras les détails associés.

Étape 3 Rédiger le devoir

- **Rédige une introduction** qui rappelle le sujet à traiter, en le reformulant.
- **Rédige tes « grandes » parties** comme des paragraphes distincts, en respectant l'ordre et la forme que tu as choisis.
- **Rédige ta conclusion.**
- **Relis ton travail** pour corriger la syntaxe, la grammaire, le vocabulaire scientifique et les schémas.

2 Comment vérifier que tu réponds bien aux attentes du jury ?

Nous te proposons dans cet ouvrage des **sujets d'exercices 1 et 2** adaptés au programme de Première pour chaque thématique, accompagnés d'aides à la résolution et de pistes de correction.

Pour t'accompagner, tu trouveras ci-dessous les critères d'évaluation spécifiques à chaque exercice.

Exercice 1

Tes connaissances et arguments

> Exactitude et complétude des connaissances à mobiliser

> Pertinence, complétude et exactitude des arguments nécessaires pour étayer l'exposé : principes ou exemples d'expériences, observations, situations concrètes… (éventuellement issus du ou des documents proposés)

La construction scientifique de ton texte

> Logique de la construction du texte par rapport à la question posée

> Complétude : toutes les idées clés (grandes parties du sujet) sont présentes

La qualité de ton exposé

> Syntaxe, vocabulaire scientifique, clarté de tout mode de communication scientifique approprié

Exercice 2

Ta démarche de résolution

> Qualité et complétude de la démarche de résolution (adéquation de la démarche avec le problème posé)

> Qualité de la rédaction de la démarche de résolution (explicitation claire et rigoureuse du raisonnement conduit)

> Présence et justesse de la conclusion apportant une réponse correcte au problème posé

Ton analyse des documents et la mobilisation de tes connaissances

> Qualité des données prélevées dans les documents pour résoudre le problème scientifique

> Complétude et pertinence des connaissances nécessaires pour traiter le problème de manière complète, en sus des données issues des document

La mise en relation des documents et connaissances

> Mise en relation pertinente des données prélevées et des connaissances avec le problème à résoudre (confrontation pertinente des données et des connaissances et du problème posé)

THÈME 1

1 La transmission génétique chez

RÉVISIONS 2de

Un quiz avant de commencer

1. Vrai ou faux ?

	Vrai	Faux
1 Les chromosomes sont constitués d'ADN.	☐	☐
2 Le caryotype est l'ensemble des gènes du noyau d'une cellule d'un individu.	☐	☐
3 Les chromosomes sont toujours à deux chromatides, chaque chromatide étant constituée d'une seule molécule d'ADN.	☐	☐
4 Toutes les cellules d'un individu (hors gamètes) possèdent le même nombre de chromosomes dans leur noyau.	☐	☐
5 Les gamètes possèdent deux fois plus de chromosomes que les autres cellules de l'organisme.	☐	☐
6 Une molécule d'ADN est constituée de trois brins de nucléotides enroulés en double hélice.	☐	☐

2. Coche la ou les bonne(s) réponse(s).

1. La mitose est la division d'une cellule parentale :

- a en deux cellules. ☐
- b en quatre cellules. ☐
- c qui forme des cellules filles avec le même caryotype que la cellule parentale. ☐
- d qui forme des cellules filles avec un caryotype différent de la cellule parentale. ☐

2. Les gamètes sont produits au cours de :

- a la mitose. ☐
- b la méiose. ☐
- c la fécondation. ☐
- d la mutation. ☐

3. Dans la molécule d'ADN :

- a les nucléotides à adénine sont complémentaires aux nucléotides à guanine. ☐
- b les nucléotides à thymine sont complémentaires aux nucléotides à adénine. ☐
- c les nucléotides à cytosine sont complémentaires aux nucléotides à guanine. ☐
- d les nucléotides à thymine sont complémentaires aux nucléotides à cytosine. ☐

Réponses : 1. 1. Vrai – **2.** Faux – **3.** Faux – **4.** Vrai – **5.** Faux – **6.** Faux • **2. 1.** a, c – **2.** b – **3.** b, c.

du patrimoine les eucaryotes

L'ESSENTIEL EN 3 POINTS

Comment le matériel génétique est-il transmis lors de la multiplication cellulaire ? d'une génération à l'autre ?

1 Les divisions cellulaires des eucaryotes

La **mitose** et la **méiose** sont deux formes de division cellulaire chez les eucaryotes. Supports du **patrimoine génétique**, les chromosomes sont répartis entre les nouvelles cellules produites selon **différentes modalités** propres à chacune de ces formes de division. La mitose est une **reproduction conforme**. La méiose produit des **gamètes**, ayant **deux fois moins de chromosomes que la cellule initiale**, susceptibles de transmettre le patrimoine génétique à une autre génération par fécondation. > p. 12

Comment relier l'échelle cellulaire (division cellulaire, chromosomes) à l'échelle moléculaire (ADN) ?

2 Les chromosomes au cours du cycle cellulaire des eucaryotes

Les chromosomes sont des **structures universelles** chez les eucaryotes, constitués d'une **molécule d'ADN** et de **protéines structurantes**. Ce sont des formes du matériel génétique éphémères spécifiques des **phases de divisions cellulaires**. Ils subissent des **alternances de condensation et de décondensation** au cours du **cycle cellulaire**. > p. 14

Comment la réplication de l'ADN permet-elle une reproduction conforme ?

3 La réplication de l'ADN

Au cours de la **phase S** du cycle cellulaire, les cellules synthétisent de l'ADN. Chaque molécule d'ADN subit une **réplication semi-conservative** qui aboutit à **deux molécules d'ADN strictement identiques**. Ce processus permet à une cellule engagée dans une mitose de transmettre à chacune des deux nouvelles cellules formées une **copie complète** de son patrimoine génétique. > p. 15

LE COURS *en 3 fiches*

1 Les divisions cellulaires des eucaryotes

Idées clés

→ La **mitose** est une **reproduction conforme** : une cellule parentale donne deux cellules filles qui conservent le **même caryotype** qu'elle.

→ La **méiose** est une division cellulaire qui produit **quatre cellules haploïdes** à partir d'**une cellule diploïde**.

Des pistes pour argumenter

- **Les conséquences chromosomiques des divisions cellulaires :** compare les caryotypes d'une cellule-œuf avec ceux d'une cellule somatique et d'un gamète.
- **Le déroulement des divisions cellulaires :** décris l'observation d'images de cellules eucaryotes en cours de mitose et de méiose. > p. 19

Coup d'œil

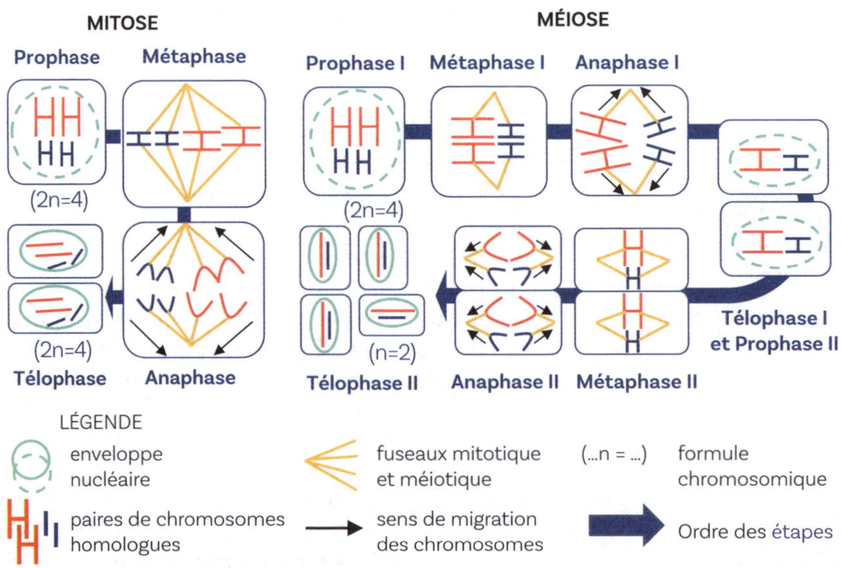

Les divisions cellulaires des eucaryotes

À la loupe

• Les **chromosomes** se distinguent morphologiquement les uns des autres par leur taille. On en identifie différents types, auxquels on attribue des numéros (ex. : 1, 2…). Les cellules **diploïdes** possèdent une paire de chaque type de chromosome (ex. : deux chromosomes 21). Les chromosomes d'une paire sont dits **homologues**. Le nombre de types de chromosomes différents varie selon l'espèce.

• La **mitose** (ou division mitotique) est une **reproduction conforme** : deux cellules sont formées à partir d'une seule cellule initiale, et toutes les caractéristiques du caryotype (nombre et morphologie des chromosomes) de la cellule initiale sont conservées. La base de la reproduction conforme est la transmission à chacune des nouvelles cellules d'une des deux **chromatides** identiques constituant les chromosomes de la cellule initiale.

• Les **mitoses** successives expliquent comment toutes les cellules d'un organisme pluricellulaire sont issues d'une cellule unique (appelée **cellule-œuf** ou zygote) et présentent le **même caryotype**. Par exemple, chez l'homme : cellule-œuf, neurone ou lymphocyte possèdent 46 chromosomes répartis en 23 paires.

• On distingue des étapes et des événements de la mitose : la **prophase**, condensation des chromosomes ; la **métaphase**, alignement des chromosomes sur le **plan équatorial** ; l'**anaphase**, séparation et migration indépendante des deux chromatides de chaque chromosome ; la **télophase**, regroupement des chromosomes à une chromatide en chacun des pôles cellulaires et décondensation des chromosomes. Les mouvements de chromosomes se font grâce au **fuseau mitotique**. Après la fin de la télophase, l'individualisation des deux cellules obtenues s'opère par division du cytoplasme.

• Chez les organismes à **reproduction sexuée**, les **gamètes** possèdent **deux fois moins** de chromosomes que les autres cellules. Cela est permis par la **méiose** (ou division méiotique) qui produit **quatre cellules haploïdes** à partir d'**une cellule initiale diploïde**. Les cellules haploïdes ont un seul chromosome de chaque type présent de la cellule initiale. Par exemple, les spermatozoïdes et ovule humain possèdent 23 chromosomes de types différents.

• La méiose est une succession de deux divisions particulières. La première **réduit de moitié le nombre de chromosomes** par cellule. Plusieurs étapes et événements sont remarquables, dont **la prophase 1** avec l'appariement (mise par paire) des **chromosomes homologues**, et **l'anaphase 1**, avec la séparation et la migration indépendante des chromosomes homologues grâce au **fuseau méiotique**. Chaque cellule formée est haploïde, avec des chromosomes à deux chromatides.

• La seconde démarre **sans synthèse préalable d'ADN** et **réduit de moitié le nombre de chromatide** par chromosome. Lors de **l'anaphase 2**, les deux chromatides des chromosomes se séparent et migrent de façon indépendante grâce au fuseau méiotique. Ainsi il y a quatre nouvelles cellules haploïdes avec des chromosomes à une chromatide.

→ Voir lexique p. 280

2 Les chromosomes au cours du cycle cellulaire des eucaryotes

Idées clés

→ Chez les **eucaryotes**, les chromosomes sont des structures universelles constituées de longues **molécules d'ADN** associées à des **protéines structurantes**. Ils subissent une **alternance de condensation-décondensation** au cours du cycle cellulaire.

→ À chaque cycle de **division cellulaire**, chaque chromosome est **dupliqué** et donne un **chromosome à deux chromatides**.

Des pistes pour argumenter

La condensation des chromosomes : compare la longueur d'un chromosome en métaphase avec la longueur totale de la molécule d'ADN le constituant. > **p. 23**

Coup d'œil

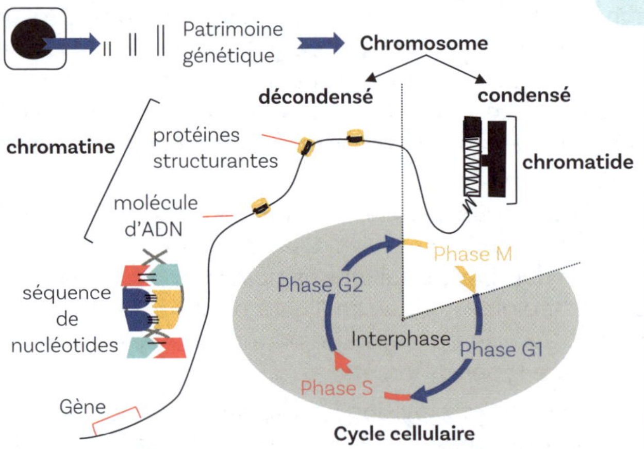

Chromosome et ADN

À la loupe

- Le **cycle cellulaire** est la succession d'événements de la vie d'une cellule regroupés en phases appelées **interphase** et **division cellulaire**. L'interphase comprend une **phase G1** de croissance ; une **phase S** de synthèse d'ADN pendant laquelle chaque chromosome à une chromatide est dupliqué et donne un chromosome à deux chromatides ; une **phase G2** de contrôle, avant une **phase M** de division cellulaire.
- Les **cellules fonctionnelles qui ne se divisent pas** sont dites « en **phase G0** ». L'entrée et la sortie de cellule du cycle cellulaire, depuis ou vers la phase G0, sont finement **régulées**, faisant intervenir de nombreux facteurs.
- Dans les **cellules eucaryotes**, le matériel génétique est contenu dans un **noyau** sous la forme de **plusieurs chromosomes**. Les chromosomes sont formés d'**une ou deux chromatides**. Chaque chromatide est constituée d'une **longue molécule d'ADN** associée à des **protéines structurantes**. Les chromosomes sont **condensés** durant une **division cellulaire**. Prenant la forme de **filaments**, ils sont alors visuellement individualisables au microscope. En **interphase**, ils sont **décondensés**. L'association « ADN/protéines structurantes » décondensée se dénomme **chromatine**.

→ Voir lexique p. 280

3 La réplication de l'ADN

Idées clés

→ Au cours de la **phase S**, l'ADN subit la réplication **semi-conservative**.

→ **Deux cellules** provenant par **mitose** d'une cellule initiale possèdent exactement **la même information génétique**.

→ La **succession de mitoses** produit un ensemble de cellules toutes **génétiquement identiques**, que l'on appelle un **clone**.

Des pistes pour argumenter

La réplication semi-conservative : présente l'expérience historique de Meselson et Stahl. > **p. 20**

Coup d'œil

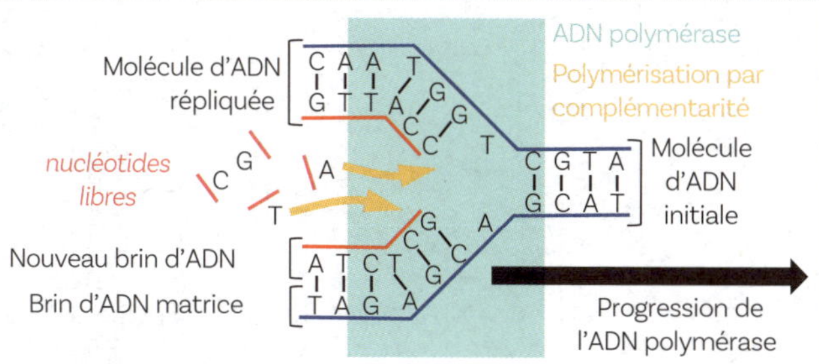

La réplication semi-conservative

À la loupe

- La **réplication semi-conservative** est le processus de copie de l'ADN par **séparation des deux brins** d'une molécule initiale et **synthèse de nouveaux brins** complémentaires. Elle permet la production de deux molécules d'ADN à partir d'une molécule d'ADN initiale.
- Ce processus commence par l'**ouverture de la molécule d'ADN initiale** par **séparation des deux brins de nucléotides** et l'action des **ADN polymérases** qui se déplacent sur chaque brin en synthétisant un brin complémentaire.
- Une ADN-polymérase **synthétise une chaîne de nucléotides** par **ajout successif** de nucléotide en respectant les **règles de complémentarité** des bases. Lorsqu'elle reconnaît un **nucléotide à adénine** sur le brin de la molécule d'ADN initiale, elle ajoute au brin en cours de formation un **nucléotide à thymine**, et vice-versa. Il en est de même avec les bases complémentaires **cytosine** et **guanine**. Chaque brin de la molécule d'ADN initiale sert de **matrice** à la synthèse d'un nouveau brin. Une nouvelle molécule d'ADN comprend un **ancien brin** et un **nouveau brin**.
- Les **copies d'ADN** produites sont très **fidèles aux molécules initiales** : la réplication semi-conservative assure une **stabilité de l'information génétique**. Les deux chromatides d'un chromosome issues de la phase S sont identiques et la mitose forme **deux cellules génétiquement identiques à la cellule parentale**. Un **ensemble des cellules** génétiquement identiques issues d'une seule cellule parentale par mitoses successives forme un **clone**.

→ Voir lexique p. 280

MÉMO VISUEL

- La transmission du patrimoine génétique chez les eucaryotes -

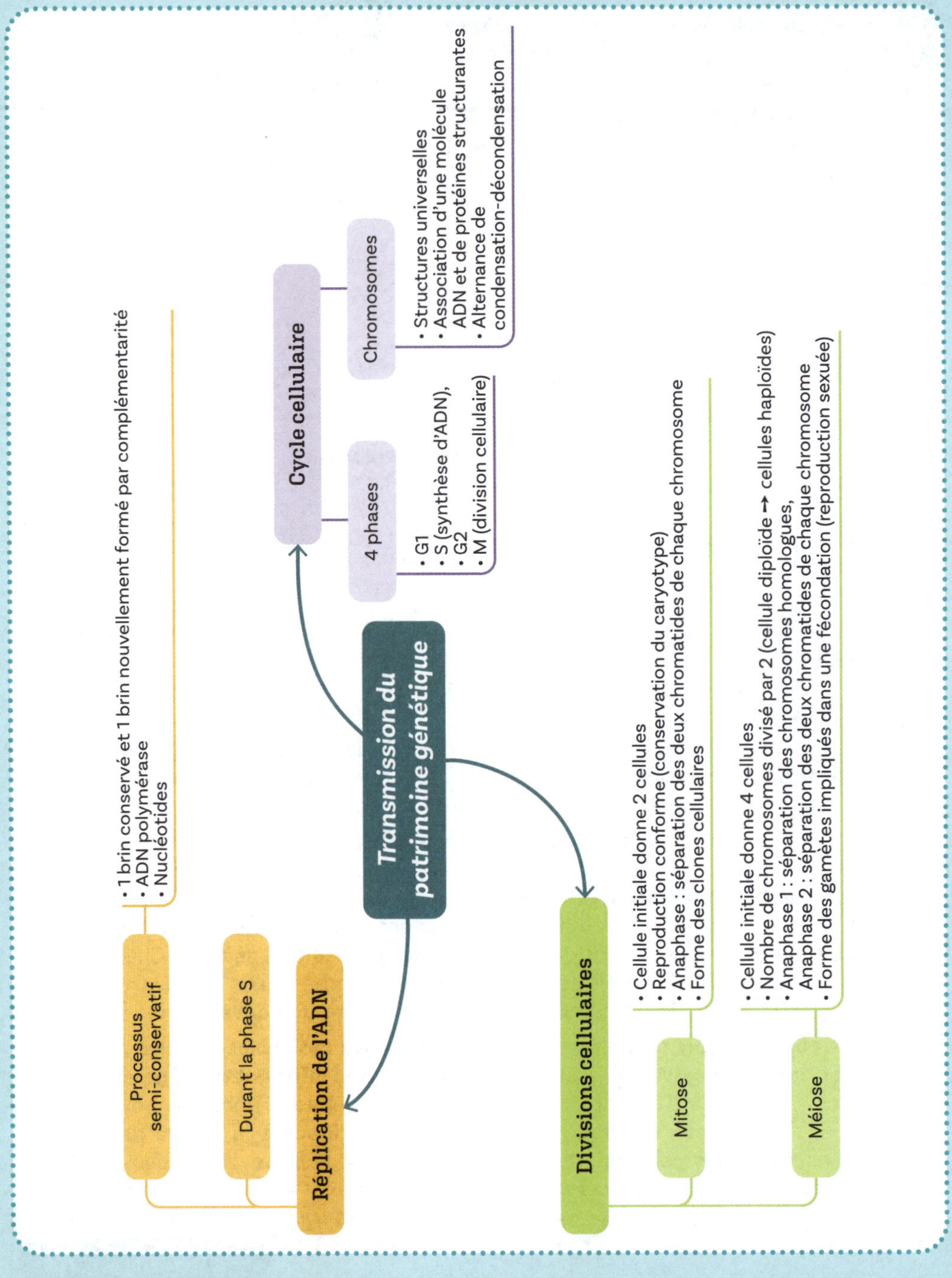

SE TESTER

QCM

1. Coche la ou les bonne(s) réponse(s).

1. Quelle est la phase de la cellule 1 ? et de la cellule 2 ?

- **a** Anaphase d'une mitose ☐
- **b** Anaphase 1 d'une méiose ☐
- **c** Métaphase d'une mitose ☐
- **d** Anaphase 2 d'une méiose ☐

Cellule 1

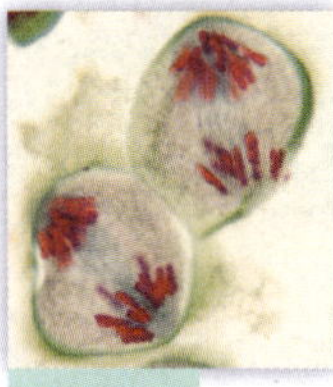

Cellule 2

2. Chez les eucaryotes, les chromosomes :

- **a** ont une chromatide chacun à la fin de la phase S. ☐
- **b** peuvent se condenser ou se décondenser au cours du cycle cellulaire. ☐
- **c** ont deux chromatides après la première division de méiose. ☐
- **d** se décondensent après la deuxième division de mitose. ☐

3. La réplication de l'ADN :

- **a** se fait dans le cytoplasme. ☐
- **b** aboutit à deux molécules d'ADN identiques. ☐
- **c** est conservative. ☐
- **d** a lieu au cours de la phase S. ☐

2. Vrai ou faux ?

		Vrai	Faux
1	À chaque cycle de division cellulaire, les chromosomes sont dupliqués et donnent des chromosomes à deux chromatides.	☐	☐
2	Le cycle cellulaire comporte quatre phases successives : G2 → M, S, G1, G2 → M...	☐	☐
3	La division cellulaire mitotique est une reproduction conforme, parce qu'elle conserve une partie des caractéristiques du caryotype de la cellule parentale (nombre et morphologie des chromosomes) dans les deux cellules filles.	☐	☐
4	La méiose conduit à quatre cellules haploïdes, qui ont, chacune, la moitié des chromosomes de la cellule diploïde initiale.	☐	☐
5	Une cellule parentale 2n = 46 qui entre en méiose produit quatre cellules ayant chacune 23 chromosomes à deux chromatides.	☐	☐
6	Chaque chromatide est constituée d'une longue molécule d'ADN associée à des protéines structurantes.	☐	☐
7	Le fuseau mitotique permet le déplacement des chromatides de part et d'autre de la cellule en anaphase 2.	☐	☐
8	La réplication semi-conservative produit deux molécules possédant un brin parental et un brin nouvellement synthétisé.	☐	☐
9	L'ADN polymérase synthétise un brin d'ADN à partir de nucléotides libres en respectant les règles d'appariement des bases de nucléotides : A avec C et T avec G.	☐	☐
10	Une succession de méioses produit un clone cellulaire.	☐	☐

3. **Complète les cases (A, B, etc.) utiles pour représenter la mitose d'une part, la méiose d'autre part. Chaque vignette peut être utilisée plusieurs fois.**

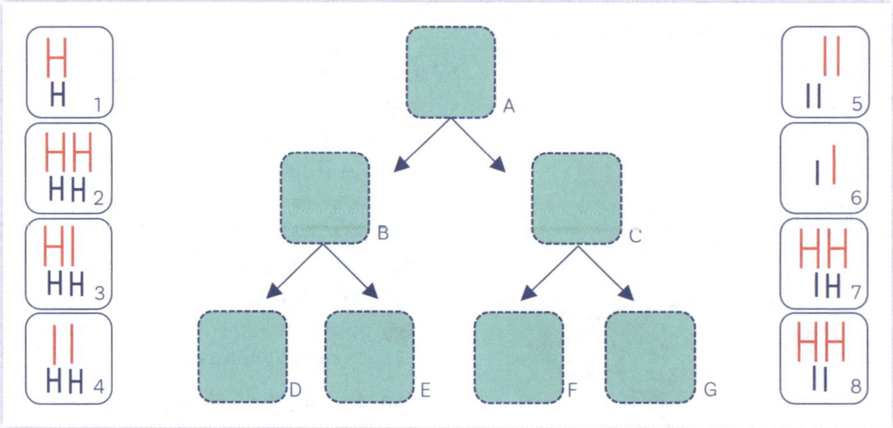

4. **Réponds aux questions posées sur ces mémocartes.**

1. Les divisions cellulaires des eucaryotes

- Qu'est-ce que la mitose ?
- Quelles sont les étapes de la mitose ?
- Qu'est-ce qu'une cellule diploïde ? une cellule haploïde ?
- Qu'est-ce que la méiose ?
- Quelles sont les étapes de la méiose ?
- Quelle est la fonction des fuseaux mitotique et méiotique ?

2. Les chromosomes au cours du cycle cellulaire des eucaryotes

- Qu'est-ce que le cycle cellulaire ?
- Qu'est-ce que l'interphase ? et la phase M ?
- Qu'est-ce qu'un chromosome ?
- Quelles formes le matériel génétique prend-il au cours du cycle cellulaire ?

3. La réplication de l'ADN

- Quelle est la conséquence de la réplication de l'ADN ?
- Qu'est-ce que la réplication semi-conservative ?
- Quels sont les éléments nécessaires à la réplication semi-conservative ?
- Quelles sont les étapes de la réplication semi-conservative ?
- Qu'est-ce qu'un clone cellulaire ?

Réponses : 1. 1. Cellule 1 : a ; **Cellule 2** : b - **2.** b, c - **3.** b, d • **2. 1.** Vrai - **2.** Faux - **3.** Faux - **4.** Vrai - **5.** Faux - **6.** Vrai - **7.** Faux - **8.** Vrai - **9.** Faux - **10.** Faux • **3. Mitose :** A, B et C - 2 ; **Méiose :** A - 2, B et C - 1, D, E, F et G - 6.

SAVOIR-FAIRE

Méthode 1 Exploiter des observations microscopiques

SUJET Mitose et méiose

Doc 1

Doc 2

Doc 3

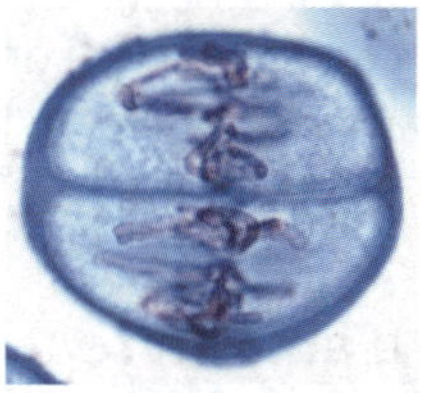

Doc 4

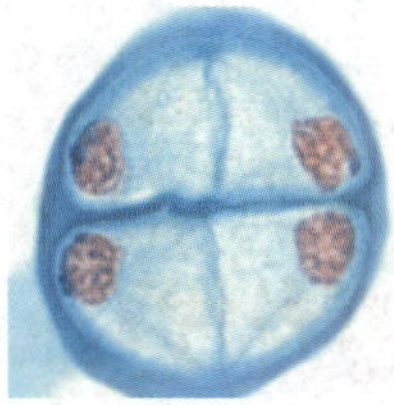

Consigne : Décris les photographies et interprète-les à l'aide de tes connaissances pour déterminer la phase de la mitose ou de la méiose correspondant à chacune d'elles.

CONSEILS

- Décompte le nombre de cellules : 1, 2 ou 4.
- Décompte et décris la disposition des chromosomes : 1, 2 ou 4 lots ; alignés ou non alignés.
- Décris l'état des chromosomes : individualisés ou peu discernables, dans un noyau ; à 1 ou à 2 chromatides ; appariés ou non appariés.

+ d'aide ?
Voir p. 12-13

CORRIGÉ

Doc 1 : on observe une forme rectangulaire incolore dans laquelle se trouvent des bâtonnets colorés. Il s'agit d'une cellule délimitée par une membrane cytoplasmique. Dans le cytoplasme, il y a la présence d'un lot de bâtonnets colorés, qui sont les chromosomes. Ils sont alignés au centre de la cellule, individualisés, et possèdent deux chromatides. Ils ne sont pas appariés. Il s'agit donc d'une **métaphase de mitose**.

L'observation d'une seule cellule peut faire hésiter avec la métaphase 1 de la méiose. Cependant, les chromosomes à deux chromatides y sont associés par paires.

Doc 2 : on distingue une cellule isolée, dans laquelle on observe deux lots de chromosomes, chacun situé à proximité d'un pôle. Les chromosomes sont individualisés et à une chromatide. Il s'agit donc d'une **anaphase de mitose**.

La forme de méduse que prend chaque lot de chromosomes est la conséquence du déplacement de ceux-ci vers les pôles grâce au fuseau mitotique. C'est caractéristique des **anaphases**.

Doc 3 : on distingue deux cellules juxtaposées, dont le cytoplasme est en bleu ponctué, unies par une matrice extracellulaire colorée en bleue cyan. L'ensemble forme une entité isolée. On observe un lot de chromosomes individualisés et alignés dans chacune des cellules. Il s'agit d'une **métaphase II de méiose**.

On ne peut dire si les chromosomes sont à une ou deux chromatides, appariés ou non. Mais l'alignement des chromosomes sur un plan est caractéristique de la métaphase et l'observation de deux cellules unies en métaphase est propre à la **méiose**.

Doc 4 : on distingue quatre cellules juxtaposées : leur cytoplasme est en bleu ponctué et la matrice extracellulaire qui les unies est en vert. On observe, dans chaque cellule, un lot de chromosomes que l'on discerne difficilement les uns des autres. Ils sont tous réunis dans un espace ovale que l'on interprète comme un noyau. Il s'agit d'une **télophase II de méiose**.

On ne peut pas entièrement décrire l'état des chromosomes, mais l'observation de quatre cellules unies est propre à la **méiose**.

Méthode 2 Mettre en œuvre une démarche hypothético-déductive

SUJET L'expérience de Meselson et Stahl

En 1958, Meselson et Stahl ont réalisé une expérience qui a permis de démontrer la modalité de la réplication de l'ADN. Plusieurs hypothèses prévalaient, dont **la réplication conservative** et la **réplication semi-conservative.** Dans la première, une nouvelle molécule d'ADN est synthétisée à partir de nucléotides libres et la molécule d'ADN parentale subsiste intégralement. Dans la seconde, chacune des deux molécules d'ADN à l'issue de la réplication est constituée d'un des deux brins de la molécule d'ADN parentale et d'un second brin complémentaire synthétisé à partir de nucléotides libres.

Les scientifiques ont l'idée de faire utiliser à des bactéries deux isotopes de l'azote différents (^{14}N, isotope léger ou ^{15}N, isotope lourd) pour la synthèse de leurs brins d'ADN, afin de déterminer de quoi sont faites les nouvelles molécules d'ADN. Ils utilisent une technique de centrifugation à grande vitesse pour séparer les molécules d'ADN selon leur densité, les molécules d'ADN « lourd » (constituées uniquement ^{15}N) migrant plus loin que les molécules d'ADN « intermédiaire » (constituées de ^{14}N et de ^{15}N) et d'ADN « léger » (constituées uniquement ^{14}N).

En début d'expérience, les bactéries sont sur un milieu enrichi en ^{15}N et leur ADN est à 100 % de l'ADN lourd. Puis, ils transfèrent les bactéries dans un milieu enrichi en ^{14}N. Au bout d'un cycle de réplication de l'ADN, ils réalisent un prélèvement d'ADN et une centrifugation à grande vitesse. Il recommence ces manipulations après un second cycle de réplication de l'ADN. Les compositions de l'ADN obtenues sont présentées ci-contre.

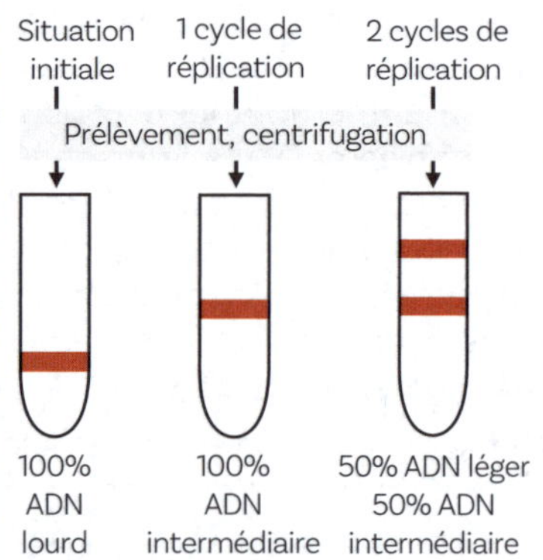

Résultats de l'expérience

Consignes

1. Décris les résultats attendus dans l'expérience de Meselson et Stahl si la réplication est conservative, puis si la réplication est semi-conservative.
2. Décris les résultats obtenus par Meselson et Stalh.
3. Déduis quelle(s) hypothèse(s) est/sont rejetée(s) ou conservée(s).

CONSEILS

- Recense les modalités de réplication pour chacune des deux hypothèses.
- Déduis la composition attendue en azote (^{14}N ou ^{15}N) des brins des molécules d'ADN, après une et deux réplications, pour chacune des hypothèses.
- Confronte les résultats attendus avec les résultats obtenus pour rejeter ou conserver une hypothèse.

+ d'aide ?
Voir p. 15

CORRIGÉ

Fais un schéma représentant deux réplications pour une molécule d'ADN afin de mieux visualiser.

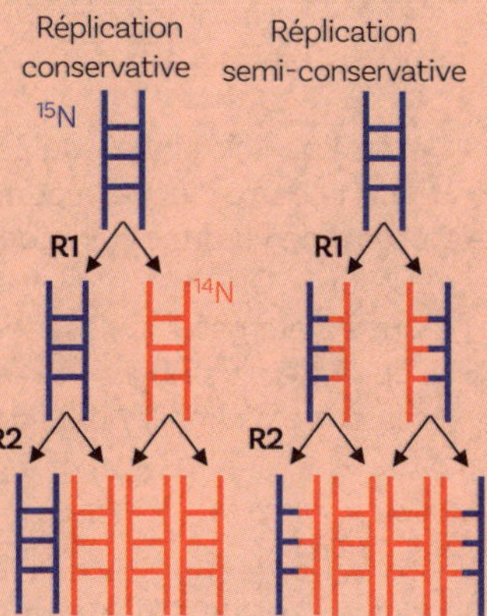

1. Quelle que soit l'hypothèse de réplication, l'ADN des bactéries est à 100 % de l'ADN lourd en début d'expérience. Dans le cadre d'une réplication conservative, on s'attend à trouver, après une réplication : 50 % d'ADN lourd qui correspondent aux molécules parentales subsistant intégralement, et 50 % d'ADN léger qui correspondent aux nouvelles molécules d'ADN synthétisées à partir de nucléotides libres avec de l'azote léger présent dans le milieu. Après une seconde réplication, on s'attend à trouver 25 % d'ADN lourd et 75 % d'ADN léger.

Dans le cadre d'une réplication semi-conservative, on s'attend à trouver, après une réplication, 100 % d'ADN intermédiaire, qui correspondent aux molécules constituées d'un brin lourd qui provient d'une molécule parentale et d'un brin d'ADN léger synthétisé à partir de nucléotides libres avec de l'azote léger présent dans le milieu. Après une seconde réplication, on s'attend à trouver 50 % d'ADN intermédiaire et 50 % d'ADN léger.

2. Dans l'expérience de Meselson et Stahl, on constate qu'après un cycle de réplication, l'ADN des bactéries prélevé est consisté à 100 % d'ADN intermédiaire. Après un autre cycle de réplication, il est constitué à 50 % d'ADN intermédiaire et à 50 % d'ADN léger.

3. Les résultats obtenus ne sont pas conformes avec les résultats attendus pour l'hypothèse de réplication conservative : elle est donc rejetée. À l'inverse, les résultats obtenus sont conformes aux résultats attendus pour l'hypothèse de réplication semi-conservative : celle-ci est donc conservée.

Des résultats sont conformes s'ils correspondent à ceux qui étaient attendus.

Méthode 3 Utiliser une échelle et calculer la longueur de l'ADN

SUJET Cellule eucaryote et ADN

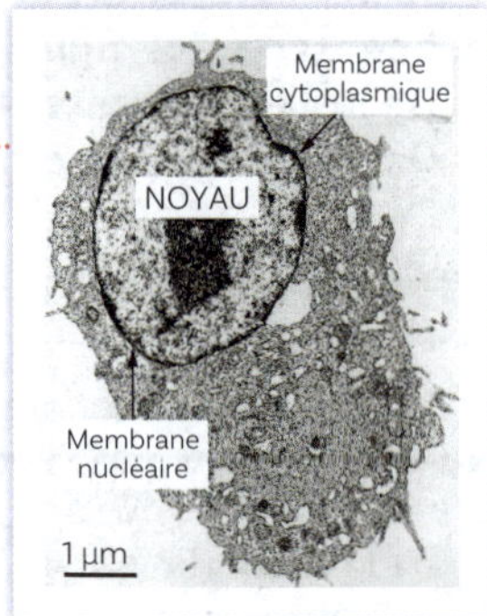

Sur cette électronographie d'une cellule eucaryote en interphase, l'ADN est contenu dans le noyau délimité par une membrane nucléaire. L'ADN associé à des protéines structurantes est sous une forme décondensée, appelée chromatine. Il n'y a pas de chromosome visible. On s'intéresse au rapport de taille entre l'ensemble de l'ADN d'une cellule humaine et le diamètre d'une même cellule. Les cellules humaines (hors gamète) sont diploïdes, elles possèdent deux exemplaires de chaque type de chromosomes. Le génome haploïde humain (23 chromosomes) compte $3{,}1.10^9$ paires de nucléotides. Chaque paire de nucléotides occupe un espace d'environ $3{,}4.10^{-10}$ m de long sur la molécule d'ADN.

Consignes

1. Calcule la longueur totale d'ADN d'une cellule humaine diploïde.
2. Estime le diamètre de la cellule eucaryote présentée sur l'électronographie.
3. Compare les ordres de grandeur précédents.

CONSEILS

- Détermine la longueur du génome humain haploïde, puis diploïde.
- Utilise la barre d'échelle pour estimer le grand diamètre.
- Détermine l'ordre de grandeur. La forme de l'écriture scientifique est : $a.10^n$ (avec $0 \leqslant a < 10$ et n est un entier relatif), l'ordre de grandeur d'une valeur est la puissance de 10 la plus proche de cette valeur.
- Taille réelle d'un objet = taille de l'objet sur l'image × taille réelle de la barre d'échelle/taille de la barre d'échelle sur l'image.

+ d'aide ?
Voir p. 14

CORRIGÉ

1. La longueur totale d'ADN d'une cellule humaine haploïde est le produit entre le nombre de paires de nucléotides du génome haploïde et la longueur d'une paire de nucléotides, soit $3{,}1.10^9 \times 3{,}4.10^{-10}$, qui est égal à environ 1,1 m. La longueur totale d'ADN d'une cellule humaine diploïde correspond au double de celle du génome haploïde, soit 2,2 m.

> Si le génome haploïde compte 23 chromosomes, le génome diploïde compte 46 chromosomes.

2. Le trait d'échelle mesure sur l'image 0,5 cm et correspond à 1 µm dans la réalité. Le grand diamètre de la cellule mesure sur l'image 3,8 cm. La taille réelle du grand diamètre de cette cellule eucaryote est donc d'environ 8 µm (= 3,8 × 1/0,5).

> Mesure la longueur entre les deux points les plus éloignés de la membrane cytoplasmique.

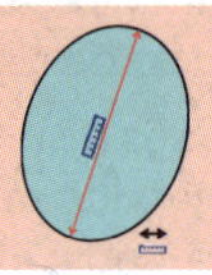

3. L'ordre de grandeur de la longueur totale d'ADN d'une cellule humaine diploïde est 10^0 m (2,2 m ou $2{,}2.10^0$ m, avec $10^0 = 1$), c'est-à-dire le mètre. L'ordre de grandeur du grand diamètre de cette cellule est 10^{-5} m (8 µm ou 8.10^{-6} m, $8 > 5$, donc 8.10^{-6} est plus proche de 10^{-5} que de 10^{-6}). La longueur de l'ensemble de l'ADN d'une cellule diploïde est ainsi 10^5 (soit 100 000) fois plus grande que son diamètre.

Méthode 4 Utiliser une échelle et calculer le taux de compaction de l'ADN

SUJET ADN et chromosome

Les chromosomes sont des formes condensées de l'ADN associé à des protéines structurantes. On les observe uniquement lors des divisions cellulaires (mitose, méiose). On s'intéresse à l'importance de la compaction des molécules d'ADN lorsqu'elles passent de l'état décondensé à l'état condensé. Le chromosome 12 est l'un des 23 types de chromosomes présents dans les cellules humaines. Il comprend notamment le gène PAH, impliqué dans la phénylcétonurie. Cette molécule d'ADN compte 132 millions de paires de nucléotides successives, occupant chacune un espace de $3{,}4.10^{-10}$ m de longueur.

Schéma d'une électronographie d'un chromosome humain (chromosome 12)

Consignes

1. **Détermine l'ordre de grandeur de la longueur de la molécule d'ADN.**
2. **Estime l'ordre de grandeur de la longueur du chromosome 12 condensé présenté sur l'électronographie.**
3. **Calcule le taux de compaction du chromosome.**

CONSEILS

- Recense et exploite le nombre de paires de nucléotides du chromosome 12 et l'espace occupé par chacune d'elles. Donne l'ordre de grandeur.
- Utilise la barre d'échelle pour estimer la longueur du chromosome.
- Le taux de compaction est le rapport entre la longueur de la molécule d'ADN du chromosome 12 et la longueur du chromosome 12 condensé.

+ d'aide ?
Voir p. 14

CORRIGÉ

1. La longueur de la molécule d'ADN du chromosome 12 est le produit entre le nombre de paires de nucléotides de cette molécule et la distance entre deux paires de nucléotides, soit $132.10^{6} \times 3{,}4.10^{-10}$, qui est égal à environ $4{,}5.10^{-2}$ m. L'ordre de grandeur de la longueur de la molécule d'ADN du chromosome 12 est donc 10^{-2} m.

2. Le trait d'échelle mesure sur l'image 2,3 cm et correspond à 1 µm dans la réalité. La longueur du chromosome 12 est sur l'image de 6,5 cm. La taille réelle du grand diamètre de cette cellule eucaryote est donc d'environ 3 µm (= 6,5 × 1/2,3). L'ordre de grandeur du chromosome 12 condensé est donc 10^{-6} m.

Mesure la longueur entre les deux points les plus éloignés d'une chromatide.

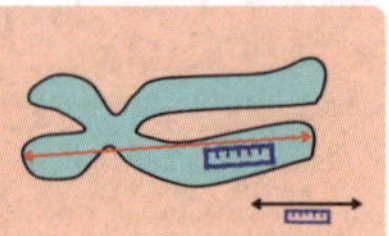

3. Le quotient de la longueur de la molécule d'ADN déroulée par la longueur de la molécule d'ADN compactée, soit $10^{-2}/10^{-6}$, est égal à 10^4. Ainsi, le taux de compaction du chromosome 12 est de 10 000, ce qui signifie que la molécule d'ADN du chromosome 12 à l'état condensé est 10 000 fois moins longue qu'à l'état décondensé.

Méthode 5 Lire un tableau et faire des calculs autour d'une PCR

SUJET Expérience de PCR

La **PCR** (réaction de polymérisation en chaîne) est une technologie qui permet de produire de très nombreuses copies de segments de molécule d'ADN. Les deux brins des molécules d'ADN se séparent lorsque la température augmente et s'associent à nouveau lorsqu'elle redescend. La PCR exploite cette propriété en réalisant une répétition de cycles de transition de températures grâce à un appareil appelé **thermocycleur**. Chaque cycle commence par une **phase de dénaturation**, où la température élevée cause la séparation des brins d'ADN. Puis, des amorces s'associent aux brins d'ADN séparés pendant la **phase d'hybridation**. On utilise des amorces pour amplifier une séquence d'ADN en particulier. Enfin, pendant la **phase d'élongation**, des ADN-polymérases et des désoxyribonucléotides libres permettent de synthétiser une séquence complémentaire aux brins d'ADN séparés à partir des amorces. À chaque cycle, le nombre de molécules d'ADN est doublé.

Des élèves souhaitent mettre en évidence la présence de l'ADN d'un virus dans un échantillon biologique. Ils réalisent une PCR pour augmenter la quantité de matériel à analyser. Le programme utilisé est présenté ci-dessous.

Étape	Température	Durée	Nombre de cycles
Dénaturation initiale	95 °C	1 min	1
Dénaturation	95 °C	1 min	10
Hybridation	55 °C	1 min	
Élongation	72 °C	2 min	
Terminaison	72 °C	1 min	1

Consignes

1. Détermine la durée totale de la PCR des élèves.

2. Calcule le nombre total de molécules d'ADN avec leur programme, en considérant qu'il y a une seule molécule d'ADN au départ.

CONSEILS

- Recense et exploite la durée de chaque étape de la PCR et le nombre de cycle(s) par étape.
- Le nombre de molécules d'ADN au n^e cycle de PCR est égal au nombre de molécule initiale multiplié par 2^n.

+ d'aide ?
Voir p. 15

CORRIGÉ

La PCR envisagée comprend une étape de dénaturation initiale de 1 minute, dix cycles de trois étapes (dénaturation, hybridation et élongation) de 4 minutes, et une étape de terminaison de 1 minute. La durée totale de cette PCR est ainsi de 42 minutes ($1 + 10 \times (1 + 1 + 2) + 1$).

La durée totale de la PCR est la somme des durées de toutes les étapes.

Le nombre total de molécules d'ADN après dix cycles est égal à 1×2^{10}, soit 1 024.

À chaque cycle, le nombre de molécules est égal au nombre de molécules du cycle précédent multiplié par deux. L'évolution du nombre de molécules d'ADN dans une PCR se modélise mathématiquement comme une suite géométrique de raison 2 et de premier terme 1.

Ton **KIT DE SURVIE** pour le **BAC** avec SCHOOLMOUV

Chapitre 1 La transmission du patrimoine génétique chez les eucaryotes

Tu viens de voir les notions à connaître sur la transmission du patrimoine génétique. Pour t'aider à retenir l'essentiel et t'entraîner pour le Bac, voici ton kit de révisions clé en mains conçu par SchoolMouv !

Vidéo

Pour mieux comprendre et t'en souvenir à coup sûr, regarde la vidéo. C'est parfois bien plus clair en images.

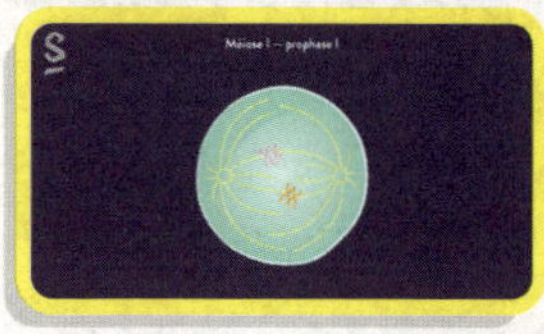

Vidéo **La division cellulaire chez les eucaryotes**

https://flashbelin.fr/focusbacschoolmouv/svt/1re/1

Contenu additionnel

Voici un bonus autour du même sujet. La curiosité n'est pas toujours un vilain défaut. Il suffit de créer ton compte pour avoir accès à plein de contenus supplémentaires.

Fiche **La réplication de l'ADN**

https://www.schoolmouv.fr/eleves/cours/la-replication-de-l-adn/fiche-de-cours

Tchat avec un prof

Pour poser toutes tes questions à un prof particulier, découvre l'abonnement tchat. Tu peux le tester gratuitement pendant 7 jours : fini les questions sans réponses, tu vas devenir incollable.

https://focusbac.schoolmouv.fr/offre

Le Focus de SchoolMouv

Chromosome

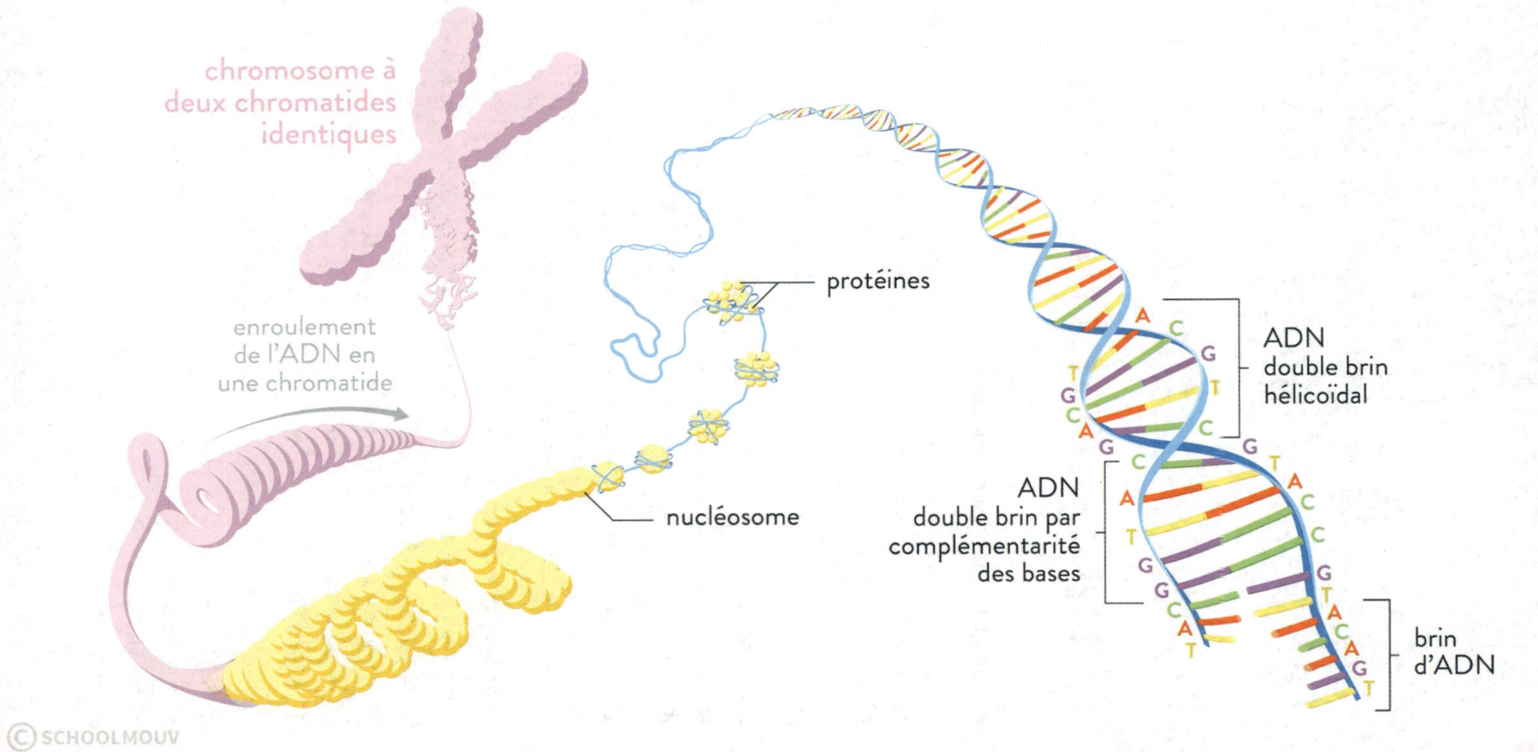

THÈME 1

2 Mutations et variabilité

RÉVISIONS 2de

Un quiz avant de commencer

1. Réponds aux questions suivantes.

1. Comment est codée l'information génétique au niveau d'une molécule d'ADN ?
2. Par quel mécanisme la molécule d'ADN est-elle copiée avant la division cellulaire ?
3. Comment appelle-t-on le phénomène de modification de la séquence de nucléotides d'un gène ?
4. Comment appelle-t-on les différentes versions d'un même gène ?

2. Vrai ou faux ?

	Vrai	Faux
1 La molécule d'ADN est composée de 2 brins de nucléotides identiques.	☐	☐
2 La mutation est un phénomène dont l'objectif est une meilleure adaptation à l'environnement.	☐	☐
3 La mutation est un phénomène rare et aléatoire.	☐	☐
4 L'information génétique d'un individu dépend de l'information génétique transmise par les gamètes de ses deux parents.	☐	☐

3. Coche la bonne réponse.

1. Au niveau d'une molécule d'ADN l'information génétique est codée par :

- a le nombre de nucléotides. ☐
- b le nombre de brins constitutifs de la molécule d'ADN. ☐
- c la séquence des nucléotides. ☐
- d la taille de la molécule d'ADN. ☐

2. Avant la mitose, la molécule d'ADN est copiée lors du processus de :

- a réplication. ☐
- b transcription. ☐
- c traduction. ☐
- d expression. ☐

Réponses : 1. 1. Par la séquence en nucléotides – **2.** La réplication – **3.** La mutation – **4.** Les allèles • **2. 1.** Faux – **2.** Faux – **3.** Vrai – **4.** Vrai • **3. 1.** c – **2.** a.

de l'ADN génétique

L'ESSENTIEL EN 2 POINTS

Comment les mutations de l'ADN apparaissent-elles ?

1 — L'origine des mutations de l'ADN

L'ADN peut être modifié suite à des erreurs aléatoires lors de la réplication ou à des événements l'endommageant en dehors de sa réplication. Les modifications de l'ADN sont à l'origine de **mutations** lorsqu'elles **ne sont pas réparées**. > p. 30

Quelles sont les conséquences des mutations de l'ADN ?

2 — Les conséquences des mutations

Les mutations sont à l'origine de la **diversité allélique**. Selon la nature, la localisation et le moment où se produisent les mutations, les **conséquences sur le phénotype** de l'individu et de sa descendance sont variées. > p. 31

COURS

LE COURS en 2 fiches

1 L'origine des mutations de l'ADN

Idées clés

→ Au cours de la vie des cellules, il peut se produire des **erreurs de réplication** ou des **lésions** de l'**ADN** **modifiant** la **séquence de nucléotides**.

→ Des **agents mutagènes** présents dans l'environnement augmentent la fréquence d'apparition de ces modifications de l'ADN.

→ Ces modifications peuvent être rectifiées par des **systèmes de réparation** présents dans la cellule. Si la réparation n'est pas conforme, elle est à l'origine d'une mutation et forme un **nouvel allèle**.

Des pistes pour argumenter

Les agents mutagènes induisent des mutations : présente les résultats d'un protocole réalisé pour étudier l'action d'un agent mutagène (par exemple, les UV) sur l'apparition de mutants. > p. 35

Coup d'œil

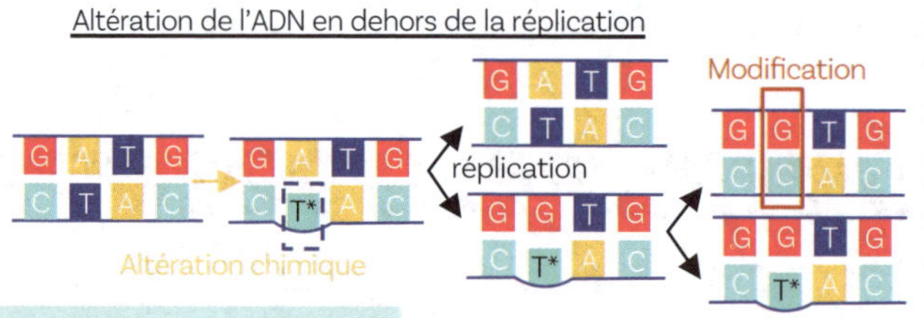

L'origine des mutations de l'ADN

À la loupe

- Des **modifications dans la séquence de l'ADN** peuvent être la **conséquence d'un mauvais appariement** de nucléotides introduit par l'**ADN polymérase au cours de la réplication** de l'ADN. Ces erreurs sont **spontanées**, **rares** (une erreur pour 100 000 nucléotides insérés) et **aléatoires**.
- Des modifications dans la séquence peuvent aussi être la **conséquence de dommages subis** par l'ADN **en dehors de la réplication** (ex. : modification chimique d'un nucléotide qui entraîne un mauvais appariement lors d'une prochaine réplication).
- Certains **facteurs physico-chimiques** de l'environnement (UV, agents chimiques) ou **biologiques** (**virus**) augmentent la fréquence des modifications de l'ADN et sont qualifiés d'**agents mutagènes**.
- Au sein des cellules, des **enzymes** spécialisées assurent une **rectification des erreurs**. Cependant, si les **réparations** ne sont **pas conformes** à la séquence de nucléotides existante avant la modification de l'ADN, l'erreur persiste et est **transmise aux cellules-filles** lors de la **division cellulaire** suivante.
- Ces modifications de l'ADN sont qualifiées de **mutations** et forment de **nouveaux allèles**. Ce mécanisme est **aléatoire** : il ne répond à aucune nécessité ni à aucun objectif. Artificiellement, l'**homme** peut induire volontairement des modifications de l'ADN par **génie génétique** (ex. : **transgenèse**).

→ Voir lexique p. 280

2 Les conséquences des mutations

Idées clés

→ Les mutations permettent la **formation de nouveaux allèles** et sont donc à l'origine de la **diversité allélique**.

→ La **transmission d'une mutation** varie en fonction du type de cellule touchée.

→ Les conséquences de la mutation **sur le phénotype** dépendent de sa nature et de sa localisation.

Des pistes pour argumenter

L'existence de plusieurs types de mutations : compare les séquences des allèles du gène CFTR, impliqué dans l'apparition de la mucoviscidose. **> p. 37**

Coup d'œil

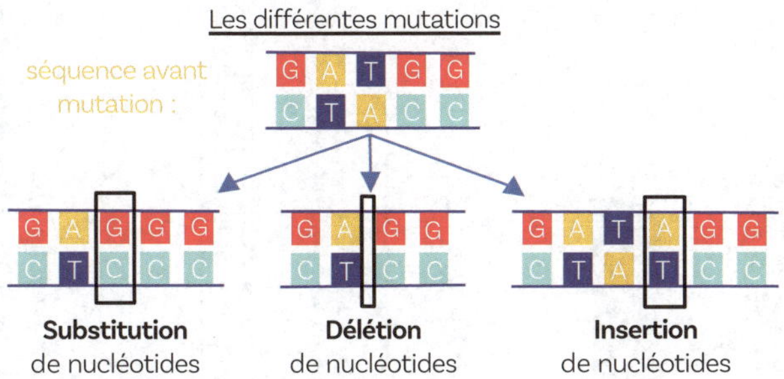

Nature et conséquences des mutations

À la loupe

- Les **mutations** sont des sources majeures de **variation interindividuelle génétique**. La comparaison des différents allèles des **génomes** révèle l'existence de **nombreuses formes différentes de mutations**, dont celles de petites tailles sont les plus fréquentes : ce sont des **substitutions** (remplacements), des **délétions** (pertes) ou des **additions** (ajouts) de un à une dizaine de nucléotides dans une séquence d'ADN préexistante.
- Une mutation survenant **dans une cellule somatique** sera présente **dans le clone** de celle-ci. On parle de **mutation somatique**. La mutation pourra ainsi se retrouver **à l'échelle d'un tissu**, par exemple.
- Une mutation survenant **dans une cellule germinale** peut potentiellement être **héréditaire**, c'est-à-dire être transmise à la **génération** suivante. Si l'un des **gamètes**, issus d'une cellule germinale mutée, est impliqué dans la formation d'un zygote, alors la mutation se retrouvera **dans toutes les cellules de l'organisme** issu du zygote. On parle de **mutation héréditaire**.
- Chez les **organismes unicellulaires**, les **mutations génétiques** sont en général toutes **héréditaires**. Une mutation survenant dans une cellule sera présente dans le clone de celle-ci (ex. : colonies de levures ou de bactéries).
- Selon la **nature**, la **localisation** et le **moment** où a lieu la mutation, les **conséquences** sur le phénotype sont **variables**. La plupart des mutations n'ont aucun effet : on parle de **mutations silencieuses**. D'autres peuvent **altérer les produits de l'expression des gènes** et parfois modifier les caractères, ce qui peut être favorable ou défavorable pour l'organisme.

→ Voir lexique p. 280

MÉMO VISUEL

- Mutations et variabilité de l'ADN -

Mutations et variabilité de l'ADN

- **Origine des mutations**
  - Des causes variées de modifications de l'ADN
    - Phase S : erreur spontanée de l'ADN polymérase perturbant la conformité de la réplication
    - Hors de la phase S : dommages de l'ADN… plus fréquents en présence d'agents mutagènes
      - Facteurs physico-chimiques (UV, molécules…)
      - Facteurs biologiques (virus)
  - Des modifications de l'ADN qui échappent aux systèmes de réparation de l'ADN
    - Rares
    - Qualifiées de mutations
    - À l'origine de la diversité allélique
- **Conséquences des mutations**
  - Des modes de transmissions différents des mutations selon leur localisation
    - Mutation somatique : transmise uniquement au clone de la cellule
    - Mutation germinale : potentiellement héréditaire
  - Des effets variés sur le phénotype de l'individu
    - Selon le moment où a lieu la mutation
    - Selon la localisation de la mutation
    - Selon la nature de la mutation
      - Mutation silencieuse : aucun effet sur le phénotype
      - Mutation qui modifie les produits de l'expression des gènes et peut modifier des caractères.

QCM

SE TESTER

1. Coche la ou les bonne(s) réponse(s).

1. Une mutation :

- **a** est toujours due à un agent mutagène. ☐
- **b** est toujours néfaste pour la cellule qui la porte. ☐
- **c** est un événement qui peut se produire spontanément. ☐
- **d** est un événement très fréquent dans la vie des cellules. ☐

2. Une mutation par perte de nucléotides est appelée une mutation par :

- **a** délétion. ☐
- **b** substitution. ☐
- **c** addition. ☐
- **d** réplication. ☐

3. Une mutation spontanée est :

- **a** une mutation qui peut être produite par une erreur d'appariement des nucléotides de l'ADN polymérase. ☐
- **b** une mutation qui a été réparée par les systèmes de réparation de l'ADN. ☐
- **c** une mutation qui est provoquée par des agents mutagènes. ☐
- **d** une mutation qui n'a aucun impact sur le phénotype cellulaire. ☐

4. Le système de réparation de l'ADN :

- **a** est basé sur des enzymes spécialisées. ☐
- **b** fait intervenir des agents mutagènes. ☐
- **c** répare toutes les modifications de l'ADN. ☐
- **d** intervient avant les erreurs de réplication. ☐

5. Les allèles :

- **a** apparaissent grâce à des enzymes qui modifient l'ADN pour s'adapter à l'environnement. ☐
- **b** apparaissent suite à des mutations. ☐
- **c** résultent de modifications de l'ADN par des agents mutagènes de l'environnement. ☐
- **d** résultent de réparations des modifications chimiques de l'ADN. ☐

6. Les systèmes de réparation de l'ADN :

- **a** corrigent toutes les erreurs de réplication de l'ADN. ☐
- **b** ne corrigent que les conséquences des agents mutagènes. ☐
- **c** corrigent très rarement les modifications de l'ADN. ☐
- **d** réduisent la fréquence des modifications de l'ADN. ☐

2. Vrai ou faux ?

		Vrai	Faux
1	Le taux d'erreur de la réplication de l'ADN est d'environ 50 %.	☐	☐
2	Un agent mutagène est une enzyme qui peut réparer l'ADN endommagé.	☐	☐
3	La séquence de nucléotides de l'ADN peut être modifiée lors de la réplication.	☐	☐
4	Lorsqu'une modification de la molécule d'ADN survient, elle est éliminée par l'ADN polymérase.	☐	☐
5	Une mutation germinale peut être à l'origine d'une augmentation de la diversité des allèles présents au sein d'une population.	☐	☐
6	Les mutations sont toujours héréditaires.	☐	☐
7	Une mutation qui affecte une cellule somatique sera présente dans le clone de celle-ci.	☐	☐
8	Les agents mutagènes sont toujours des facteurs physico-chimiques de l'environnement.	☐	☐
9	L'homme peut induire artificiellement et volontairement des modifications de l'ADN.	☐	☐
10	Chez les organismes pluricellulaires, les mutations sont en général toutes héréditaires.	☐	☐

3. Complète ces schémas sur l'origine des mutations.

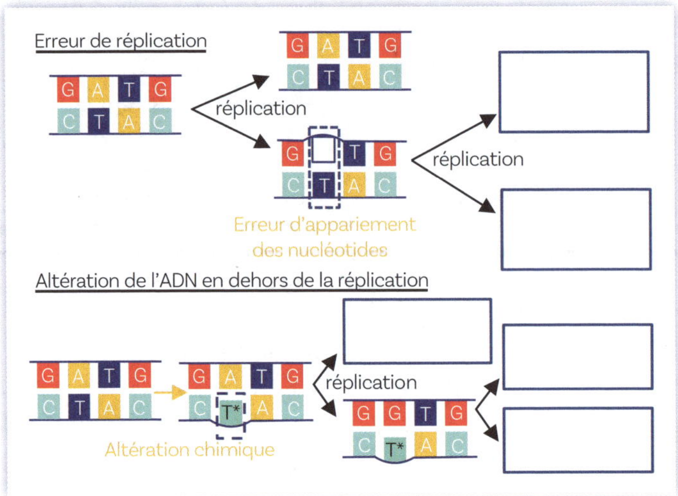

4. Réponds aux questions posées sur ces mémo cartes.

1. L'origine des mutations de l'ADN

- À quel moment de la vie d'une cellule les modifications de l'ADN peuvent-elles avoir lieu ?
- Comment l'ADN polymérase peut-elle être à l'origine d'une modification de l'information génétique ?
- Qu'est-ce qu'un agent mutagène ? Donne un exemple.
- Comment l'environnement peut-il être responsable d'une augmentation de la fréquence des modifications de l'ADN ?

2. Les conséquences des mutations

- Qu'est-ce qu'une mutation ?
- Comment expliquer que le taux de mutations soit inférieur au taux d'erreurs de l'ADN polymérase ?
- Quelles sont les différents types de mutations de l'ADN qui existent ?
- Comment se forment de nouveaux allèles d'un gène ?
- Quelle est la conséquence d'une mutation silencieuse sur le phénotype ?
- À quelle condition une mutation devient-elle héréditaire ?

Réponses : 1. 1. c – **2.** a – **3.** a – **4.** a – **5.** b – **6.** d • **2. 1.** Faux – **2.** Faux – **3.** Vrai – **4.** Faux – **5.** Vrai – **6.** Faux – **7.** Vrai – **8.** Faux – **9.** Vrai – **10.** Faux • **3.** Voir p. 30.

SAVOIR-FAIRE

Méthode 1 Traiter des données et les communiquer sous la forme d'un tableau à double entrée

SUJET L'effet mutagène des UV sur les levures

Des élèves réalisent une manipulation pour tester l'effet des UV sur la fréquence de levures mutantes Ade2. Après avoir mis en culture des levures dans des boîtes de Pétri, ils les exposent aux rayonnements UV, pendant des durées différentes, puis les placent à l'étuve quarante-huit heures. Chaque levure vivante se multiplie par mitose et forme une colonie, qui est rouge ou blanche si une mutation est apparue. Un décompte du nombre de colonies rouges et blanches par boîte est réalisé. Ci-dessous, la prise de notes d'un élève des données brutes.

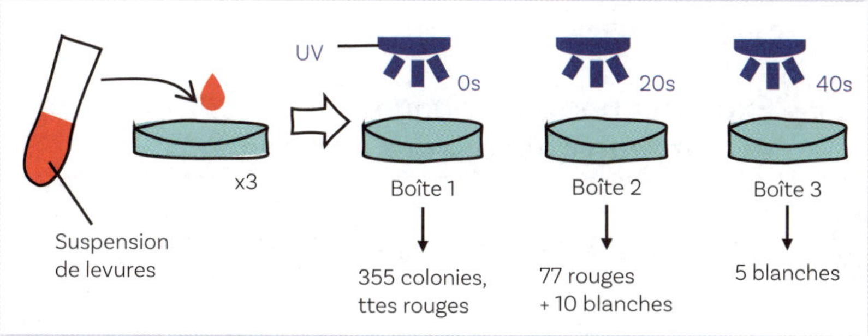

Consignes

1. Présente les données brutes obtenues sous la forme d'un tableau à double entrée.
2. Pour chaque boîte, calcule l'effectif total de colonies et la fréquence de levures mutées.
3. Intègre au tableau ces données dérivées des données brutes.

CONSEILS

- Organise les données brutes de manière à ce qu'il soit possible de lire au croisement entre une ligne et une colonne l'effectif de levures rouges (ou de levures blanches) à un temps d'exposition aux UV.
- L'effectif total est la somme des effectifs des colonies rouges et blanches. La fréquence de levures mutantes pour une boîte est le rapport entre l'effectif de colonies mutantes et l'effectif total de colonies observées.
- Ajoute des lignes (ou des colonnes) pour les données dérivées en conservant une organisation logique.

+ d'aide ? Voir p. 30

CORRIGÉ

Effet de l'exposition aux UV sur la fréquence de levures mutantes Ade2

Titre informatif qui renseigne sur l'objectif de la communication des données avec le tableau

Organisation logique des grandeurs : d'un côté le paramètre testé (variable indépendante) et de l'autre, les variables étudiées

Intitulés des lignes et colonnes renseignant sur les informations contenues dans le tableau

Tracé soigné des cases, taille adaptée au texte, taille de police suffisante pour faciliter la lecture, mise en page sans chevauchement

Caractéristiques \ Temps exposition UV (en s)	0	20	40
Effectif colonies rouges	355	77	0
Effectif colonies blanches	0	10	5
Effectif total de colonies	355	87	5
Fréquence de levures mutantes	0	0,1	1

Pour 40 s d'exposition, aucune colonie rouge observée.

Ajout de lignes pour les données dérivées

1 levure mutante pour 10 levures observées

- Qualité technique
- Commentaires associés
- Organisation réfléchie

Méthode 2 Exploiter une expérience et communiquer par des phrases

SUJET L'effet mutagène des UV sur les cellules de la peau

Chez des personnes volontaires en bonne santé, une toute petite surface de la peau est exposée à une dose d'UV (43 % UVA, 54 % UVB, et 3 % UVC) équivalente à la DEM (dose minimale provoquant un érythème). Certaines ne sont pas exposées aux UV. Vingt-quatre heures plus tard, les scientifiques mesurent la proportion de cellules présentant des lésions de l'ADN sur des échantillons de peau. Ils décomptent les **dimères de thymine** : deux thymines consécutives sur un brin d'ADN liées entre elles. Dans la première condition expérimentale, 44 +/- 9 % des cellules présentent des lésions. Dans la seconde, aucune cellule avec dimère n'est détectée.

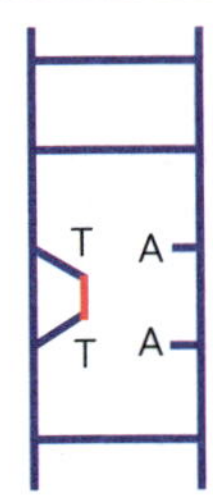

Dimère de thymine

Consignes

1. **Formule l'objectif de cette expérience.**
2. **Présente les résultats obtenus.**
3. **Tire une conclusion.**

CONSEILS

- Détermine les variables testée, étudiée et de référence.
- Pour chacune des conditions expérimentales, précise l'état de la variable étudiée.
- Compare les résultats et déduis-en l'existence d'un lien de causalité entre la variable testée et la variable étudiée.

+ d'aide ? Voir p. 30

Variable testée : l'expérimentateur **fixe au début d'expérience la modalité de la dose d'UV** (DEM ou absente) pour chaque condition expérimentale.

CORRIGÉ

On cherche à savoir si une dose d'UV (DEM) **a un effet sur** la proportion de cellules présentant des dimères de thymine 24 h après l'exposition.

Variable étudiée : l'expérimentateur **mesure** la proportion de cellules avec dimères de thymine et **il ne connaît les valeurs qu'à la fin de l'expérience**.

Variable de référence : l'expérimentateur quantifie la proportion de cellules avec dimères de thymines **au même moment** pour pouvoir les comparer.

Dans les échantillons de peau **non exposées** à une dose d'UV, **on observe** que la proportion de cellules présentant des dimères de thymine 24 h après l'exposition **est égale** à 0 %. Dans les échantillons de peau **exposées** à une dose d'UV (DEM), on observe qu'elle est de 44 +/- 9 %.

Explicite la condition expérimentale correspondant à chaque résultat.

Les deux résultats expérimentaux sont **différents** : la proportion de cellules présentant des dimères de thymine 24 h après l'exposition des cellules exposées à une dose d'UV (DEM) **est plus élevée que** lorsqu'elles ne le sont pas. **On en déduit** qu'une dose d'UV (DEM) **augmente** la proportion de cellules présentant des dimères de thymine 24 h après l'exposition.

Méthode 3 Recenser et exploiter des informations sur la diversité allélique au sein des populations

SUJET Diversité allélique et mucoviscidose

L'étude des génomes de grandes cohortes a permis d'identifier un gène responsable de la mucoviscidose : il s'agit du **gène CFTR**. Ce gène code pour une protéine canal responsable, entre autres, de la fluidification du mucus des bronches. Il existe une diversité allélique pour ce gène dans la population.

Portions d'allèles du gène CFTR présents dans la population

Séquence de nucléotides / Allèles	Position du 1er nucléotide de chaque triplet											
	259	262	265	...	1519	1522	1525	...	1621	1624	1627	...
Allèle sauvage	TTT	TTA	TAT	...	ATC	TTT	GGT	...	CTT	GGA	GAG	...
Allèle muté 1	TTT	TTA	TAT	...	ATC	TTT	GGT	...	CTT	TGA	GAG	...
Allèle muté 2	TTT	_ _A	TAT	...	ATC	TTT	GGT	...	CTT	GGA	GAG	...
Allèle muté 3	TTT	TTA	TAT	...	ATC	_ _ _	GGT	...	CTT	GGA	GAG	...
Allèle muté 4	TTT	TTA	TAT	...	ATC	TTT	GGT	...	CTT	GGA	GAG	...
Allèle muté 5	TTT	TTA	TAT	...	ATC	TTT	GGT	...	CTT	GGA	GAG	...

« _ » : nucléotide absent

Consigne : Caractérise les mutations des allèles 1 et 3 du gène CFTR.

CONSEILS

- Compare la séquence des différents allèles mutés avec la séquence de l'allèle sauvage.
- Décris la position et la nature du changement.
- Identifie le nom du changement à l'aide de tes connaissances.

+ d'aide ?
Voir p. 31

CORRIGÉ

Pour l'allèle muté 1, on observe que le nucléotide n° 1624 est T, alors que c'est un nucléotide G dans l'allèle sauvage. Il y a donc un changement de G en T. On sait qu'une substitution est le remplacement d'un nucléotide par un autre. **On en déduit que** la mutation qui caractérise l'allèle muté 1 est une substitution du nucléotide n° 1624 G en T.

Pour l'allèle muté 3, on constate l'absence des nucléotides n° 1522 à 1 524 par rapport à l'allèle sauvage qui comporte les nucléotides T, T et T. On sait qu'une délétion est une perte de matériel génétique. **On en déduit que** la mutation qui caractérise l'allèle muté 3 est une délétion des nucléotides n° 1522 à 1 524.

Méthode 4 Exploiter des données sur les génomes et calculer le nombre de nouvelles mutations

SUJET Mutation spontanée et achondroplasie

Le **taux de mutation** est la fréquence de nouvelles mutations pour un nucléotide, un gène ou un organisme entier au fil du temps.

L'achondroplasie est une maladie qui entraîne un défaut de croissance (nanisme). Elle touche environ 8 000 personnes en France. Elle est causée par une mutation du gène FGFR3, situé sur le chromosome 4, et codant un récepteur d'un facteur de croissance.

La présence d'un allèle muté cause la maladie. La présence de deux allèles mutés est non viable. Les séquences suivantes représentent une portion du gène FGFR3 normal et du gène FGFR3 muté. Pour chaque séquence, le brin d'ADN donné est le brin non transcrit.

Numérotation des nucléotides dans la séquence	1 10 20
Allèle **FGFR3 normal**	5'...TATGCAGGCATCCTCAGCTACGGGGTG...3'
Numérotation des nucléotides dans la séquence	1 10 20
Allèle **FGFR3 muté**	5'...TATGCAGGCATCCTCAGCTACAGGGTG...3'

On estime qu'environ 80 % des cas d'achondroplasie sont dues à la survenue de mutations *de novo*, des mutations présentes chez un individu né de parents qui n'en sont pas porteurs. Ces mutations apparaissent dans les cellules germinales. Une méta-analyse portant sur 52 études et 90 estimations de prévalence estime que l'achondroplasie touche environ 1 naissance sur 22 000 dans le monde.

Le génome d'une cellule humaine compte 2×3.10^9 paires de nucléotides. La disponibilité de données sur le génome entier de trios (parents-enfants) permet d'étudier les variations, de calculer le taux de mutation entre les individus et de déterminer l'origine parentale de ces mutations. On estime ainsi que le **taux de mutation** par substitution dans les cellules germinales humaines est d'environ $1{,}28.10^{-8}$ par paire de nucléotides par génération.

Consignes

1. Détermine la mutation de la séquence de l'allèle FGFR3 muté.

2. Calcule le taux de mutation du gène FGFR3 dans la population mondiale par génération.

3. Calcule l'effectif de mutations *de novo* par substitution dans le génome entier d'un nouveau-né.

CONSEILS

- Compare la séquence nucléotidique de l'allèle muté avec celle de l'allèle normal.
- Le taux de mutation est le rapport entre l'effectif d'allèles affectés par une mutation *de novo* et l'effectif total d'allèles.
- L'effectif de mutations *de novo* est le produit entre le taux de mutation par paire de nucléotide et le nombre de paires de nucléotides du génome entier.

+ d'aide ?

Voir p. 31

CORRIGÉ

On observe que, en position 22, l'allèle FGFR3 muté présente un nucléotide à adénine (A) alors que l'allèle FGFR3 normal a un nucléotide à guanine (G). On sait que le remplacement d'un nucléotide par un autre est une substitution. On en déduit que la mutation allèle FGFR3 est une substitution 22G > A.

> Le changement associé à la mutation se décrit de l'allèle normal vers l'allèle muté.

On lit que l'achondroplasie touche environ 1 naissance sur 22 000 dans le monde et que 80 % des cas sont dus à la survenue de mutations *de novo* du gène FGFR3. On en conclut que 0,8 (= 1 × 80 %) naissance sur 22 000 est causée par une mutation *de novo* du gène FGFR3. Les nouveau-nés malades possèdent 1 allèle muté du gène FGFR3 et tous les nouveau-nés possèdent 2 allèles FGFR3. La fréquence d'allèles mutés est ainsi égale à $1{,}82.10^{-5}$ (= 0,8 × 1 /22 000 × 2), ce qui signifie qu'une mutation *de novo* survient pour 1 allèle FGFR3 sur 55 000 ($1{,}82.10^{-5}$) dans le monde.

> Passe de l'effectif de nouveau-nés à l'effectif d'allèles mutés ou normal.

On observe que, chez les cellules germinales, le taux de mutation par substitution par paire de nucléotides par génération est de $1{,}28.10^{-8}$ et que le génome entier compte 6.10^9 paires de nucléotides. Le nombre de mutations par substitution *de novo* attendues chez un nouveau-né est donc d'environ 77 ($= 6.10^9 \times 1{,}28.10^{-8} = 76{,}8$).

Chapitre 2 — Mutations de l'ADN et variabilité génétique

Tu viens de voir les notions à connaître sur les mutations de l'ADN. Pour t'aider à retenir l'essentiel et t'entraîner pour le Bac, voici ton kit de révisions clé en mains conçu par SchoolMouv !

Vidéo

Pour mieux comprendre et t'en souvenir à coup sûr, regarde la vidéo. C'est parfois bien plus clair en images.

Vidéo Les mutations de l'ADN et la variabilité génétique

https://flashbelin.fr/focusbacschoolmouv/svt/1re/2

Contenu additionnel

Voici un bonus autour du même sujet. La curiosité n'est pas toujours un vilain défaut. Il suffit de créer ton compte pour avoir accès à plein de contenus supplémentaires.

Fiche Les mutations de l'ADN et la variabilité génétique

https://www.schoolmouv.fr/eleves/cours/les-mutations-de-l-adn-et-la-variabilite-genetique/fiche-de-cours

Tchat avec un prof

Pour poser toutes tes questions à un prof particulier, découvre l'abonnement tchat. Tu peux le tester gratuitement pendant 7 jours : fini les questions sans réponses, tu vas devenir incollable.

https://focusbac.schoolmouv.fr/offre

Le Focus de SchoolMouv

Mutation réparation de l'ADN

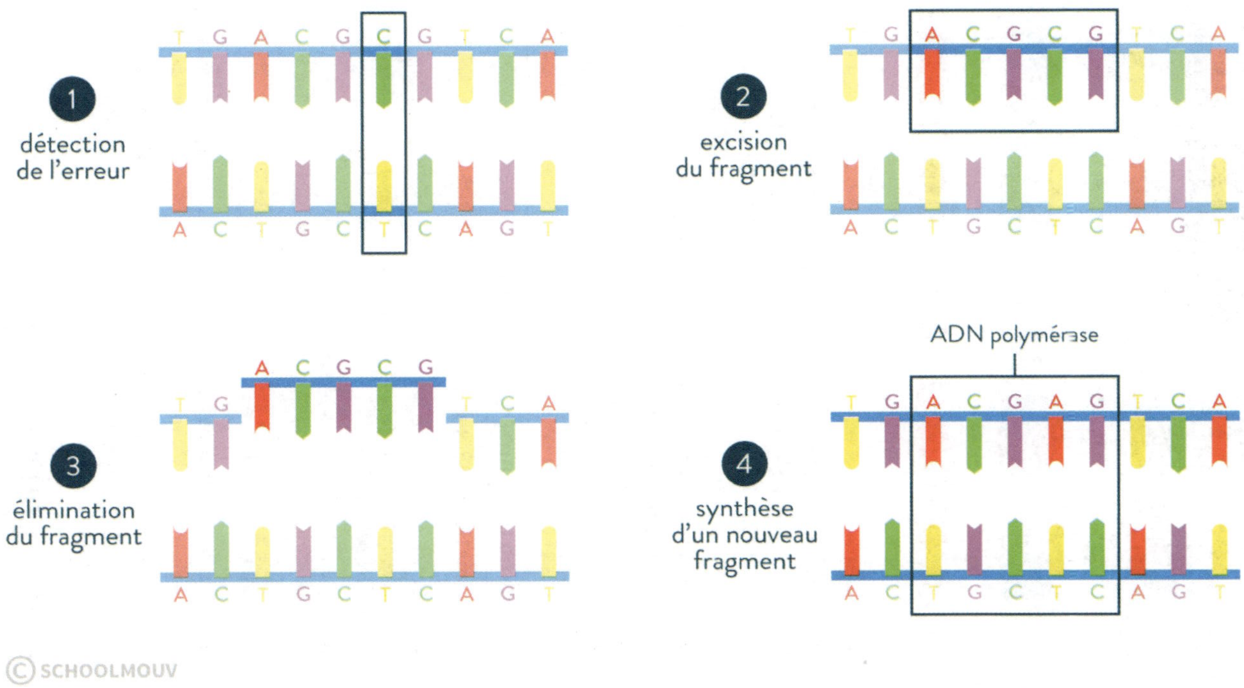

THÈME 1

3 L'expression génétique

RÉVISIONS 2de

Un quiz avant de commencer

1. Vrai ou faux ?

	Vrai	Faux
1 Le génotype est l'ensemble des caractères d'un individu.	☐	☐
2 Un gène est un segment d'une molécule d'ADN qui participe au contrôle d'un ou de plusieurs caractères héréditaires.	☐	☐
3 L'ADN des chromosomes est le support de l'information génétique.	☐	☐
4 Le patrimoine génétique est le matériel génétique transmis d'une génération à la suivante.	☐	☐
5 L'ADN est contenu dans le cytoplasme chez les cellules eucaryotes.	☐	☐
6 Les enzymes sont des molécules qui permettent la réalisation de transformations chimiques.	☐	☐

2. Coche la ou les bonne(s) réponse(s).

1. L'information génétique :

- a est codée par l'ordre dans lequel les nucléotides d'une molécule d'ADN se succèdent. ☐
- b est la même pour les allèles d'un gène. ☐
- c est organisée en gènes constitués d'ADN. ☐
- d est héréditaire. ☐

2. L'expression génétique :

- a est la façon dont les cellules utilisent l'information génétique. ☐
- b permet la synthèse de molécules responsables de l'existence de caractères héréditaires. ☐
- c n'est pas régulée par l'environnement. ☐
- d est synonyme de l'expression des gènes. ☐

3. Les cellules d'un organisme pluricellulaire :

- a ont le même génotype. ☐
- b ont le même ADN. ☐
- c expriment les mêmes gènes. ☐
- d expriment la totalité de leurs informations génétiques. ☐

Réponses : 1. 1. Faux – **2.** Vrai – **3.** Vrai – **4.** Vrai – **5.** Faux – **6.** Vrai • **2. 1.** a, c, d – **2.** a, b, c – **3.** a, b.

du patrimoine et les enzymes

L'ESSENTIEL EN 4 POINTS

Comment le patrimoine génétique participe-t-il à la mise en place du phénotype ? Comment l'expression génétique est-elle régulée ?

1 **Les produits de l'expression génétique et le phénotype**
L'**expression du patrimoine génétique** transforme l'information de l'ADN en **molécules** fonctionnelles ayant un rôle dans l'activité cellulaire. Le **phénotype** dépend des molécules produites, dont l'existence et l'activité est influencée par l'environnement. L'existence d'un **intermédiaire** (ARN) permet de nombreuses régulations. > p. 44

Comment les ARN sont-ils synthétisés ?

2 **La transcription et la maturation des ARN**
L'**information de l'ADN** (codé en séquence de désoxyribonucléotides) est **transcrite en ARN** (codé en séquence de ribonucléotides) grâce aux ARN polymérases, qui **ajoutent et lient** un à un **les ribonucléotides complémentaires** au brin d'ADN transcrit. > p. 45

Comment les ARN dirigent-ils la synthèse des protéines ?

3 **La traduction des protéines**
L'information portée par une molécule d'ARN messager (le message génétique) est **convertie** en une **information fonctionnelle** (la séquence des acides aminés de la protéine) grâce aux **ribosomes**, selon le **code génétique**. > p. 46

Que sont les enzymes ? Comment fonctionnent-elles ?

4 **Les enzymes, des protéines aux propriétés catalytiques**
Les **enzymes**, issues de l'expression génétique d'une cellule, sont essentielles à la vie cellulaire. Ce sont des **acteurs majeurs du métabolisme** et des **marqueurs de sa spécialisation**. Leur fonctionnalité dépend de leur **séquence d'acides aminés** et de leur **structure tridimensionnelle**. > p. 47

COURS

LE COURS en 4 fiches

1 Les produits de l'expression génétique et le phénotype

Idées clés

→ L'**information de l'ADN** est **exprimée** par l'intermédiaire d'un autre acide nucléique : l'**ARN**. Des ARN ont une **activité cellulaire directe**, d'autres sont **traduits en protéines**.

→ Le phénotype résulte de l'ensemble des **produits de l'**expression du patrimoine génétique (protéines et ARN), qui est régulée par divers facteurs.

Coup d'œil

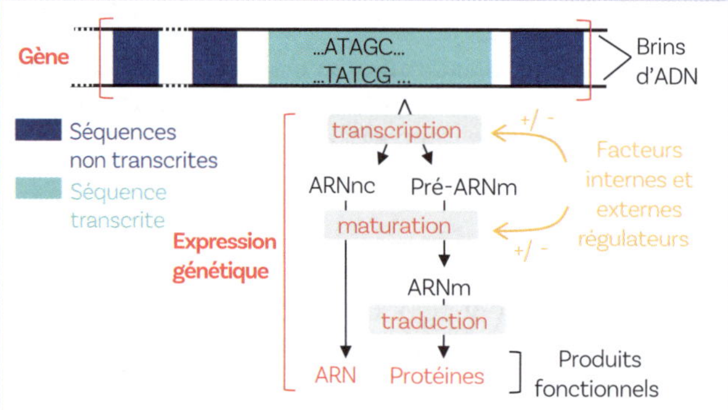

Expression génétique et phénotype

Des pistes pour argumenter

- **Le lien entre génotype et échelles du phénotype :** présente un exemple. > p. 56
- **L'ARN est un intermédiaire :** compare la production de protéines dans une cellule avec et sans injection d'ARNm. > p. 52

À la loupe

- La **séquence de la molécule d'ADN**, succession des **quatre désoxyribonucléotides** le long des brins, est une **information** (génétique) **transmise au cours des générations**. L'**expression du patrimoine génétique** est le processus par lequel cette information est lue et aboutit à des molécules ayant un rôle dans l'activité cellulaire.
- Les **ARN** (acide ribonucléique) sont produits par **transcription**. Les **ARN non-codants** participent **directement à l'activité cellulaire** et les **ARN codants** (ARN messagers) **dirigent la synthèse de protéines**, impliquées dans l'activité cellulaire.
- Un **gène** est un **ensemble de séquences d'ADN** (non contiguës) codant pour un ensemble cohérent de produits (ARN, protéines). Il y a des **séquences transcrites en ARN** et d'autres **non transcrites**, qui régulent la transcription.
- Le **phénotype** se définit à **plusieurs échelles intégratives** : **moléculaire** (protéine, ARN), **cellulaire** et **macroscopique** (organisme pluricellulaire). Il dépend du **génotype** et de l'**activité des gènes**, qui **varie** selon les cellules ou les étapes de la vie.
- La **régulation de l'expression** dépend de **facteurs externes** (conditions de l'environnement) et internes (hormones...). Elle passe notamment par des **contrôles** de la transcription et de la **maturation** de l'**ARN pré-messager**.

→ Voir lexique p. 280

2 La transcription et la maturation des ARN

Idées clés

→ Les **molécules d'ARN** sont **synthétisées par complémentarité des nucléotides** à partir de l'ADN lors d'un processus dénommé « transcription ».

→ Chez les **eucaryotes**, la transcription a lieu dans le **noyau**, et certains des **ARN** formés, après maturation éventuelle, sont **exportés dans le cytoplasme**.

Des pistes pour argumenter

- **La transcription copie l'information génétique de l'ADN dans l'ARN :** schématise le processus de transcription.
- **L'exportation des ARN :** compare la localisation de l'uracile radioactive. > p. 52

Coup d'œil

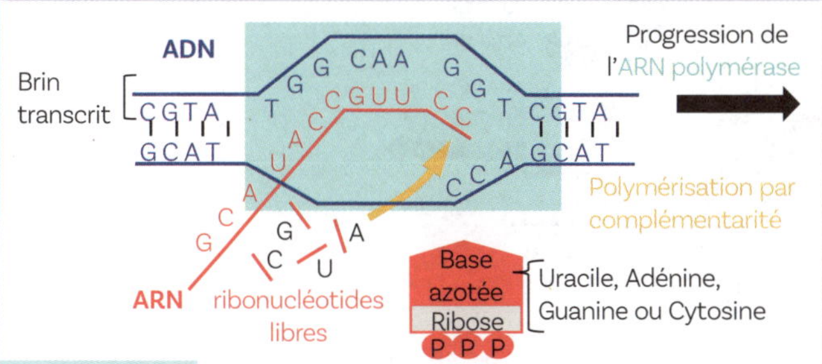

La transcription

À la loupe

- Les **ARN** sont des **molécules formées d'un seul brin** fait d'une **succession de quatre types de ribonucléotides**. Leur composition **diffère des désoxyribonucléotides** : du **ribose** au lieu du désoxyribose et de l'**uracile** à la place de la thymine.
- L'**ARN polymérase reconnaît** un gène, **sépare** les deux brins d'ADN, puis **synthétise** le brin d'ARN en ajoutant un à un les ribonucléotides complémentaires au brin transcrit. Elle ajoute un ribonucléotide : **à uracile** face à un **désoxyribonucléotide à adénine** ; **à adénine** face à un **désoxyribonucléotide à thymine** ; **à cytosine** face à un **désoxyribonucléotide à guanine** ; **à guanine** face à un **désoxyribonucléotide à cytosine**.
- L'ARN polymérase poursuit l'**élongation du brin d'ARN** en **se déplaçant** sur l'ADN jusqu'à une région terminale du gène. La **transcription** se termine avec la **libération du brin d'ARN**. La transciption **copie l'information génétique de l'ADN dans l'ARN**.
- Chez les **eucaryotes**, la plupart des **gènes codants** sont formés de **régions qui sont traduites en protéines** (**exons**) séparées par des **régions non traduites** (**introns**). Le produit de transcription de ces gènes est un **ARN pré-messager** (pré-ARNm). Ces ARN subissent une **étape de maturation**, durant laquelle les **introns** sont **éliminés** et, dans certains cas, également un ou plusieurs exons. À la fin de cette étape, les ARN pré-messagers deviennent des **ARN messagers** (ARNm), qui sont **exportés vers le cytoplasme**.

→ Voir lexique p. 280

3 La traduction des protéines

Idées clés

→ Les ARN messagers dirigent la **synthèse de** protéines lors d'un processus dénommé « traduction ».

→ L'**information génétique** portée par une molécule d'ARNm (la **séquence de nucléotides**) est convertie en une **information fonctionnelle** (la **séquence des acides aminés** de la protéine).

→ Le **code génétique** est un **système de correspondance** universel, qui **permet la traduction** de **l'ARN messager en protéines**.

Des pistes pour argumenter

• **Le rôle des ribosomes :** compare la production de protéine avec et sans ribosome. > **p. 54**

Coup d'œil

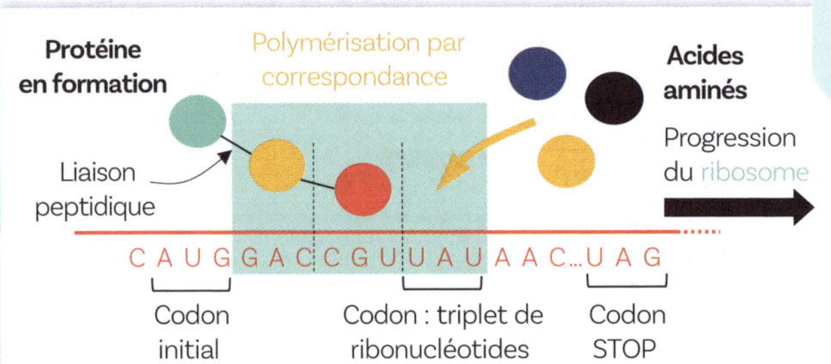

La traduction

À la loupe

• Les **protéines** jouent un rôle fondamental dans la **structure** et le **fonctionnement** des organismes vivants (ex. : le collagène dans la matrice extracellulaire ; les enzymes dans le métabolisme ; les hormones dans la communication entre cellules). Ce sont des **molécules** constituées d'une **succession d'acides aminés**, auxquelles la **séquence** et la **forme tridimensionnelle** confèrent les propriétés fonctionnelles.

• La **conversion** de la séquence de nucléotides **en séquence d'acides aminés** repose sur un **système de correspondance** partagé par tous les êtres vivants : le **code génétique**. À chaque **triplet de nucléotides**, appelé « **codon** », correspond un **unique acide aminé ou aucun acide aminé** (les codons stop). Un **acide aminé** peut être codé par **plusieurs codons** : le code génétique est alors dit « **redondant** ».

• Dans le **cytoplasme**, les **ribosomes** se fixent aux molécules d'ARNm et se déplacent dessus jusqu'à reconnaître le **codon d'initiation**, auquel ils associent le **premier acide aminé** de la protéine. Glissant alors de codon en codon, ils **ajoutent successivement chaque acide aminé** correspondant aux codons lus à la chaîne d'acides aminés en formation. Les acides aminés sont reliés entre eux par des **liaisons peptidiques**. La **traduction** se termine lorsqu'un **codon stop** est reconnu : la **protéine** est **libérée**.

• Un **même ARNm** est **traduit un grand nombre de fois** avant d'être dégradé, ce qui multiplie le nombre de copies de la protéine.

→ Voir lexique p. 280

4 Les enzymes, des protéines aux propriétés catalytiques

Idées clés

→ Les enzymes sont des catalyseurs de réactions chimiques spécifiques dans le métabolisme d'une cellule.

→ La **structure tridimensionnelle** de l'enzyme lui permet d'**interagir avec ses substrats** et explique ses **spécificités** en termes de substrat et de réaction catalytique.

Des pistes pour argumenter

La relation entre la structure 3D de l'enzyme et sa fonctionnalité : compare les actions d'enzymes native et dénaturée. > **p. 57**

Coup d'œil

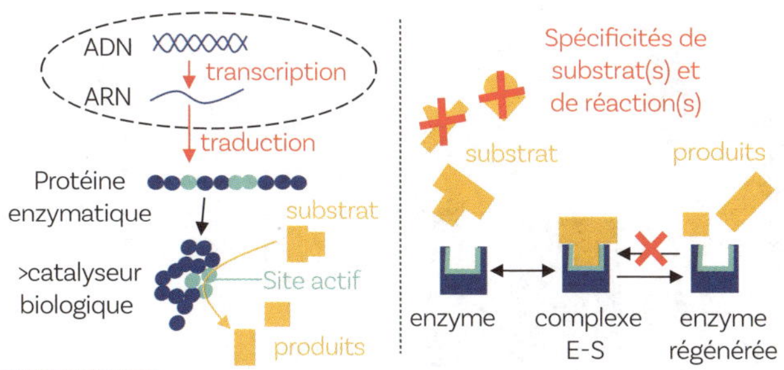

Les enzymes

À la loupe

- Les **enzymes** sont des protéines ayant des **propriétés catalytiques** : **accélérant le déroulement** de réactions chimiques sans en changer le sens ou le résultat, **intactes** en fin de réaction et agissant en **faible quantité**.
- Les enzymes sont **essentielles à la vie cellulaire**, assurant le **déroulement correct** des diverses réactions métaboliques d'une cellule. L'**équipement enzymatique**, ou l'ensemble des enzymes, **diffère** d'une cellule spécialisée à une autre. Les enzymes constituent donc un **marqueur de la spécialisation cellulaire**. Au cours de sa vie, la cellule peut **modifier son activité** par la **synthèse** de différentes enzymes.
- Les enzymes établissent un **contact étroit avec leur(s) substrat(s)**, formant des **complexes enzyme-substrat(s) temporaires**, qui facilitent la **transformation** du/des substrat(s) en produit(s). Le contact étroit et la réaction chimique se réalisent **au niveau du site actif** : une **zone particulière de la structure tridimensionnelle** des enzymes où sont regroupés, dans un espace restreint, plusieurs acides aminés ayant certaines propriétés. La **structure du site actif conditionne** le(s) **substrat(s)** et le(s) type(s) de **réactions chimiques catalysées**. En général, les enzymes interagissent avec un ou deux substrats et catalysent un type de réaction chimique. On parle d'une **double spécificité** : spécificités de substrat et de réaction catalytique.
- Les **mutations** touchant des **acides aminés du site actif**, et les **conditions abiotiques** (température, pH...) du milieu cellulaire perturbant la structure tridimensionnelle des enzymes sont susceptibles d'**altérer leur fonctionnement**.

→ Voir lexique p. 280

MÉMO VISUEL

- L'expression du patrimoine génétique et les enzymes -

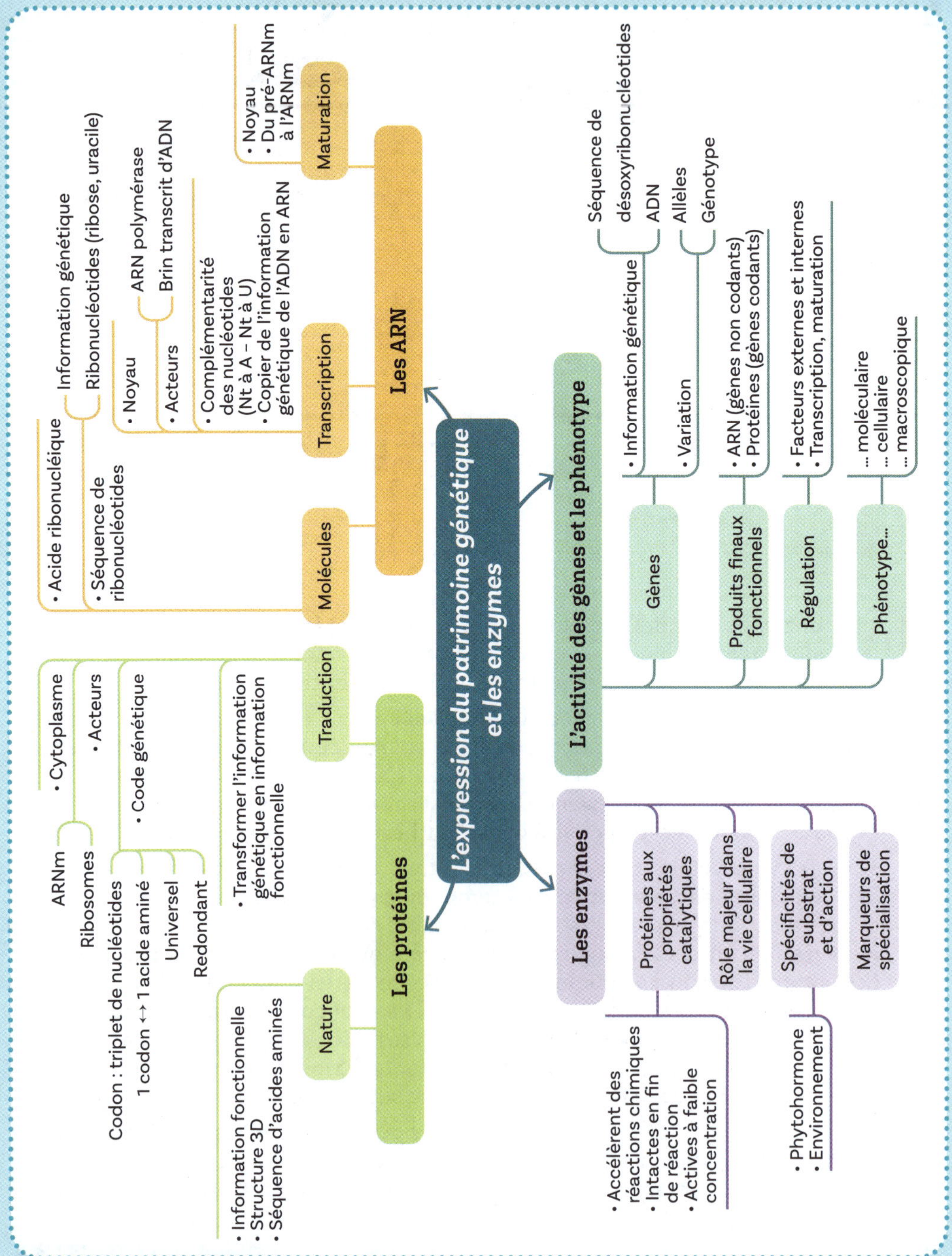

QCM

SE TESTER

1. Coche la ou les bonne(s) réponse(s).

1. L'information génétique :

- **a** est une séquence de l'ADN. ☐
- **b** est transmise de génération en génération. ☐
- **c** est une information fonctionnelle. ☐
- **d** détermine seule le phénotype. ☐

2. Une molécule d'ARN :

- **a** est complémentaire au brin transcrit d'une molécule d'ADN. ☐
- **b** est complémentaire au brin non transcrit d'une molécule d'ADN. ☐
- **c** est synthétisée par une ADN polymérase. ☐
- **d** est issue de la polymérisation de désoxyribonucléotides libres. ☐

3. L'ARNm est :

- **a** transformé en protéine dans le cytoplasme. ☐
- **b** traduit en protéine dans le cytoplasme. ☐
- **c** fonctionnel dans le noyau. ☐
- **d** exporté dans le noyau. ☐

4. Une enzyme :

- **a** ralentit des réactions biochimiques. ☐
- **b** est constituée de ribonucléotides. ☐
- **c** est une protéine ayant des propriétés catalytiques. ☐
- **d** accélère la transformation de substrats en produits. ☐

2. Vrai ou faux ?

		Vrai	Faux
1	Une séquence d'ADN est la succession des quatre ribonucléotides le long des brins d'une molécule d'ADN.	☐	☐
2	Le phénotype résulte de l'ensemble des produits de l'ADN (protéines et ARN) présents dans la cellule.	☐	☐
3	L'activité des gènes de la cellule est régulée sous l'influence de facteurs internes à l'organisme et externes.	☐	☐
4	L'ARN est une protéine constituée de ribose, alors que l'ADN est formé de désoxyribose.	☐	☐
5	À chaque génération, l'information est exprimée par l'intermédiaire de l'ARN.	☐	☐
6	L'uracile est une base azotée spécifique à l'ARN, complémentaire à la thymine.	☐	☐
7	Les ARN formés, après maturation éventuelle, sont exportés dans le cytoplasme.	☐	☐
8	Le pré-ARNm issu de la traduction devient un ARNm après maturation.	☐	☐
9	La transcription est la synthèse d'une protéine à partir d'un ARNm et d'acides aminés libres.	☐	☐
10	Le code génétique est un système de correspondance, universel à l'ensemble du monde vivant, qui permet la traduction de l'ARN messager en protéines.	☐	☐

3. Complète le schéma à l'aide des termes suivants.

a. *Maturation* – **b.** *Transcription* – **c.** *Gène* – **d.** *Séquence transcrite* – **e.** *Séquence non transcrite* – **f.** *Traduction* – **g.** *ARN* – **h.** *ARNm* – **i.** *Protéine* – **j.** *Facteurs internes et externes régulateurs.*

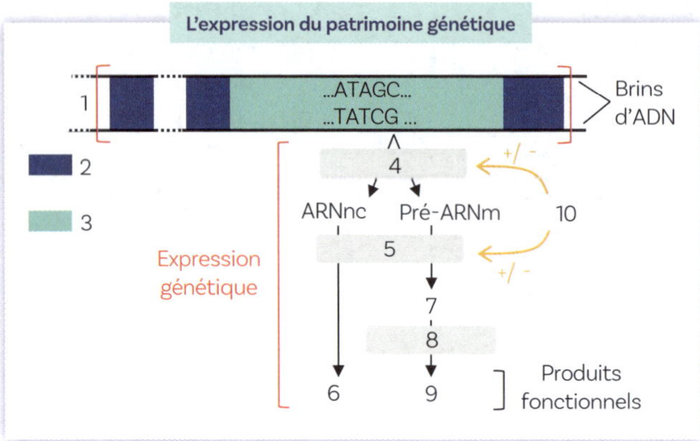

4. Réponds aux questions posées sur ces mémocartes.

1. Les produits de l'expression des gènes

- Quels sont les produits finaux et fonctionnels de l'expression de l'information de l'ADN ?
- Quel acide nucléique sert d'intermédiaire dans l'expression de l'information génétique ?
- Qu'est-ce que le phénotype ? À quelles échelles le définit-on ?
- Qu'est-ce qu'un gène ? Que signifie la régulation de l'expression du patrimoine génétique ?
- Comment l'expression du patrimoine génétique est-elle régulée ?

2. La transcription et la maturation des ARN

- Quels sont les points communs et les différences entre les molécules d'ADN et d'ARN ?
- Qu'est-ce que la transcription ? Comment se déroule-t-elle ?
- Qu'est-ce que la maturation ?

3. La synthèse des protéines

- Que sont les protéines ? Quelles fonctions ont-elles ?
- Comment une protéine est-elle synthétisée à partir d'un ARNm ?
- Qu'est-ce que le code génétique ? Quelles sont ses propriétés ?
- Quelles sont les étapes de la traduction ?

4. Les enzymes, des protéines aux propriétés catalytiques

- Que sont les enzymes ?
- En quoi l'équipement enzymatique est-il un marqueur de spécialisation cellulaire ?
- Pourquoi la structure tridimensionnelle d'une enzyme est-elle importante ?
- Que sont les spécificités de substrat et de réaction enzymatique ?

Réponses : 1. 1. a, b – **2.** a – **3.** b – **4.** c, d • **2. 1.** Faux – **2.** Vrai – **3.** Vrai – **4.** Faux – **5.** Vrai – **6.** Faux – **7.** Vrai – **8.** Faux – **9.** Faux – **10.** Vrai • **3. 1.** c – **2.** e – **3.** d – **4.** b – **5.** a – **6.** g – **7.** h – **8.** f – **9.** i – **10.** j.

SAVOIR-FAIRE

Méthode 1 Calculer des combinaisons

SUJET Comparaison des codes du vivant et de l'informatique

Les molécules d'ADN sont constituées de deux brins de ***(désoxyribo)*nucléotides** complémentaires. Il y a **quatre types de nucléotides** qui diffèrent par la nature de leur base azotée (adénine, thymine, cytosine et guanine). L'ordre dans lequel se succèdent les nucléotides est **la séquence de la molécule d'ADN**. Elle est **une information génétique**. Les produits finaux d'expression des gènes codants sont les **protéines**. Ce sont des molécules formées d'une succession d'acides aminés. Il y a vingt acides aminés différents. La **séquence primaire d'une protéine** est l'ordre dans lequel se succèdent les acides aminés, c'est une **information fonctionnelle**.

En informatique, **l'information est stockée sous forme d'une séquence de chiffres binaires**, c'est-à-dire sous la forme d'une suite de 0 et de 1. La taille d'un fichier se mesure en octet, qui est une unité de mesure : 1 octet correspondant à 8 bits, c'est-à-dire 8 chiffres binaires (0 ou 1).

Pour un ensemble de *n** objets différents, toute **suite ordonnée** de *k** objets pris parmi les n objets s'appelle un **arrangement** de *k* objets. On parle **d'arrangement avec répétition** lorsqu'un même objet peut être observé plusieurs fois dans l'arrangement. Le nombre total d'arrangements possibles de k objets pris parmi n est égale à $\boldsymbol{n^k}$.

* n et k sont des nombres entiers naturels.

Consignes

1. Énumère et décompte les combinaisons possibles de séquences d'ADN de 2 nucléotides de longueur.
2. Retrouve le nombre de combinaisons trouvé en 1. à l'aide de la formule mathématique d'un arrangement avec répétition.
3. Calcule le nombre de combinaisons possibles de séquences d'ADN de 3 et de 5 nucléotides de longueur. Puis, décris l'évolution du nombre de combinaisons de séquence lorsque le nombre de nucléotides augmente.
4. Compare le nombre de combinaisons possibles de séquences de 8 objets pour l'ADN, les protéines et le code binaire de l'informatique.

CONSEILS

- Écris toutes les combinaisons possibles de 2 nucléotides à partir des bases azotées : A, T, G et C.
- Identifie *n* puis *k* dans chacune des situations, et applique la formule mathématique pour calculer le nombre total d'arrangements avec répétition possibles de *k* objets pris parmi *n* objets.

+ d'aide ?
Voir p. 44 et 46

CORRIGÉ

1. Il y a 4 nucléotides avec des bases différentes : A, T, G et C. Cela donne 16 combinaisons possibles de séquence de 2 nucléotides : AA, TT, CC, GG, AT, TA, AC, CA, AG, GA, TG, GT, TC, CT, GC et CG.

On associe un sens de lecture à une séquence. Ainsi, « AG » n'est pas équivalent à « GA ».

2. Une séquence de 2 nucléotides se construit en choisissant 2 nucléotides ($k = 2$) parmi les 4 types de nucléotides différents ($n = 4$). On peut retrouver deux fois le même type de nucléotide. Il s'agit donc d'un arrangement avec répétition. Le nombre total d'arrangements est le nombre de combinaisons de séquence, il est égal à 4^2 (n^k) soit 16. On retrouve le nombre de combinaisons possibles décrites à la question 1.

3. Pour 3 nucléotides, le nombre de combinaisons de séquence est égale à 64 ($= 4^3$). Pour 5 nucléotides, il y a 1 024 (4^5) possibilités. On constate qu'il y a plus de combinaisons de séquences possibles avec 5 nucléotides qu'avec 3 nucléotides. Si on généralise, plus la séquence compte de nucléotides plus le nombre de combinaisons possible est élevé.

Comparaison du nombre de combinaisons possibles de séquences de 8 objets pour l'ADN, les protéines et le code binaire

Domaine	ADN	Protéine	Code binaire
Objet constituant la séquence	Nucléotide	Acide aminé	Chiffre binaire
Nombre d'objets différents (n)	4	20	2
Nombre de combinaisons possibles de séquences pour 8 objets ($k = 8$)	$4^8 = 65\,536$	$20^8 = 25{,}6.10^9$	$2^8 = 256$

4. On constate que pour une séquence de 8 objets, le nombre de combinaisons de séquences est plus élevé pour les protéines que pour l'ADN, lui-même plus élevé que pour le code binaire. En généralisant, pour une séquence de même longueur, le nombre de combinaison d'objet est d'autant plus élevé que la diversité des objets est importante.

Les séquences d'ADN, de protéines ou de code binaire sont construites avec un nombre différent de type d'objets : 4 nucléotides, 20 acides aminés ou 2 chiffres binaires.

Méthode 2 Exploiter les données de protocoles de chasse isotopique et d'autoradiographie

SUJET L'expérience de Brachet

On cherche à argumenter l'idée que l'ARN est une molécule pouvant servir d'intermédiaire entre l'ADN situé dans le noyau et les protéines synthétisées dans le cytoplasme. L'expérience de Brachet en 1951 a permis d'apporter une preuve. On y trouve un **protocole de chasse isotopique** (*pulse-chase*, en anglais) qui est une méthode d'étude de processus cellulaires se déroulant dans le temps. Dans une culture de cellules eucaryotes sur milieu non radioactif, on ajoute en excès de l'**uracile radioactive** dans le milieu (*pulse*). L'uracile est une base azotée spécifique des ribonucléotides, c'est un précurseur de l'ARN. Les cellules sont incubées dans ce milieu contenant l'**uracile**

radioactive pendant 15 minutes, elles l'intègrent dans les ARN synthétisés. Puis, l'uracile radioactive du milieu est éliminée par lavage et remplacée par de l'uracile non radioactive (*chase*). On peut suivre le devenir de l'uracile radioactive par **autoradiographie**, une technique permettant de localiser des molécules sur une préparation biologique. Après des durées d'incubation différentes (A = 0 h, B = 1 h 30), un film sensible à la radioactivité est déposé au-dessus des cellules. Le rayonnement radioactif émis par les résidus d'uracile radioactive conduit à la formation de points noirs sur le film. La superposition d'une photographie de cellule et du film d'autoradiographie correspondant permet de localiser les points noirs dans les structures cellulaires.

Autoradiographie A | Autoradiographie B

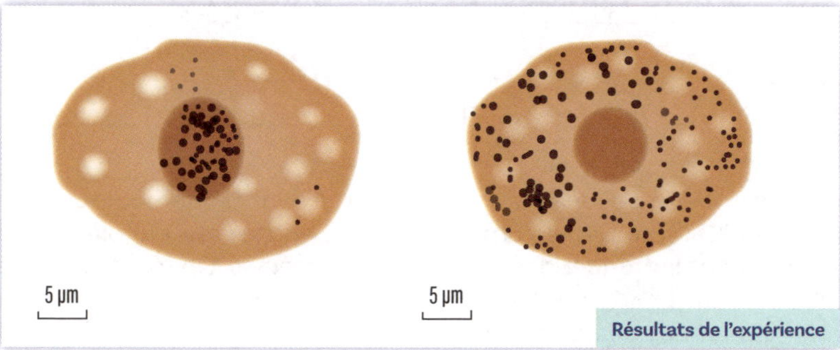

Résultats de l'expérience

Consignes

1. **Explique comment les techniques mobilisées dans l'expérience permettent de localiser l'ARN.**
2. **Décris les résultats des autoradiographies.**
3. **Exploite les résultats pour décrire la dynamique spatio-temporelle de l'ARN dans une cellule.**

CONSEILS

- Fais le lien entre l'utilisation d'uracile radioactif et l'ARN.
- Localise les points noirs dans les cellules des deux autoradiographies, puis fais le lien entre ces points et l'ARN.
- Compare la localisation de l'ARN entre les deux autoradiographies et déduis-en un mouvement.

+ d'aide ?
Voir p. 45

CORRIGÉ

1. La chasse isotopique utilise de l'uracile radioactive qui est intégrée dans l'ARN et qui est localisable grâce à une autoradiographie. Ainsi, la localisation de l'uracile radioactive révèle celle de l'ARN.

2. Sur l'autoradiographie A, **on observe** qu'une large majorité de points noirs est située dans le noyau cellulaire. Or, **on lit** que les points noirs sont situés à l'endroit où se trouve l'uracile radioactive, qui révèle la place de l'ARN. **On en déduit** que l'ARN est majoritairement localisé dans le noyau. Sur l'autoradiographie B, en employant un raisonnement similaire, on observe que l'ARN est majoritairement localisé dans le cytoplasme.

> Les points noirs constituent un **indicateur** de localisation de l'ARN.

3. L'ARN se situe dans le noyau sur l'autoradiographie A, qui est réalisée immédiatement après la chasse isotopique (0 h). Alors que l'ARN se situe dans le cytoplasme sur l'autoradiographie B réalisée 1 h 30 plus tard. **On en déduit** que l'ARN s'est déplacé du noyau au cytoplasme au cours des 90 minutes qui séparent les deux autoradiographies.

Pour mettre en évidence le déplacement d'une molécule, on compare les localisations de cette molécule à deux temps différents.

Méthode 3 Exploiter une expérience et communiquer avec des phrases

SUJET Cellule eucaryote et ADN

Les **ribosomes** ont été observés au microscope électronique pour la première fois dans les années 1950 par George Emil Palade. Ces entités ont un rôle essentiel dans les cellules, assurant la traduction des ARNm en protéines. On réalise une expérience de traduction *in vitro* à partir d'extraits cytoplasmiques dépourvus d'ARNm et de ribosomes, mais contenant des acides aminés radioactifs qui permettent de mettre en évidence la production de protéines. Il n'y a pas au début d'expérience de protéines radioactives. On ajoute aux extraits une certaine quantité d'ARNm et/ou de ribosomes, puis on recherche des protéines radioactives à la fin de l'expérience. Les conditions expérimentales et les résultats sont présentés.

	Conditions expérimentales	Quantité de protéines radioactives
1	Extraits cytoplasmiques + ARNm	Absence
2	Extraits cytoplasmiques + Ribosomes	Absence
3	Extraits cytoplasmiques + ARNm + Ribosomes	Présence

Consignes

1. Détermine les deux conditions expérimentales à comparer pour montrer que les ribosomes ont un rôle dans la synthèse de protéines.
2. Précise le lien entre la synthèse de protéine et la variable étudiée dans l'expérience.
3. Formule l'objectif de la comparaison, les résultats expérimentaux et la conclusion relatifs au rôle des ribosomes.

CONSEILS

- Identifie la variable à tester, puis analyse les conditions expérimentales proposées pour en choisir deux qui ne diffèrent que par la modalité de cette variable.
- Identifie la variable étudiée et montre en quoi elle est un indicateur du processus de synthèse de protéines.
- Exploite les deux conditions expérimentales identifiées en **1.** et leurs résultats.

+ d'aide ? Voir p. 36 et 45

CORRIGÉ

1. Pour montrer que les ribosomes ont un rôle dans la synthèse de protéines, on doit mettre en évidence qu'ils ont un effet sur la synthèse de protéines. **La variable à tester est donc la quantité de ribosomes.** Il faut comparer une condition expérimentale où les ribosomes sont présents avec une autre condition expérimentale où ils sont absents. Ce sont respectivement les conditions expérimentales 2 ou 3, et la condition expérimentale 1.

> Teste l'effet d'une variable sur un système en variant sa modalité. « Absente/présente » est souvent le plus simple.

2. La quantité de ribosome doit être la seule variable différente entre les deux conditions expérimentales comparées. En dehors des ribosomes, les conditions expérimentales 1 et 3 présentent toutes les deux des extraits cytoplasmiques et de l'ARNm alors qu'il y a seulement des extraits cytoplasmiques dans la 2. Ainsi, pour mettre en évidence le rôle des ribosomes dans la traduction, **il faut comparer les conditions expérimentales 1 et 3**.

> Il doit y avoir seulement une différence entre deux conditions expérimentales pour pouvoir tirer une conclusion valide.

La variable étudiée dans l'expérience est la quantité de protéines radioactives, puisque c'est la variable mesurée par l'expérimentateur dont il ignore l'état final tant que l'expérience n'est pas terminée. La synthèse de protéines est un processus qui augmente la quantité de protéines. Si elle a lieu alors la quantité de protéines mesurée, nulle au début, devrait être non nulle à la fin de l'expérience. À l'inverse, si elle n'a pas eu lieu, la quantité de protéines radioactives devrait être nulle à la fin de l'expérience. Ainsi, la quantité de protéine radioactive mesurée reflète le déroulement de la synthèse de protéine.

> Un indicateur est une variable dont l'état (qualité ou quantité) reflète l'état d'une autre variable ou d'un processus étudiés.

3. On cherche à savoir si la quantité de ribosomes a un effet sur la quantité de protéines radioactives à la fin de l'expérience. En présence d'extraits cytoplasmique et d'ARNm, on n'observe pas de protéine à la fin de l'expérience. Alors qu'en présence d'extraits cytoplasmique, d'ARNm et d'une certaine quantité de ribosomes, on constate la présence de protéines en fin d'expérience. Les résultats expérimentaux sont différents, on en déduit que les ribosomes augmentent la quantité de protéines radioactives à la fin de l'expérience. Comme il n'y a pas de protéine sans ribosome, on peut conclure que les ribosomes sont **nécessaires** à la synthèse la protéine.

> Objectif
> Résultats
> Conclusion

> **Nécessaire ≠** suffisant : l'ARNm est également nécessaire pour réaliser la synthèse des protéines.

Méthode 4 Exploiter les données d'une électrophorèse

SUJET Diagnostic de drépanocytose

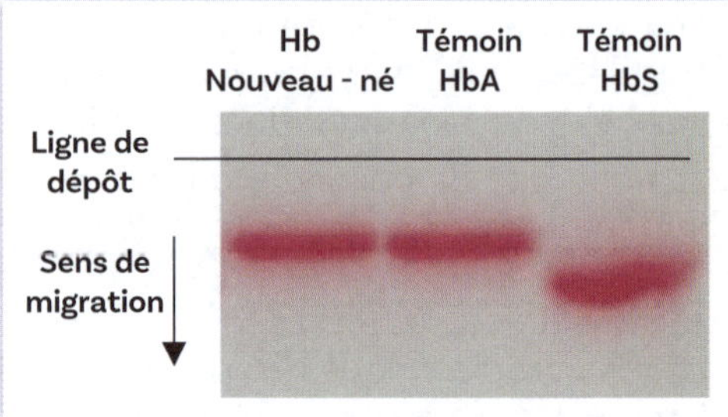

La drépanocytose est une maladie qui se caractérise par une anémie et des complications vasculaires. C'est une maladie monogénique affectant l'hémoglobine des globules rouges, une protéine essentielle à la fonction respiratoire car elle permet le transport du dioxygène dans l'organisme. Une mutation du gène de la β-globine en est la cause. Les allèles HbS codent pour l'hémoglobine anormale S (HbS) peu soluble qui forme des fibres. Les allèles HbA codent pour l'hémoglobine normale A (HbA), qui est soluble. Les globules rouges des personnes malades ont une forme de faucille, sont rigides et fragiles, au lieu d'une forme circulaire biconcave. Seules les personnes avec deux allèles HbS sont malades. L'analyse de l'hémoglobine par électrophorèse permet de poser un diagnostic.

L'**électrophorèse** est une technique de séparation de molécules chargées électriquement par migration différentielle sous l'action d'un champ électrique. On dépose sur un gel ou une bande d'acétate de cellulose un échantillon d'hémoglobine. Le support est ensuite placé dans un champ électrique où les molécules migrent alors à une vitesse corrélée négativement à leur taille. Après une certaine durée, les molécules sont ainsi séparées les unes des autres selon leur taille : les molécules de plus grande taille sont proches de la ligne de dépôt. On révèle la présence des molécules (colorant, autoradiographie...). Le résultat d'électrophorèse de l'hémoglobine d'un nouveau-né est présenté, l'hémoglobine est colorée en rouge.

Consignes

1. Détermine le phénotype moléculaire du nouveau-né en exploitant le résultat de l'électrophorèse.

2. Compare dans un tableau les génotypes et les échelles du phénotype de personnes atteintes de drépanocytose et saines.

CONSEILS

- Compare le résultat de l'électrophorèse du nouveau-né avec ceux des témoins pour déterminer le type d'hémoglobine qu'il possède.
- Relève dans l'énoncé les informations relatives au génotype (allèles) et aux différentes échelles du phénotype (moléculaire, cellulaire et macroscopique).

+ d'aide ? Voir p. 44

CORRIGÉ

1. On observe sur le résultat de l'électrophorèse que la bande rouge correspondant à l'hémoglobine du nouveau-né se situe à la même distance de la ligne de dépôt que celle correspondant à l'hémoglobine témoin HbA. On en déduit que le nouveau-né présente de l'hémoglobine HbA.

Les molécules situées à la même distance de la ligne de dépôt ont la même taille. On associe la molécule inconnue à la molécule témoin de même taille.

2. **Génotype et échelles phénotypiques associés à la drépanocytose**

	Personne saine	Personne atteinte de drépanocytose
Phénotype macroscopique	Aucun trouble	Anémie et des complications vasculaires
Phénotype cellulaire	Globules rouges de forme circulaire et biconcave	Globules rouges en forme de faucille
Phénotype moléculaire	Hémoglobine soluble	Hémoglobine peu soluble qui forme des fibres
Génotype	2 allèles HbA, 1 allèle HbA et 1 allèle HbS	2 allèles HbS

Méthode 5 Exploiter des tests chimiques d'identification de molécules

SUJET Spécificités et condition de fonctionnement de l'amylase

L'amidon et la cellulose sont deux polymères de glucose qui diffèrent par le type de liaison covalente unissant les molécules de glucose les unes aux autres. On réalise plusieurs conditions expérimentales afin d'étudier l'activité de l'enzyme appelée amylase. On étudie la teneur en amidon et en sucres réducteurs (glucose, maltose) à l'aide de tests chimiques d'identification de molécules après 10 minutes. Les résultats sont présentés ci-dessous.

Tube	1	2	3	4	5	6
Condition expérimentale	Amidon + amylase à 37 °C	Amidon + amylase à 85 °C	Amidon + eau distillée à 37 °C	Amidon + eau distillée à 85 °C	Cellulose + amylase à 37 °C	Cellulose + eau distillée à 37 °C
Tests à T= 0 min	Eau iodée  Glucotest 				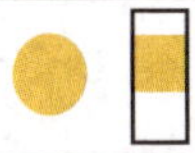	
Tests à T= 8 min	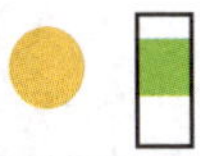	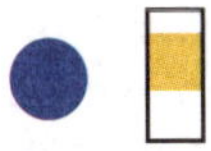			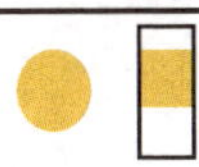	

Test à l'eau iodée : mise en évidence de l'amidon. Bleu-violacée : présence ; jaune : absence.
Glucotest : mise en évidence de glucose. Jaune : absence, vert : présence.

Consignes

1. **Détermine l'effet de l'amylase sur l'amidon à 37 °C.**
2. **Mets en évidence l'effet de la température sur l'activité de l'amylase.**
3. **Montre que l'amylase présente une spécificité de substrat.**

CONSEILS

- Identifie les deux tubes à comparer, puis exploite leurs résultats.
- Compare l'activité (l'action) de l'amylase à 37 °C et à 85 °C.
- Compare les effets de l'amylase sur l'amidon et sur la cellulose.

+ d'aide ? Voir p. 47

CORRIGÉ

1. On cherche à savoir si l'amylase a un effet sur l'amidon à 37 °C, après 10 minutes d'incubation. L'amylase est la variable testée puisque c'est celle dont l'expérimentateur teste l'effet. Les teneurs d'amidon et de glucose sont mesurées et l'expérimentateur ignore leurs valeurs avant la fin de l'expérience : ce sont les variables étudiées. Le temps est la variable de référence puisque tous les résultats sont donnés pour 10 minutes d'incubation.

Le tube en présence d'amidon et d'eau distillée à 37 °C est la condition expérimentale témoin négatif. **On y observe** la stagnation des teneurs d'amidon et de glucose au cours du temps puisque les résultats aux tests chimiques sont les mêmes à 0 et 8 minutes : bleu-violacé pour le test à l'eau iodée et jaune pour le glucotest. En présence d'amidon et d'amylase à 37 °C, **on constate que** la teneur d'amidon diminue (1) et que la teneur de glucose augmente au cours du temps puisque, entre 0 et 10 minutes, le test à l'eau iodée est passé de bleu-violacé à jaune et le glucotest est passé de jaune à vert. Les résultats expérimentaux sont différents, **on en déduit que** l'amylase diminue (2) la teneur d'amidon et augmente la teneur glucose après 10 minutes d'incubation à 37 °C. L'amylase cause la transformation de l'amidon en glucose.

> Décrire la variation de la teneur en amidon au cours du temps en présence d'amylase (1) est insuffisant pour conclure que l'amylase est la cause de cette variation (2).
> Établir un lien de cause à effet nécessite la **comparaison des résultats de deux conditions** expérimentales.

2. En présence d'amidon et d'amylase à 85 °C, comme en présence d'amidon et d'eau distillée à 85 °C, **on constate que** les résultats aux tests chimiques sont similaires à ceux du témoin négatif. Cela révèle la stagnation des teneurs d'amidon et de glucose au cours du temps. Les résultats expérimentaux sont similaires, **on en déduit que** l'amylase n'a pas d'effet sur les teneurs en amidon et en glucose au cours du temps à 85 °C. L'amylase n'a donc pas d'effet sur l'amidon.

> Détermine l'effet de l'amylase sur l'amidon à 85 °C, avant de le comparer avec l'effet de l'amylase à 37 °C.

L'amylase a une activité sur l'amidon à 37 °C, d'après la réponse 1, mais pas à 85 °C. Les résultats sont différents, **on en déduit** donc que la température a un effet sur l'activité de l'amylase. **Une température élevée stoppe l'activité de l'enzyme**.

3. En question 1, **on a conclu que** l'amylase transforme l'amidon en glucose à 37 °C. **On lit que** l'amidon et la cellulose sont deux molécules constituées de glucose, mais qui diffèrent par le type de liaison covalente unissant les molécules de glucose les unes aux autres. En présence de cellulose et d'amylase à 37 °C, comme en présence de cellulose et d'eau distillée à 37 °C, **on observe que** la teneur en glucose stagne au cours du temps, puisque le glucotest est jaune à 0 et 8 minutes. Les résultats expérimentaux sont similaires, **on en déduit que** l'amylase n'a pas d'effet sur la cellulose mesurable par la teneur en glucose. L'amylase ne transforme donc pas la cellulose en glucose. **On en conclut que** l'amylase a une action enzymatique spécifique au type de liaison covalentes unissant les molécules de glucose les unes aux autres.

Chapitre 3 L'expression du patrimoine génétique et les enzymes

Tu viens de voir les notions à connaître sur l'expression du patrimoine génétique. Pour t'aider à retenir l'essentiel et t'entraîner pour le Bac, voici ton kit de révisions clé en mains conçu par SchoolMouv !

Vidéo

Pour mieux comprendre et t'en souvenir à coup sûr, regarde la vidéo. C'est parfois bien plus clair en images.

Vidéo **Le rôle des enzymes dans les réactions métaboliques**

https://flashbelin.fr/focusbacschoolmouv/svt/1re/3

Contenu additionnel

Voici un bonus autour du même sujet. La curiosité n'est pas toujours un vilain défaut. Il suffit de créer ton compte pour avoir accès à plein de contenus supplémentaires.

Fiche **L'expression du patrimoine génétique**

https://www.schoolmouv.fr/eleves/cours/l-expression-du-patrimoine-genetique/fiche-de-cours

Tchat avec un prof

Pour poser toutes tes questions à un prof particulier, découvre l'abonnement tchat. Tu peux le tester gratuitement pendant 7 jours : fini les questions sans réponses, tu vas devenir incollable.

https://focusbac.schoolmouv.fr/offre

THÈME 1

4 L'histoire lue dans

RÉVISIONS 2de

Un quiz avant de commencer

1. Réponds aux questions suivantes.

1. Comment l'ADN porte-t-elle l'information génétique ?
2. Comment appelle-t-on l'enchaînement des nucléotides sur un brin d'une molécule d'ADN ?
3. Quelle est l'origine de la diversité génétique des individus d'une population ?
4. Quel mécanisme évolutif est responsable d'une augmentation de la fréquence d'un allèle avantageux dans une population au cours du temps ?
5. Comment évolue au cours du temps la fréquence d'un allèle dont la mutation confère un désavantage aux individus qui la portent ?

2. Coche la ou les bonne(s) réponse(s).

1. L'évolution de la biodiversité génétique d'une population :

- a peut modifier la fréquence d'un allèle au cours du temps. ☐
- b n'est jamais influencée par l'environnement. ☐
- c se fait toujours sous l'effet du hasard. ☐
- d n'existe plus aujourd'hui. ☐

2. Dans une population, les individus peuvent :

- a muter pour s'adapter à leur environnement. ☐
- b faire apparaitre de nouveaux allèles favorables à leur milieu de vie. ☐
- c subir des mutations favorables à leur survie. ☐
- d subir des mutations qui seront toujours défavorables pour leur survie. ☐

3. Actuellement, la biodiversité :

- a évolue sous l'effet des activités humaines uniquement. ☐
- b augmente lors de la disparation de certaines espèces. ☐
- c est identique à celle des temps passés. ☐
- d peut évoluer sous l'effet de l'environnement. ☐

Réponses : **1. 1.** Grâce à l'enchaînement des nucléotides le long d'une molécule d'ADN. – **2.** La séquences des nucléotides – **3.** Les mutations qui font apparaître de nouveaux allèles – **4.** La sélection naturelle – **5.** La fréquence de l'allèle diminue. • **2. 1.** a – **2.** c – **3.** d.

humaine son génome

L'ESSENTIEL EN 3 POINTS

Quelles informations sont apportées par l'étude du génome humain ?

1 **Les informations contenues dans le génome humain**

Le **séquençage du génome** humain révèle une **diversité allélique** entre les individus qui permet de les **identifier** et, par comparaison, de reconstituer des **relations de parenté**. > p. 62

Comment la comparaison des génomes actuels et fossiles permet-elle de reconstituer l'histoire de l'humanité ?

2 **Les événements de l'histoire d'*Homo sapiens* inscrits dans l'ADN**

Les techniques modernes permettent de connaître les **génomes d'êtres humains disparus**. En les comparant aux génomes actuels, on peut reconstituer les principales **étapes de l'histoire humaine** récente. > p. 63

Comment expliquer la répartition géographique de certaines variations génétiques ?

3 **Des traces de sélection naturelle dans le génome humain**

Certaines **variations génétiques** entre les populations humaines actuelles résultent d'une **sélection naturelle** actuelle ou passée. > p. 64

LE COURS en 3 fiches

1 Les informations contenues dans le génome humain

Idées clés

→ Le **séquençage complet du génome humain** fournit le **profil génétique d'un individu** en détectant l'ensemble des **allèles** qu'il possède.

→ La **diversité allélique** entre les **génomes** humains permet de les **identifier**. Par **comparaison** des génomes des individus, il est possible de reconstituer leurs **relations de parenté**.

Des pistes pour argumenter

La réalisation d'une généalogie génétique grâce au séquençage du génome humain : identifie des SNP spécifiques dans le génome d'un individu pour retrouver ses origines géographiques.
> p. 69

Coup d'œil

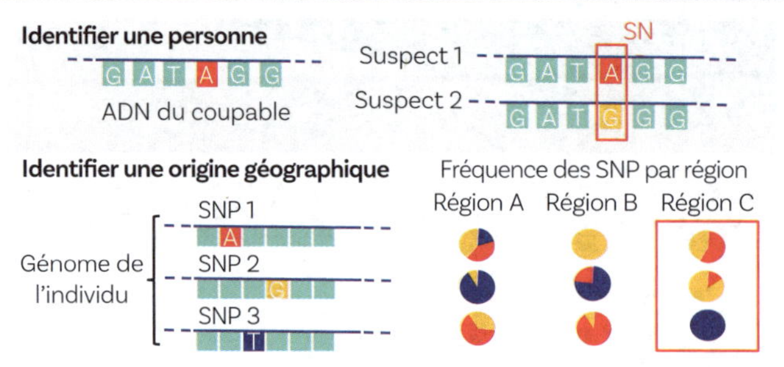

Les applications du séquençage du génome

À la loupe

- Le **séquençage complet du génome humain** consiste à déterminer la **succession des nucléotides de chaque molécule d'ADN** d'un individu. Il comporte **3 milliards de paires de nucléotides** et contient **20 000 à 25 000 gènes codants**, qui occupent seulement **1,5 % de la totalité** du génome. Le reste est constitué d'**ADN non codant**.
- La **diversité allélique** entre les génomes humains est **très faible** : deux humains pris au hasard ont une différence génétique de **0,1 %**. Pour l'essentiel, ces différences génétiques sont des **différences ponctuelles de nucléotides** appelées **SNP** (*Single Nucléotide Polymorphism*). Il s'agit de **mutations germinales** présentes aussi bien dans l'ADN codant que dans l'ADN non codant. L'analyse du profil génétique (ou **empreinte génétique**) consiste à rechercher les **séquences spécifiques** à chaque individu.
- Le séquençage du génome humain actuel et la recherche de ressemblances entre profils génétiques ont de nombreuses applications : la **généalogie génétique**, pour déterminer un lien de paternité ou une origine géographique et ethnique (des combinaisons de SNP étant des marqueurs géographiques des populations) ; les **enquêtes policières**, pour identifier un suspect ou une victime ; le domaine **médical**, pour l'identification et la recherche d'allèles de prédisposition à certaines maladies (ex. : cancers du sein et du côlon, diabètes, artériosclérose...).

→ Voir lexique p. 280

2 Les événements de l'histoire d'*Homo sapiens* inscrits dans l'ADN

Idées clés

→ La **comparaison des génomes humains actuels et fossiles** permet de retracer l'**histoire évolutive** de l'humanité.

→ La présence de **morceaux de génome** d'espèces humaines disparues dans le génome d'*Homo sapiens* révèle des événements d'hybridation entre ces espèces.

→ Le génome d'*Homo sapiens* révèle une **origine africaine unique** et de multiples **migrations**.

Coup d'œil

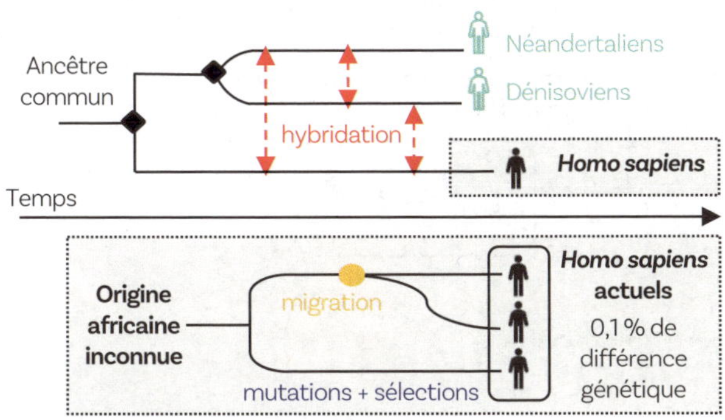

Les événements de l'histoire évolutive de l'humanité

Des pistes pour argumenter

Les événements d'hybridation entre les *Homo sapiens* et d'autres espèces humaines disparues : montre comment la comparaison de gènes peut témoigner d'une hybridation probable entre Dénisoviens et Tibétains.

À la loupe

• La **paléogénétique** est devenue possible grâce aux méthodes qui ont permis le **séquençage de l'ADN fossile** préservé en état très dégradé et en très faible quantité dans certains restes biologiques. Elle a permis de mettre en évidence des **événements de l'histoire de l'humanité**.

• Le **génome des populations d'*Homo sapiens* actuelles** comporte une proportion significative (1 à 3 %) de **matériel génétique** provenant des **Néandertaliens**. De même, des traces génétiques des **Dénisoviens** sont présentes dans le génome de certaines populations d'*Homo sapiens* d'Asie (1 à 6 %). Il semble donc que des **événements d'hybridation** entre les *Homo sapiens* et ces espèces humaines disparues aient eu lieu.

• La comparaison des génomes de l'humanité montre une **diminution de la diversité génétique** dans les populations humaines **lorsque l'on s'éloigne de l'Afrique**. Or, lors d'une **migration**, une **nouvelle population** est créée à partir d'un **nombre restreint d'individus**, qui apportent dans leur bagage génétique **une partie seulement de la diversité** présente dans la population d'origine. Par conséquent, **certains allèles sont absents** dans la nouvelle population, qui est moins diversifiée génétiquement que la population d'origine. Ainsi, la **diminution de la diversité génétique** des populations montre de **multiples migrations** d'*Homo sapiens* à partir du berceau africain vers tous les continents.

→ Voir lexique p. 280

3 Des traces de sélection naturelle dans le génome humain

Idées clés

→ La sélection naturelle produit ses effets dans l'espèce humaine.

→ Certains **caractères** sont **sélectionnés selon l'environnement** dans lequel vivent les populations, ce qui explique les **variations génétiques** humaines.

Des pistes pour argumenter

Un événement de sélection naturelle affectant l'espèce humaine : présente le cas de la sélection de l'allèle « lactase persistante ».

Coup d'œil

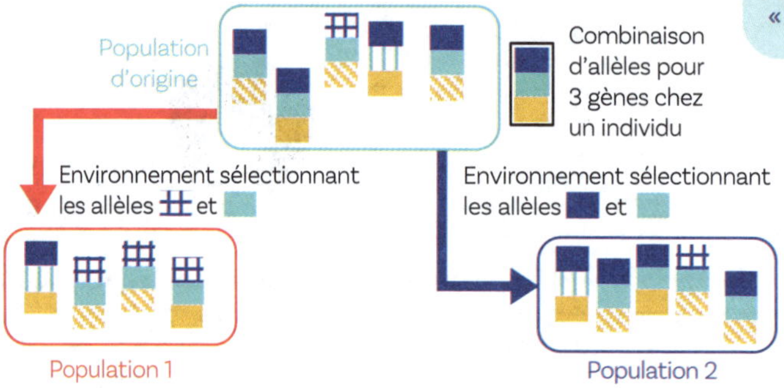

Des variations génétiques résultant de la sélection naturelle

À la loupe

- La comparaison des génomes des populations actuelles montre une **variabilité dans la distribution géographique des allèles**. En effet, **des allèles sont plus fréquents** dans certaines populations que dans d'autres situées dans des régions différentes. Cela s'explique par la **sélection naturelle**.
- Les allèles déterminent certains caractères du phénotype des individus porteurs (ex. : tolérance au lactose, résistance à certaines maladies...). Selon l'environnement dans lequel se trouvent les individus, certains allèles confèrent un **avantage sélectif**, favorisant leur survie et leur reproduction, et ainsi **leur valeur sélective**. La fréquence de ces allèles dans la population **augmente au cours des générations** : c'est la **sélection naturelle**. À l'inverse, la fréquence d'allèles défavorables à la valeur sélective des individus diminue au cours du temps.
- Nos génomes résultent d'**événements récents et passés** de sélection naturelle. C'est le cas de la sélection par l'alimentation de l'allèle permettant la **synthèse de la lactase** à l'âge adulte, une enzyme permettant de digérer le lactose du lait. Elle expliquer que l'allèle soit plus fréquent chez les populations où la consommation de lait est courante (ex. : Europe du Nord) que chez celles où l'aliment est rare.

→ Voir lexique p. 280

MÉMO VISUEL

- L'histoire humaine lue dans son génome -

L'histoire humaine lue dans son génome

- **Expliquer certaines variations génétiques par la sélection naturelle**
  - Répartition de la fréquence de certains allèles très variable selon les populations
    - Par sélection naturelle dans l'environnement passé
    - Par sélection naturelle dans l'environnement actuel
  - Augmentation au cours du temps de la fréquence des allèles avantageux
- **Connaître le génome humain**
  - Déterminer la succession des nucléotides
  - Caractériser l'empreinte génétique
    - 99,9 % du génome commun à tous les individus
    - 0,1 % de différences ponctuelles spécifiques
  - De multiples usages
    - Réaliser une généalogie génétique
    - Résoudre des enquêtes policières
    - Rechercher des allèles de prédisposition à certaines maladies
- **Reconstituer l'histoire évolutive de l'homme grâce à l'ADN fossile**
  - Métissage entre *Homo sapiens* et des espèces d'humains disparues
    - Présence de séquences d'ADN d'humains d'espèces disparues dans le génome d'*Homo sapiens*
    - Événements passés d'hybridation entre *Homo sapiens* et humains d'espèces disparues
  - Reconstituer les principales migrations humaines
    - Diminution de la diversité génétique dans les populations humaines éloignées de l'Afrique.
    - Origine africaine de tous les *Homo sapiens*
    - Multiples migrations d'*Homo sapiens*

QCM

SE TESTER

1. Coche la ou les bonne(s) réponse(s).

1. La séquence des nucléotides de l'ADN :

- **a** est la même pour tous les individus humains. ☐
- **b** est la même pour tous les individus humains vivant actuellement. ☐
- **c** est la même pour tous les individus humains vivant dans une même région géographique. ☐
- **d** est différente pour tous les individus humains. ☐

2. Le génome des hommes actuels :

- **a** n'a pas encore été séquencé entièrement. ☐
- **b** comporte des portions de matériel génétique provenant des Néandertaliens. ☐
- **c** n'apporte aucune preuve d'une hybridation entre *Homo sapiens* et d'autres espèces disparues. ☐
- **d** est identique au génome de leurs ancêtres. ☐

3. Les hommes actuels :

- **a** ont tous un ancêtre commun néandertalien. ☐
- **b** ont le même génome que leurs parents. ☐
- **c** ont des génomes qui présentent une très forte diversité allélique. ☐
- **d** peuvent être identifiés grâce à leur génome. ☐

4. La sélection naturelle :

- **a** sélectionne les allèles au hasard dans les populations humaines. ☐
- **b** n'agit pas sur l'espèce humaine. ☐
- **c** est responsable de certaines variations génétiques entre les populations humaines. ☐
- **d** peut sélectionner des caractères désavantageux selon l'environnement dans lequel vivent les populations. ☐

2. Vrai ou faux ?

		Vrai	Faux
1	L'intérêt du séquençage du génome humain est d'amplifier l'ADN.	☐	☐
2	Le séquençage du génome permet de donner le degré de parenté entre les populations humaines actuelles.	☐	☐
3	La présence de portions d'ADN dénisovien dans le génome des humains actuels s'explique par une hybridation entre nos ancêtres et des Dénisoviens.	☐	☐
4	Les variations génétiques entre les populations peuvent s'expliquer par la sélection naturelle.	☐	☐
5	Le génome d'*Homo sapiens* actuel révèle une origine asiatique unique et de multiples migrations.	☐	☐
6	Les Néandertaliens et les *Homo sapiens* ne pouvaient pas se reproduire entre eux.	☐	☐

3. Complète le schéma à l'aide des termes suivants.

a. *mutation avantageuse* – **b.** *mutation désavantageuse* – **c.** *espace* – **d.** *temps* – **e.** *hybridation* – **f.** *migration.*

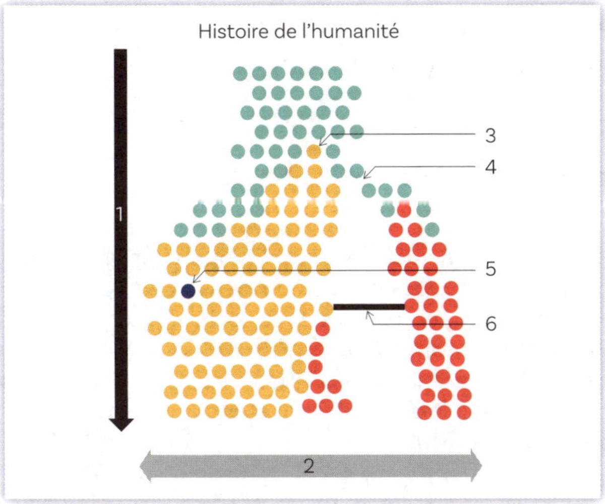

4. Réponds aux questions posées sur ces mémo cartes.

1. Les informations contenues dans le génome humain

- En quoi le séquençage du génome humain consiste-t-il ?
- Quelle est l'origine des différences ponctuelles de nucléotides entre les génomes humains ?
- Quels sont les principaux domaines d'application du séquençage du génome humain ?
- En quoi l'analyse de l'empreinte génétique d'un individu consiste-t-elle ?
- Comment un test génétique permet-il de réaliser une généalogie génétique ?
- Pourquoi le séquençage du génome humain présente-t-il un intérêt dans la recherche médicale ?

2. Les événements de l'histoire d'*Homo sapiens* inscrits dans l'ADN

- En quoi les méthodes de paléogénétique consistent-elles ?
- Comment interpréter la présence de matériel génétique provenant de Néandertaliens ou de Dénisoviens dans le génome de certaines populations d'*Homo sapiens* ?
- Pourquoi une population issue d'une migration est moins diversifiée que la population d'origine ?
- Quelle est l'origine de toutes les populations d'*Homo sapiens* actuelles ?

3. Des traces de la sélection naturelle dans le génome humain

- Comment la sélection naturelle influence-t-elle la diversité génétiques des populations humaines ?
- Quel caractère a été sélectionné par l'environnement dans lequel vivent des populations ?
- Pourquoi deux populations vivant dans des environnements différents ne présentent-elles pas la même diversité génétique ?

Réponses : 1. 1. d – **2.** b – **3.** d – **4.** c • **2. 1.** Faux – **2.** Vrai – **3.** Vrai – **4.** Vrai – **5.** Faux – **6.** Faux. • **3. 1.** d – **2.** c – **3.** a – **4.** f – **5.** b – **6.** e.

SAVOIR-FAIRE

Méthode 1 Mettre en relation la fréquence d'un caractère et le milieu

SUJET L'adaptation à l'altitude des Tibétains

La teneur en dioxygène diminue avec l'attitude. À haute altitude, l'organisme fabrique davantage d'hémoglobine. Ceci permet de compenser le manque de dioxygène mais augmente la viscosité du sang et les risques vasculaires, ce qui est à l'origine du mal aigu des montagnes parfois mortel. On étudie deux populations étroitement apparentées : les Tibétains, vivants à une altitude supérieure à 4 300 m, et les Chinois Han, qui vivent à basse altitude.

La synthèse de l'hémoglobine fait intervenir de nombreux gènes dont le gène EPAS1. Chez les populations asiatiques, on a identifié deux allèles du gène EPAS1 qui contrôlent des caractères différents : les individus qui portent l'allèle 1 produisent de plus fortes quantités d'hémoglobine que les individus qui portent l'allèle 2 et sont atteints par le mal des montagnes, ce qui n'est pas le cas des individus qui portent l'allèle 2.

Consigne : Explique la différence de la fréquence des allèles du gène EPAS1 dans les populations de Tibétains et de Chinois hans.

D'après « *Altitude adaptation in Tibetans caused by introgression of Denisovan-like DNA* », *Nature*, n° 512, 14 août 2014.

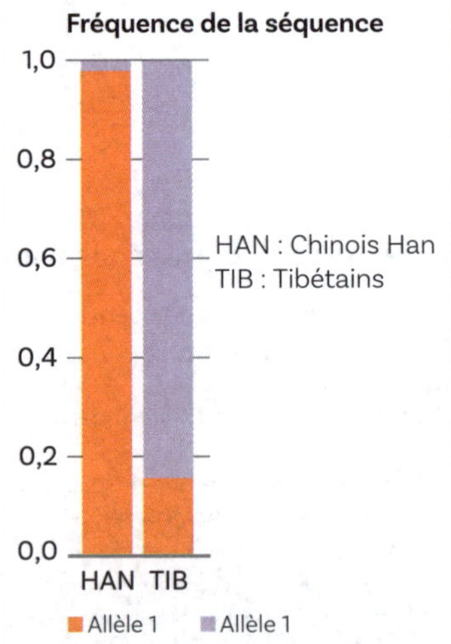

Fréquence de deux allèles du gène EPAS1 dans les populations de Chinois hans (HAN) et de Tibétains (TIB)

CONSEILS

- Compare la fréquence des allèles du gène EPAS1 dans les deux populations.
- Fais le lien entre le phénotype des individus et les allèles portés.
- Utilise tes connaissances sur la sélection naturelle pour expliquer le lien entre la fréquence des allèles du gène EPAS1 dans les deux populations et leur milieu de vie.

CORRIGÉ

Dans la population des Tibétains, l'allèle 2 a une fréquence supérieure à 0,8 alors que dans la population de Chinois hans, l'allèle 2 a une fréquence inférieure à 0,01. Donc l'allèle 2 est plus fréquent dans la population de Tibétains que dans la population de Chinois hans.

Les individus porteurs de l'allèle 2 produisent moins d'hémoglobine que les individus porteurs de l'allèle 1. Par conséquent, ils ont une meilleure tolérance à la vie en altitude, car ils ne souffrent pas du mal des montagnes. En revanche, les individus porteurs de l'allèle 1, ne tolèrent pas la vie en altitude, car ils produisent de plus forte quantité d'hémoglobine et souffrent du mal des montagnes.

L'allèle 2 confère une meilleure tolérance à la vie en altitude ce qui est favorable la survie des individus qui la portent dans un environnement de haute altitude, comme pour les populations de Tibétains : la fréquence de cet allèle dans la population va augmenter par sélection naturelle. À l'inverse, dans un milieu de basse altitude, la possession de l'allèle est probablement défavorable pour l'individu : par sélection naturelle, la fréquence de cet allèle va diminuer au cours du temps dans cette population, comme pour les Chinois hans.

La fréquence allélique est le taux de présence d'un allèle au sein d'une population. Par exemple, si pour un gène, il existe deux allèles et que chacun d'eux est équitablement réparti dans la population, la fréquence de chaque allèle est de 0,5.

Méthode 2 Exploiter des graphiques circulaires sur la fréquence des allèles

SUJET Déterminer son origine génétique

On peut trouver de nombreuses différences si on compare l'ADN de deux individus. Les variations les plus abondantes ne portent que sur un seul nucléotide. On les appelle des **SNP** (***single-nucleotide polymorphism***). Elles sont le résultat de mutations ponctuelles passées. Elles peuvent être présentes dans les gènes, mais aussi en dehors. Elles peuvent survenir dans l'ADN nucléaire ou l'ADN mitochondrial. Elles sont assez fréquentes (tous les 100 à 300 nucléotides environ) et sont relativement stables dans le temps, sur plusieurs générations. C'est pourquoi on peut les utiliser dans la phylogénie humaine. Grâce aux progrès de l'analyse ADN, les SNP ont pu être identifiés et cartographiés, ainsi que leurs variations dans les populations. Un **haplogroupe** est un groupe d'individus qui ont la même combinaison d'allèles de SNP sur leur ADN.

La recherche des SNP caractéristiques dans la séquence de l'ADN mitochondrial de Noah montre qu'il possède des SNP caractéristiques de l'haplogroupe M.

Consigne : Montre que les données génétiques de Noah sont en faveur d'une origine indienne sans pour autant que cela soit certain.

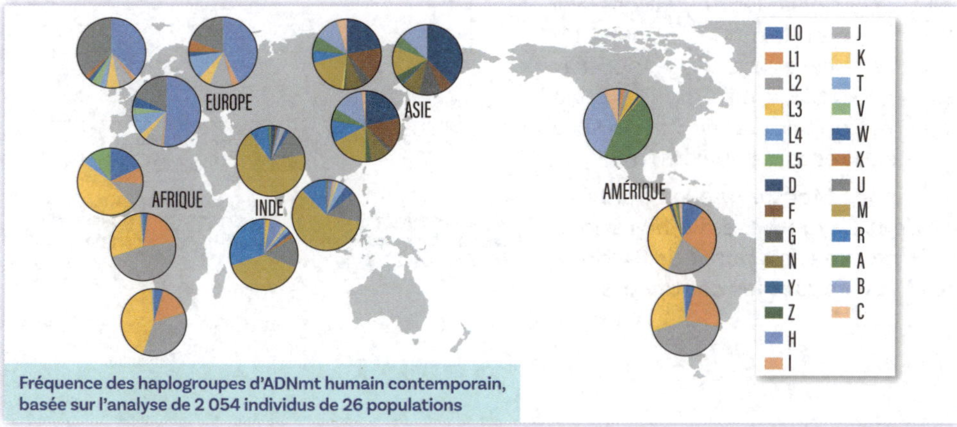

Fréquence des haplogroupes d'ADNmt humain contemporain, basée sur l'analyse de 2 054 individus de 26 populations

Lavanya Rishishwar et I. King, *Implications of human evolution and admixture for mitochondrial replacement therapy*. BMC Genomics, 2017.

CONSEILS

- Exploite les graphiques circulaires pour identifier les populations dans laquelle l'haplogroupe M est le plus fréquent.
- Recherche sur la carte d'autres populations dans lesquelles l'haplogroupe M est présent.

+ d'aide ? Voir p. 62

CORRIGÉ

La combinaison des SNP possédés par Noah est majoritaire dans la population indienne (la fréquence de l'haplogroupe M est supérieure à 50 % dans toutes les populations indiennes). On en déduit qu'il y a une forte probabilité que Noah ait une origine indienne.

Toutefois, la combinaison des SNP possédés par Noah se retrouve également dans les populations asiatiques mais de façon plus rare (la fréquence de l'haplogroupe M est inférieure à 30 % dans les populations indiennes). On ne peut donc pas éliminer le fait que Noah puisse avoir des origines asiatiques.

Méthode 3 Exploiter un graphique pour reconstituer l'histoire de l'humanité

SUJET L'origine africaine des populations humaines

La diversité génétique d'une population peut se mesurer par la proportion de gènes à l'état hétérozygote (gène présent en deux exemplaires différents dans le génome d'un individu). Plusieurs mécanismes peuvent diminuer la diversité génétique d'une population comme la sélection naturelle, mais aussi les migrations. En effet, lorsqu'une petite population migre et se sépare d'une population ancestrale, elle n'emporte et ne transmet qu'une fraction des allèles qui était présents initialement.

Consigne : Montre que les données valident l'hypothèse de migrations d'*Homo sapiens* à partir de l'Afrique de l'Est vers tous les continents.

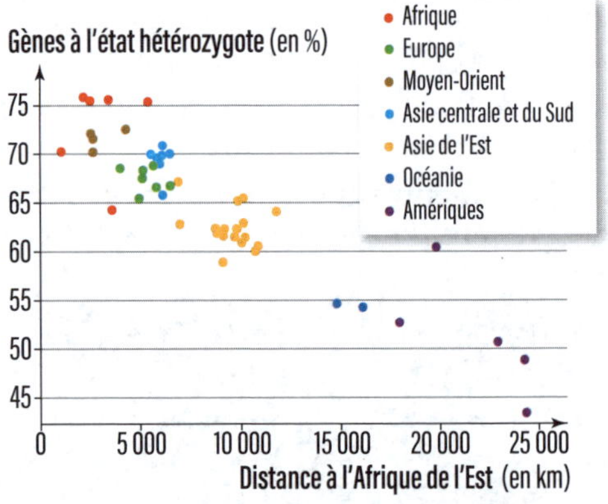

Proportion de gènes à l'état hétérozygote chez des individus en fonction de la distance de leur lieu de vie par rapport à l'Afrique de l'Est

CONSEILS

- Détermine le moyen utilisé pour mesurer la diversité génétique d'une population.
- Exploite le graphique pour montrer la relation entre la diversité génétique des populations et la distance de leur lieu de vie par rapport à l'Afrique de l'Est.
- Utilise les informations concernant la comparaison de la diversité génétique d'une population migrante et d'une population ancestrale pour montrer que les migrations ont eu lieu à partir de l'Afrique de l'Est.

+ d'aide ? Voir p. 62

CORRIGÉ

La proportion de gènes à l'état hétérozygote permet de mesurer la diversité génétique des populations.

On voit d'après le graphique **que** plus les individus vivent loin de l'Afrique de l'Est, plus leur diversité génétique est faible. Par exemple, les individus qui vivent à 5 000 km de l'Afrique de l'Est ont plus de 65 % de gènes hétérozygotes, alors que les individus qui vivent à 15 000 km de l'Afrique de l'Est ont moins de 55 % de gènes hétérozygotes.

On sait qu'une population qui migre aura une diversité génétique inférieure à la diversité génétique de la population ancestrale. **Donc**, les migrations se sont produites à partir d'une population ancestrale de l'Afrique de l'Est vers tous les continents.

Chapitre 4 L'histoire humaine lue dans son génome

Tu viens de voir les notions à connaître sur l'histoire humaine lue dans son génome. Pour t'aider à retenir l'essentiel et t'entraîner pour le Bac, voici ton kit de révisions clé en mains conçu par SchoolMouv !

Vidéo

Pour mieux comprendre et t'en souvenir à coup sûr, regarde la vidéo. C'est parfois bien plus clair en images.

Vidéo **L'histoire humaine lue dans les génomes**

https://flashbelin.fr/focusbacschoolmouv/svt/1re/4

Contenu additionnel

Voici un bonus autour du même sujet. La curiosité n'est pas toujours un vilain défaut. Il suffit de créer ton compte pour avoir accès à plein de contenus supplémentaires.

Fiche **L'histoire humaine lue dans les génomes**

https://www.schoolmouv.fr/eleves/cours/l-histoire-humaine-lue-dans-les-genomes/fiche-de-cours

Tchat avec un prof

Pour poser toutes tes questions à un prof particulier, découvre l'abonnement tchat. Tu peux le tester gratuitement pendant 7 jours : fini les questions sans réponses, tu vas devenir incollable.

https://focusbac.schoolmouv.fr/offre

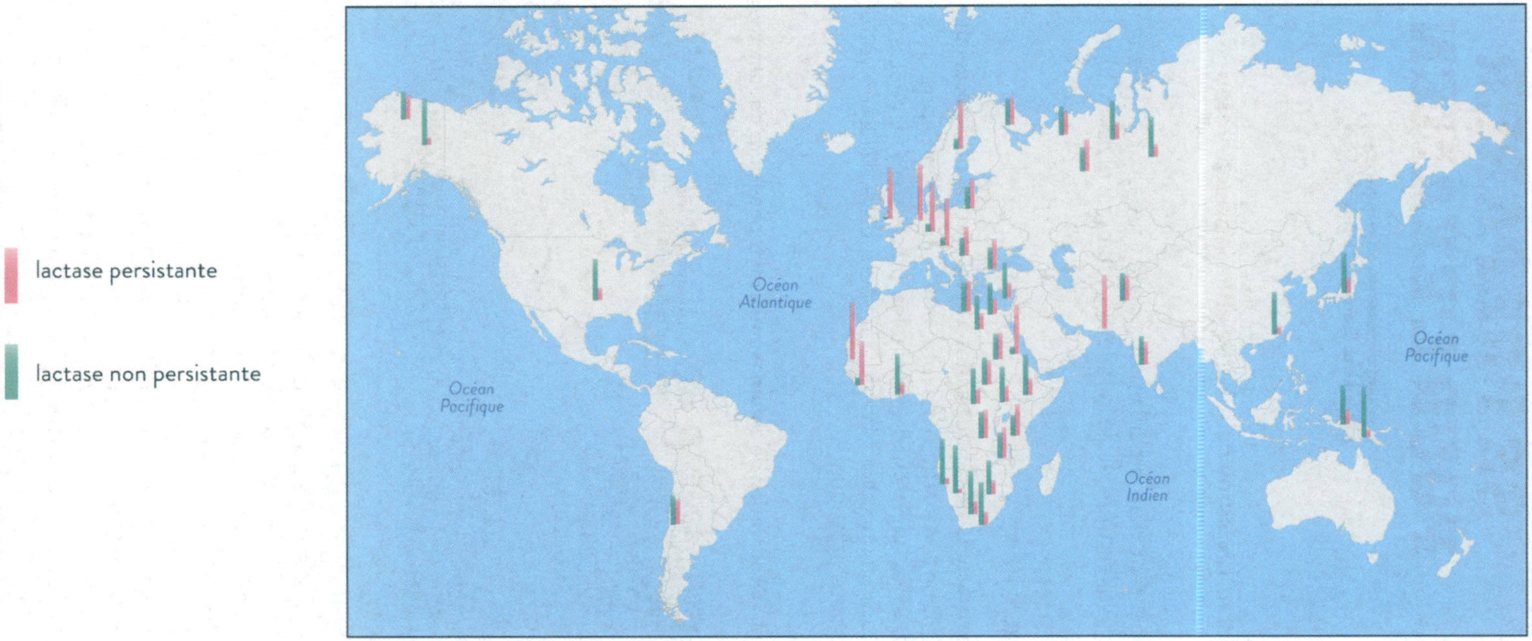
lactase persistante
lactase non persistante
Océan Pacifique
Océan Atlantique
Océan Indien
Océan Pacifique

SE PRÉPARER POUR L'EXAMEN

Synthèse argumentée

SUJET 1 Les divisions cellulaires chez les eucaryotes

Le développement d'un organisme pluricellulaire est accompagné de nombreuses divisions cellulaires. Une cellule initiale qui subit une division donne deux cellules filles identiques.

Question

Expliquer les mécanismes aboutissant à la formation de deux cellules filles identiques.
Vous rédigerez un texte structuré. Votre argumentation s'appuiera sur des expériences et/ou des observations et/ou des exemples judicieusement choisis. Le document fourni est conçu comme une aide : il peut vous permettre d'illustrer votre exposé, mais son analyse n'est pas attendue.

Document > Observation de chromosomes métaphasiques de Jacinthe (× 2 400)

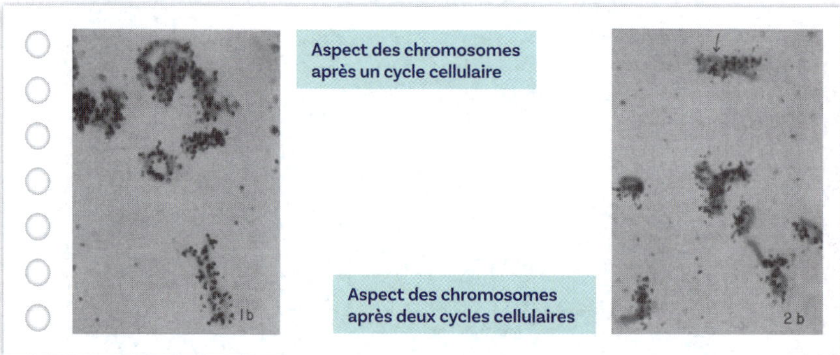

D'après W. L. Hugues, J. H. Taylor et P. S. Woods, 1957.

L'extrémité d'une jeune racine de jacinthe comporte une zone de croissance racinaire caractérisée par des divisions cellulaires actives. Taylor (1957) cultive ces racines pendant la durée d'un cycle cellulaire sur un milieu contenant de la thymidine radioactive, puis les place dans un milieu dépourvu de thymidine radioactive pendant la durée d'un deuxième cycle cellulaire. La thymidine est un constituant des nucléotides à thymine. À la fin de chaque cycle cellulaire, il réalise un caryotype et la thymidine radioactive est repérée à l'aide d'une autoradiographie. Les points noirs au niveau des chromosomes métaphasiques indiquent la présence de thymidine radioactive. Les points noirs se situent sur les deux chromatides après un cycle cellulaire et sur une seule après deux cycles.

COUP DE POUCE

Tu peux t'appuyer sur la méthode p. 8.

Les clés pour réussir

Analyser et reformuler le sujet

- Le problème évoque « les mécanismes aboutissant à la formation de deux cellules filles identiques » et le titre de l'exercice, comme le **document** d'aide, font explicitement référence aux divisions cellulaires. On en conclut que le sujet fait référence aux **mécanismes de la mitose**, et que les cellules filles sont **génétiquement « identiques »** Il s'agit ainsi de comprendre comment on passe de une à deux cellules et comment il est possible que les deux cellules filles aient le même caryotype que l'unique cellule parentale.
- Des mécanismes à « expliquer », c'est-à-dire à décrire : dans ce contexte, on n'attend pas la(les) cause(s) des mécanismes.
- Termes à définir en introduction : « mitose » (succinctement, pas de détails sur les mécanismes), « caryotype » et « cycle cellulaire ».

Recenser et organiser les idées et arguments pour répondre au sujet

- **Idée clé 1. La cellule duplique son matériel génétique avant de se diviser.**
  - Phase S dans le cycle cellulaire.
  - Nature et structure des chromosomes (ADN, compaction, 1 ou 2 chromatides).
  - Mécanisme de réplication semi-conservative.

Exemple pour argumenter : argumente la modalité de la réplication à l'aide de l'expérience de Meselson et Stahl ou de l'expérience du document d'aide (la répartition observée de la radioactivité après le 1er et le 2e cycle est conforme au résultat attendu avec le modèle de réplication semi-conservative. Le schéma illustre le résultat attendu).

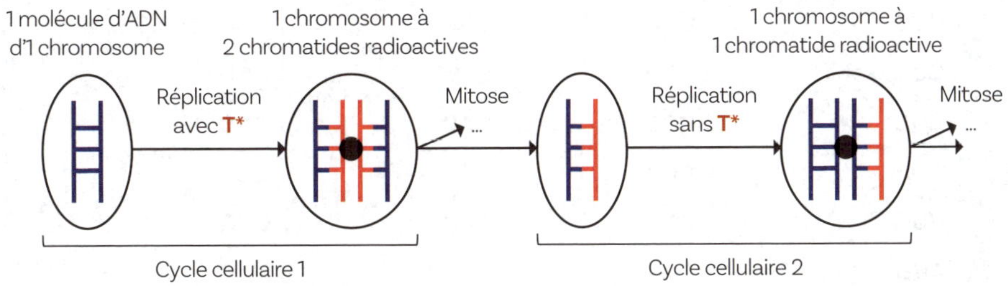

- **Idée clé 2. Les événements chromosomiques et cellulaires de la mitose**
  - Mouvements de chromosomes lors de la mitose (séparation des chromatides sœurs, fuseau mitotique).
  - Phases de la mitose.
  - Séparation du cytoplasme de la cellule parentale en deux cellules filles.

Exemple pour argumenter : illustre ton propos avec un schéma des étapes de la mitose, compare les caryotypes de cellules filles pour argumenter que la mitose est une reproduction conforme.

SE PRÉPARER POUR L'EXAMEN

Synthèse argumentée

SUJET 2 Synthèse des protéines et mutations

Question

Montrer qu'une mutation sur un gène donné peut avoir ou non une conséquence sur la protéine en s'appuyant sur l'exemple d'une séquence de 15 nucléotides de son choix.
Vous rédigerez un texte structuré. Votre argumentation s'appuiera sur des expériences et/ou des observations et/ou des exemples judicieusement choisis. Le document fourni est conçu comme une aide : il peut vous permettre d'illustrer votre exposé, mais son analyse n'est pas attendue.

Document > Le code génétique

Premier nucléotide	Deuxième nucléotide U		Deuxième nucléotide C		Deuxième nucléotide A		Deuxième nucléotide G		Troisième nucléotide
U	UUU	phénylalanine	UCU	sérine	UAU	tyrosine	UGU	cystéine	U
U	UUC	phénylalanine	UCC	sérine	UAC	tyrosine	UGC	cystéine	C
U	UUA	leucine	UCA	sérine	UAA	STOP	UGA	STOP	A
U	UUG	leucine	UCG	sérine	UAG	STOP	UGG	tryptophane	G
C	CUU	leucine	CCU	proline	CAU	histidine	CGU	arginine	U
C	CUC	leucine	CCC	proline	CAC	histidine	CGC	arginine	C
C	CUA	leucine	CCA	proline	CAA	glutamine	CGA	arginine	A
C	CUG	leucine	CCG	proline	CAG	glutamine	CGG	arginine	G
A	AUU	isoleucine	ACU	thréonine	AAU	asparagine	AGU	sérine	U
A	AUC	isoleucine	ACC	thréonine	AAC	asparagine	AGC	sérine	C
A	AUA	isoleucine	ACA	thréonine	AAA	lysine	AGA	arginine	A
A	AUG	méthionine	ACG	thréonine	AAG	lysine	AGG	arginine	G
G	GUU	valine	GCU	alanine	GAU	acide aspartique	GGU	glycine	U
G	GUC	valine	GCC	alanine	GAC	acide aspartique	GGC	glycine	C
G	GUA	valine	GCA	alanine	GAA	acide glutamique	GGA	glycine	A
G	GUG	valine	GCG	alanine	GAG	acide glutamique	GGG	glycine	G

COUP DE POUCE

Tu peux t'appuyer sur la méthode p. 8.

Les clés pour réussir

Analyser et reformuler le sujet

→ La problématique permet de s'interroger sur la synthèse d'une protéine à partir d'un gène, c'est-à-dire sur l'expression du patrimoine génétique. On s'attend à aborder la **transcription** et la **traduction**. L'entrée par « une mutation, [ayant] ou non une conséquence » invite à se questionner sur le mécanisme de conversion de l'information génétique en information fonctionnelle (protéine). Le type de mutation à traiter (substitution, délétion ou insertion de nucléotide) est libre. Toutefois, considérer que la mutation n'ayant pas de conséquence sur une protéine est une substitution d'un nucléotide permet d'aborder la redondance du code génétique, donné dans le **document** d'aide.

→ Le verbe d'action « montrer » signifie « mettre en évidence, faire voir ou découvrir », en utilisant principalement la description. Il s'agit donc de mettre en évidence la conséquence d'une mutation (ou son absence de conséquence). Présenter l'origine des mutations est hors-sujet.

→ Ton exposé doit intégrer « l'exemple d'une séquence de 15 nucléotides de [ton] choix ». Appuie-toi sur le **document** d'aide pour choisir une séquence initiale de nucléotides qui code pour une séquence de cinq acides aminés, quels qu'ils soient. Puis, choisis deux mutations de la séquence de nucléotides dont l'une ne modifie pas la séquence d'acides aminés (exemple d'une substitution : GCU > GCC, les deux codons pour l'alanine), alors que l'autre modifie cette séquence (exemple d'une substitution : AGC > AGG, le 1er codon code pour la sérine, le 2e pour l'arginine).

→ Termes à définir en introduction : « mutation », « gène », « protéine » et « expression génétique » (définition succincte).

Recenser et organiser les idées et arguments pour répondre au sujet

→ **Idée clé 1. De la mutation à l'ARN : la transcription**

> Définition d'un gène et d'un allèle (désoxyribonucléotides, séquence d'ADN, information génétique, mutation).

> Synthèse d'un brin d'ARN par complémentarité à partir de l'ADN (ARN polymérase, ribonucléotides…).

> Maturation des ARN pré-messagers en ARNm et exportation du noyau au cytoplasme.

Exemple pour argumenter : illustre la conservation de l'information lors de la transcription avec l'exemple des séquences de 15 nucléotides choisies ; argumente la fonction d'intermédiaire de l'ARN dans l'expression génétique en relatant une expérience de Brachet.

→ **Idée clé 2. De l'ARN mutant à la protéine : la traduction**

> Nature des protéines.

> Synthèse des protéines sous le contrôle des ARNm par les ribosomes qui polymérisent des acides aminés.

> Système de correspondance universel : code génétique et ses propriétés.

> Conséquence des mutations sur les protéines.

Exemple pour argumenter : illustre le fonctionnement du système de correspondance avec l'exemple des séquences de 15 nucléotides choisies.

SE PRÉPARER POUR L'EXAMEN

Résolution de problème

SUJET 3 Le déterminisme morphologique chez les abeilles

De grande taille, lente à se mouvoir, la reine d'une colonie d'abeilles passe l'essentiel de sa vie (quatre à cinq ans) à pondre, choyée par sa cour. Les ouvrières, au contraire, sont petites, agiles, stériles, et ne vivent que quelques semaines, durant lesquelles elles débordent d'activités variées. Pourtant, la reine et les ouvrières sont sœurs et génétiquement identiques.

Question

Expliquer par quels mécanismes reines et ouvrières, qui ont un même patrimoine génétique, acquièrent des caractères phénotypiques différents.
Vous organiserez votre réponse selon une démarche de votre choix intégrant des données issues des documents et des connaissances complémentaires nécessaires.

Document 1 > Deux développements possibles de l'abeille domestique

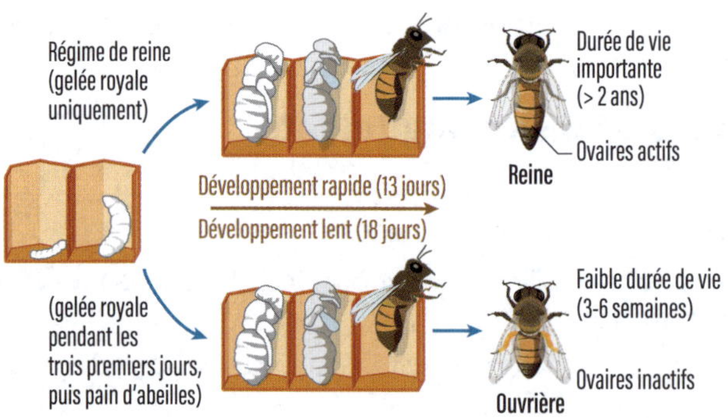

Note : le pain d'abeille est un mélange de pollen et de miel.

D'après P. Combemorel, « La différenciation des abeilles en reines et ouvrières : une question d'épigénétique », 2018.

Document 2 > Influence du nombre de jours de nourrissage à la gelée royale sur l'activité de la protéine enzymatique Dnmt3 chez la larve d'abeille

La protéine enzymatique Dnmt3 est une protéine synthétisée par l'organisme de la larve d'abeille au cours de son développement embryonnaire. Cette enzyme transfère des groupes méthyl $-CH_3$ sur les bases azotées cytosines de l'ADN. Cette réaction est appelée **méthylation de l'ADN.**

D'après *Diet and cell size both affect queen-worker differentiation through DNA methylation in honey bees (Apis mellifera, Apidae)*, PLoS One, 2011.

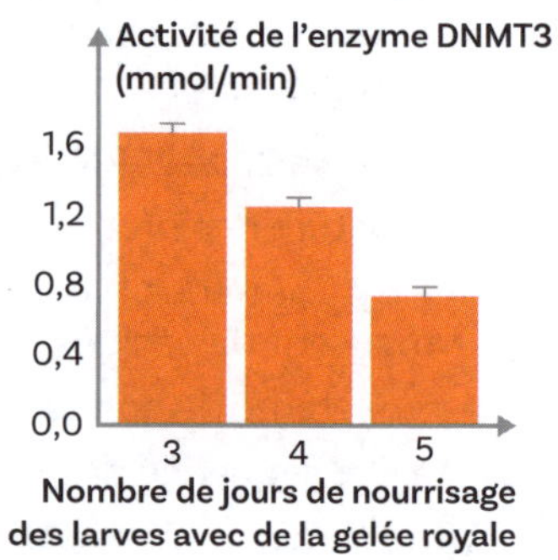

Document 3 > Relation entre méthylation de l'ADN et expression des gènes du phénotype « reine » chez la larve d'abeille

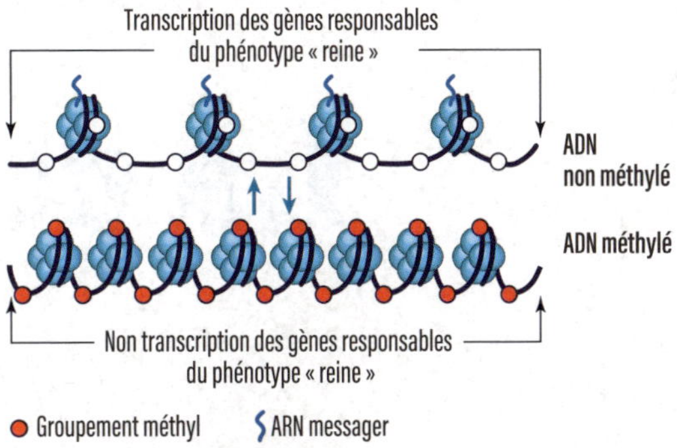

Les clés pour réussir

COUP DE POUCE

Tu peux t'appuyer sur la méthode p. 8.

Analyser et reformuler le sujet

- La problématique invite à rechercher la cause de la mise en place de caractères phénotypiques différents entre « reines et ouvrières » qui ont le même patrimoine génétique. Dans « Expliquer par quels mécanismes... », « les mécanismes » correspondent à la cause recherchée et « expliquer » signifie « décrire ». Il s'agit donc de rechercher et de décrire les mécanismes à l'origine de la mise en place de caractères phénotypiques différents chez les reines et les ouvrières.
- La relation patrimoine génétique/phénotype doit te faire penser aux connaissances sur l'expression du patrimoine génétique et sa régulation.

Mobiliser ses connaissances en lien avec le sujet

- Expression du patrimoine génétique.
- Régulation de la transcription.
- Enzyme.

Recenser les idées issues des documents

- **Doc 1** : décris les différences de régimes alimentaires au cours du développement et de caractères phénotypiques entre les reines et les ouvrières.
- **Doc 2** : détermine l'effet du régime alimentaire des larves sur l'activité de l'enzyme responsable de la méthylation de l'ADN.
- **Doc 3** : détermine l'effet de la méthylation sur la transcription des gènes codant pour les caractères phénotypiques des reines.

Mettre en relation les informations issues des documents et/ou des connaissances

- **Doc 1 et connaissances :** décris les phénotypes « reine » et « ouvrière ».
- **Doc 1 et 2 :** relie les régimes alimentaires observés chez les abeilles aux conditions expérimentales.
- **Doc 2 et 3 :** montre l'effet du régime alimentaire sur la transcription des gènes responsables du phénotype « reine ».
- **Doc 1, 3 et connaissances :** relie la transcription des gènes à la mise en place de caractères phénotypiques.

THÈME 2

5 La structure

RÉVISIONS 2de

Un quiz avant de commencer

Coche la ou les bonne(s) réponse(s).

1. Les ondes sismiques :

- **a** sont des déformations du sol qui se propagent. ☐
- **b** permettent, à partir de leur enregistrement, d'évaluer l'énergie libérée par un séisme. ☐
- **c** se propagent dans une seule direction. ☐
- **d** peuvent faire plusieurs fois le tour de la Terre. ☐

2. L'épicentre d'un séisme correspond à :

- **a** l'endroit où sont enregistrées les ondes sismiques. ☐
- **b** un point situé en profondeur. ☐
- **c** l'endroit où le séisme est le plus fortement ressenti. ☐
- **d** l'endroit d'où partent les ondes sismiques. ☐

3. À la surface de la Terre, les séismes sont localisés :

- **a** uniquement sur les continents. ☐
- **b** dans les zones d'activité volcanique explosive. ☐
- **c** au hasard. ☐
- **d** le long des dorsales océaniques. ☐

4. La surface rocheuse de la Terre est découpée en plaques :

- **a** d'asthénosphère. ☐
- **b** de lithosphère. ☐
- **c** d'atmosphère. ☐
- **d** de magma. ☐

Réponses : 1. a - **2.** c - **3.** d - **4.** b.

du globe terrestre

L'ESSENTIEL EN 3 POINTS

Comment expliquer les contrastes à la surface de la Terre entre le domaine océanique et le domaine continental ?

1 — Des contrastes entre les continents et les océans

La **distribution bimodale** des altitudes observée entre continents et le fond des océans reflète un **contraste géologique**, qui se retrouve dans la nature des roches et leur densité. > p. 82

Comment l'étude de la propagation des ondes sismiques permet-elle de proposer un modèle de la structure interne de la Terre ?

2 — La connaissance de la structure du globe grâce aux études sismologiques

La **propagation des ondes sismiques** à l'intérieur du globe permet de comprendre la **structure interne de la Terre** en **enveloppes** formées de matériaux différents et aux comportements physiques distincts. > p. 83

Comment l'étude de la chaleur interne de la Terre permet-elle de proposer un modèle thermique de la Terre ?

3 — La connaissance de la structure du globe grâce aux études thermiques

Le **profil d'évolution de la température interne** présente des différences suivant les enveloppes, liées aux modes de transfert thermique. De plus, des **anomalies de vitesse** des **ondes sismiques** sont interprétées comme des hétérogénéités thermiques au sein de l'asthénosphère. > p. 85

LE COURS en 3 fiches

1 Des contrastes entre les continents et les océans

Idées clés

→ La **distribution bimodale** des altitudes observées à la surface de la Terre reflète un contraste géologique entre le domaine continental et le domaine océanique.

→ La **croûte continentale** est composée d'une **hétérogénéité** de roches **en surface** ; mais **en profondeur**, on trouve essentiellement des **granites** dont la **densité** est **plus faible** que celle des roches (**basaltes** et **gabbros**) qui composent la **croûte océanique**.

Des pistes pour argumenter

Le contraste géologique entre les deux croûtes terrestres : schématise la structure et la composition minéralogiques des principales roches de la croûte continentale et de la croûte océanique.

Coup d'œil

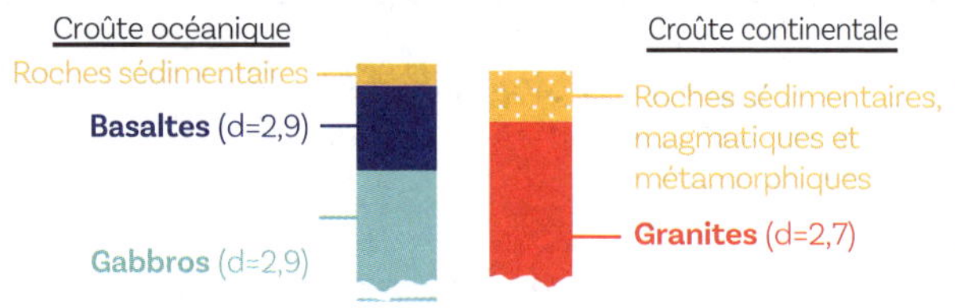

Structure et composition des croûtes

À la loupe

• Les **données topographiques** et **bathymétriques** révèlent qu'à la surface de la Terre, les **altitudes** sont **contrastées** : le **fond des océans** se situe en majorité entre 5 000 et 4 000 mètres de profondeur et la **surface continentale** est majoritairement située entre 0 et 1 000 mètres d'altitude.

• Cette **distribution bimodale** des altitudes s'explique par la présence de **deux croûtes terrestres** ayant des caractéristiques différentes : la **croûte continentale**, qui forme les continents et les plateaux continentaux (zones de fond marin peu profond près de leurs côtes) et la **croûte océanique**, qui forme le fond des océans.

• La **croûte continentale** est composée de **roches variées en surface** (**roches sédimentaires**, **magmatiques**, **métamorphiques**) ; mais **en profondeur**, le **granite** est la roche la plus abondante. Il s'agit d'une roche de **structure grenue**, dont les **minéraux** essentiels sont le quartz, les feldspaths alcalins et les plagioclases. Le granite est une **roche magmatique plutonique**.

• La **croûte océanique** est essentiellement composée de **deux roches** de structure différente : le **basalte** (structure **microlithique**) et le **gabbro** (structure **grenue**), mais de **même composition minéralogique** (**pyroxènes** et **plagioclases**). Le basalte est une **roche magmatique volcanique** et le gabbro est une **roche magmatique plutonique**. La **densité** du granite (2,7) est inférieure à celle du basalte et du gabbro (2,9).

→ Voir lexique p. 281

2 La connaissance de la structure du globe grâce aux études sismologiques

Idées clés

→ L'étude de la **trajectoire** et de la **vitesse** des **ondes sismiques** nous renseigne sur les **matériaux** dans lesquelles elles se sont propagées et la manière dont les matériaux sont disposés à l'intérieur du globe terrestre.

→ Les données sismiques participent à l'élaboration d'un **modèle de structure interne** de la Terre en **couches concentriques d'enveloppes** aux propriétés différentes.

Coup d'œil

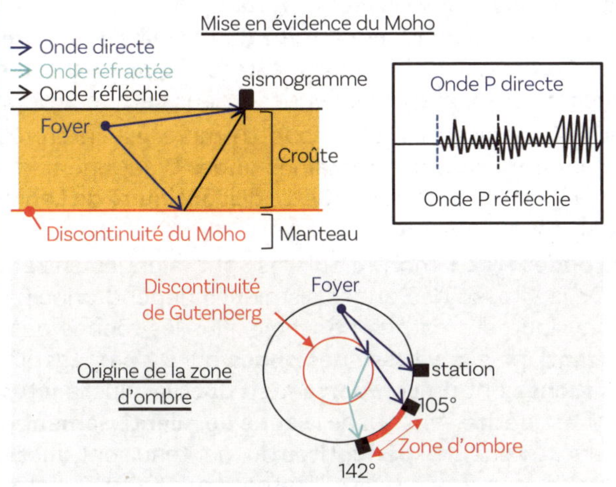

La sismologie, un outil d'étude de la structure profonde

Des pistes pour argumenter

Les discontinuités sismiques entre les différentes couches du globe : schématise le trajet des ondes sismiques réfléchies et réfractées au niveau d'une discontinuité.

Vitesse des ondes sismiques et propriétés des matériaux traversés : décris le principe d'une expérience pour mettre en évidence le ralentissement des ondes dans des matériaux aux propriétés physiques différentes (densité, température...). > p. 91

Coup d'œil

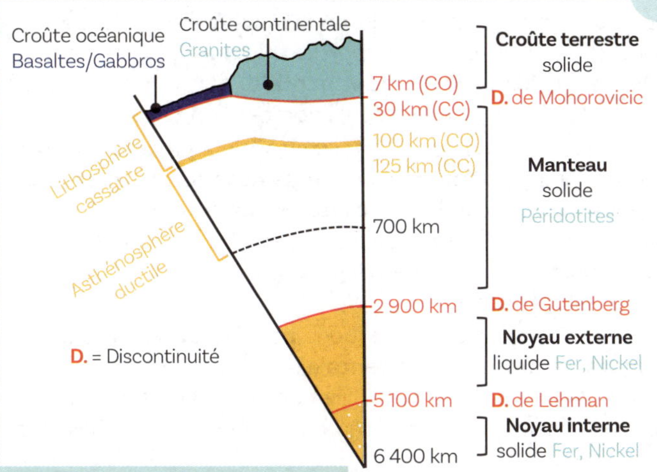

Modèle de la structure interne de la Terre

À la loupe

• Lorsque des **contraintes** s'accumulent **sur une roche**, celle-ci finit par rompre et libère brutalement l'**énergie** qui a été préalablement accumulée : c'est le **séisme**. L'énergie libérée se propage sous la forme de différentes **ondes sismiques** dans toutes les directions. Les **ondes P** (les plus rapides, traversant les solides et les fluides) et les **ondes S** (ne traversant que les milieux solides) se propagent à l'intérieur du globe.

• On observe qu'une même station sismique peut enregistrer **deux séries d'ondes P successives** à partir d'un seul et même séisme. Or, lorsqu'une onde sismique parvient **à l'interface de deux milieux** différents, elle **se réfléchit**. La station reçoit donc des **ondes P directes**, mais aussi des ondes P qui ont été **réfléchies** par une surface de contact entre deux milieux différents. Cette surface, appelée **discontinuité de Mohorovicic** (ou **Moho**) marque la **limite entre la croûte et le manteau**. Elle se situe en moyenne à 30 km de profondeur sous la croûte continentale et 7 km de profondeur sous la croûte océanique.

• De plus, lors de chaque séisme, on observe une **zone d'ombre**, dans laquelle aucune station n'enregistre d'ondes sismiques directes. On considère que les ondes P ont subi **deux réfractions successives** au niveau d'une discontinuité située à 2 900 km de profondeur. Cette **discontinuité de Gutenberg sépare le manteau du noyau externe**. La présence d'un **noyau externe liquide** est par ailleurs confirmée par l'absence de propagation des ondes S dans cette enveloppe.

• La **réapparition des ondes P** tardives dans la zone d'ombre est interprétée comme la conséquence d'une **réflexion des certaines ondes P** sur une surface de discontinuité située à 5 100 km de profondeur. Cette **discontinuité de Lehman sépare le noyau externe d'un noyau interne**.

• L'étude de la **vitesse des ondes P et S** montre qu'elles sont ralenties entre 100 et 125 km de profondeur. Or, la vitesse des ondes sismiques dépend principalement du comportement physique du matériau traversé. Plus les **roches** ont un **comportement rigide (cassant)**, plus la **vitesse des ondes** qui s'y propagent est **grande**. À l'inverse, plus les **roches** ont un **comportement ductile**, plus la **vitesse des ondes** qui s'y propagent est **petite**. Ainsi, dans la **zone de ralentissement des ondes**, appelée **LVZ** (*Low Velocity Zone*), les **péridotites** du manteau sont **ductiles**. Le sommet de cette LVZ correspond à peu près à l'isotherme 1 300 °C. La croûte et la partie du manteau situées **au-dessus de la LVZ** forment la **lithosphère cassante**. La couche **entre la LVZ et la zone de transition** (env. 700 km de profondeur) est l'**asthénosphère ductile**.

• D'après ces études, l'épaisseur moyenne de la **lithosphère océanique** (qui se compose de la croûte océanique et d'une partie du manteau) est d'environ 100 km, alors que celle de la **lithosphère continentale** (qui se compose de la croûte continentale et d'une partie du manteau) est d'environ 125 km.

• L'ensemble de données issues notamment de la sismologie a conduit les géologues à proposer un **modèle de la structure profonde de la terre** appelé **modèle PREM**. Il s'agit d'un **modèle de vitesse de propagation des ondes P et S** depuis la surface jusqu'au centre de la Terre. Ce modèle permet d'établir que la Terre est constituée de **quatre enveloppes physiques distinctes** (croûte, manteau, noyau externe, noyau interne) **concentriques**.

• Les enveloppes les plus externes sont marquées par **deux contrastes importants** : le contraste **entre la croûte continentale et la croûte océanique** (de nature, d'épaisseur et de densité différentes) et le contraste **entre la lithosphère cassante** (qui contient les croûtes et le manteau lithosphérique) **et l'asthénosphère ductile** située en-dessous.

→ Voir lexique p. 281

3 La connaissance de la structure du globe grâce aux études thermiques

Idées clés

→ Le gradient géothermique présente des **différences suivant les** enveloppes terrestres, liées aux **modes de transfert thermique**.

→ Le **transfert de chaleur** s'effectue par **conduction** au niveau de la lithosphère et par **convection**, mécanisme plus efficace de transfert thermique, au niveau du manteau.

→ La **tomographie sismique** révèle des **hétérogénéités thermiques** au sein du manteau.

Coup d'œil

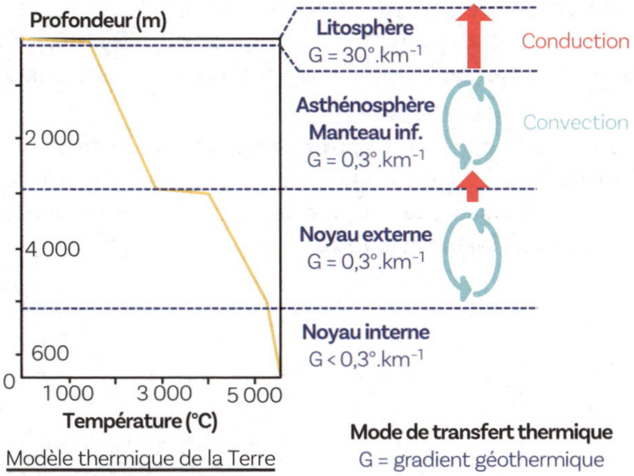

Chaleur et structure profonde de la Terre

Des pistes pour argumenter

Les variations du gradient géothermique selon les enveloppes : montre, par le calcul, que pour avoir un noyau interne à l'état solide (soit une température proche de 5 000 °C) le gradient géothermique de la croûte (30 °C·km^{-1}) ne peut pas être constant à l'intérieur du globe. > p. 93

Coup d'œil

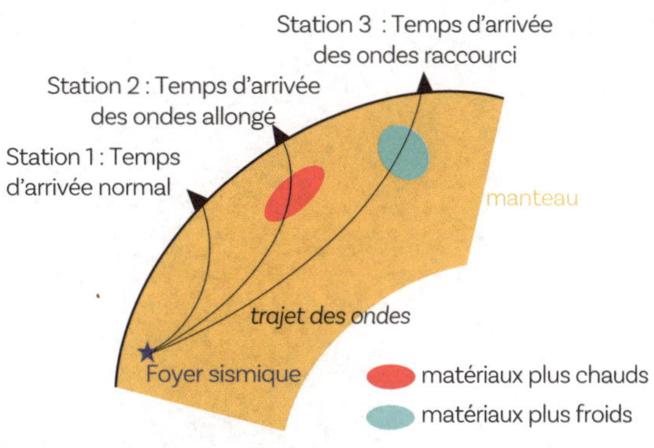

Principe de la tomographie sismique

À la loupe

- On peut estimer la **température interne de la Terre** en combinant les **résultats des études sismiques** et des **études expérimentales sur le comportement des roches profondes** grâce à des **presses à enclume**.
- La **température interne** de la Terre **croît avec la profondeur**. Le **gradient géothermique** varie selon les **enveloppes**. Dans la **lithosphère**, sa valeur est d'environ 30 °C·km^{-1}. Dans le **reste du manteau** et dans le **noyau**, sa valeur est en moyenne d'environ 0,3 C·km^{-1}. Ces différences de gradient sont liées aux **modes de transfert thermique**.
- Dans les enveloppes où la **convection** est possible, le **gradient** géothermique est **faible**, car la convection est un mode de transfert de chaleur **efficace**, qui tend à **homogénéiser** les températures. C'est le cas dans l'**asthénosphère ductile**. Dans les enveloppes où la **convection** n'est **pas possible**, les transferts de chaleur s'effectuent par **conduction**. Son efficacité est moins importante et le **gradient** géothermique est **très élevé**. C'est le cas dans la **lithosphère**.
- Les **techniques de sismologie** permettent aujourd'hui une **étude fine des anomalies de vitesse des ondes** par rapport aux prédictions du modèle PREM. La **tomographie sismique** révèle des **anomalies positives**, qui sont interprétées comme des zones où les **roches** sont **plus froides**, **plus denses**. En effet, des études expérimentales montrent que la **température**, à pression constante, influence la **vitesse de propagation des ondes sismiques**, donc les zones où les ondes accélèrent sont interprétées comme des zones anormalement froides. Les **anomalies négatives**, quant à elles, sont interprétées comme des zones où les **roches** sont **plus chaudes**, **moins denses**.
- La tomographie sismique permet de créer des **coupes terrestres** mettant en évidence les **hétérogénéités thermiques**. On peut visualiser notamment la lithosphère et l'asthénosphère à proximité des **fosses océaniques**, ainsi que des **mouvements ascendants et descendants** de **matériel mantellique**.

→ Voir lexique p. 281

MÉMO VISUEL

- La structure du globe terrestre -

La structure du globe terrestre

L'apport de la sismologie à la connaissance du globe terrestre

- **Des discontinuités révélées par la trajectoire des ondes sismiques**
  - Discontinuité de Moho sépare la croûte du manteau
    - Située à 30 km en moyenne sous les continents
    - Située à 7 km en moyenne sous les océans
  - Discontinuité de Gutenberg sépare le manteau du noyau à 2 900 km
  - Discontinuité de Lehman sépare le noyau externe du noyau interne à 5 000 km
- **Des comportements physiques différents révélés par la vitesse des ondes sismiques**
  - Lithosphètre cassante en surface
    - Composée de la croûte et d'une partie du manteau
    - Lithosphère océanique moins épaisse que lithosphère continentale
  - Asthénosphère ductile en profondeur
- **Le modèle PREM**
  - Modèle de vitesse de propagation des ondes sismiques
  - Structure de la Terre en enveloppes concentriques formées de matériaux différents
    - la croûte terrestre
    - le manteau
    - le noyau externe
    - le noyau interne
  - Enveloppes les plus externes marquées par...
    - un contraste de comportement physique entre la lithosphère et l'asthénosphère
    - un contraste entre les croûtes continentale et océanique...
      - de nature
      - d'épaisseur
      - de densité

La chaleur et la structure profonde du globe

- **Augmentation de la température interne de la Terre avec la profondeur**
- **Gradient géothermique différent suivant les enveloppes**
  - Dans la lithosphère
    - Gradient géothermique élevé
    - Transfert de chaleur par conduction
  - Dans l'asthénosphère
    - Gradient géothermique faible
    - Transfert de chaleur par convection
- **Hétérogénéités thermiques dans l'asthénosphère**
  - Zones plus chaudes révélées par des anomalies négatives de la vitesse des ondes sismiques
  - Zones plus froides révélées par des anomalies positives de la vitesse des ondes sismiques

Des contrastes entre les continents et les océans

- **Distribution bimodale des altitudes terrestre**
  - Surface continentale située en majorité entre 0 et 1 000 m d'altitude
  - Plancher océanique situé en majorité entre 5 000 et 4 000 m de profondeur
- **Existence de deux croûtes terrestres différentes**
  - Croûte continentale majoritairement composée de granites
    - Granite = roche magmatique plutonique
    - Densité du granite = 2,7
  - Croûte océanique composée de basaltes et de gabbros
    - Basalte et gabbro = même composition minéralogique
      - Gabbro = roche magmatique plutonique
      - Basalte = roche magmatique volcanique
    - Densité du basalte et du gabbro = 2,9

SE TESTER

QCM

1. Coche la ou les bonne(s) réponse(s).

1. La lithosphère continentale est composée :

- **a** de péridotites cassantes uniquement. ☐
- **b** de péridotites ductiles uniquement. ☐
- **c** de granites et de péridotites cassantes. ☐
- **d** de granites et de péridotites ductiles. ☐

2. La LVZ (*Low Velocity Zone*) :

- **a** correspond à un saut de vitesse des ondes de volumes en profondeur. ☐
- **b** correspond au sommet de l'asthénosphère. ☐
- **c** se situe à la même profondeur sous les continents que sous les océans. ☐
- **d** se situe dans la croûte terrestre. ☐

3. Dans le modèle de la structure thermique du globe, le gradient géothermique est :

- **a** constant à l'intérieur de la Terre. ☐
- **b** plus important dans l'asthénosphère que dans la lithosphère. ☐
- **c** plus important dans la lithosphère que dans l'asthénosphère. ☐
- **d** nul. ☐

4. La convection est un mode de transfert de chaleur :

- **a** efficace, qui se réalise avec mouvement de matériaux. ☐
- **b** efficace, qui se réalise sans mouvement global de matériaux. ☐
- **c** peu efficace, qui se réalise avec mouvement de matériaux. ☐
- **d** peu efficace, qui se réalise sans mouvement global de matériaux. ☐

2. Vrai ou faux ?

		Vrai	Faux
1	Les transferts thermiques se font par convection dans l'asthénosphère.	☐	☐
2	Dans la lithosphère, le gradient géothermique est de l'ordre de 0, 5 °C. km^{-1}.	☐	☐
3	Le comportement physique des péridotites est toujours ductile à l'intérieur du globe.	☐	☐
4	La discontinuité de Gutenberg sépare le noyau de la graine.	☐	☐
5	Une roche au comportement physique ductile se déforme sans se casser sous la contrainte.	☐	☐
6	Le gabbro est une roche que l'on retrouve principalement dans les continents.	☐	☐
7	Le basalte est une roche qui présente une structure grenue.	☐	☐
8	Les ondes P ne se propagent que dans les milieux solides.	☐	☐
9	La discontinuité du Moho se situe à une plus grande profondeur sous les continents que sous les océans.	☐	☐
10	La vitesse de propagation d'une onde sismique dépend de la nature des matériaux traversés.	☐	☐

3. Complète le schéma de la structure interne de la Terre.

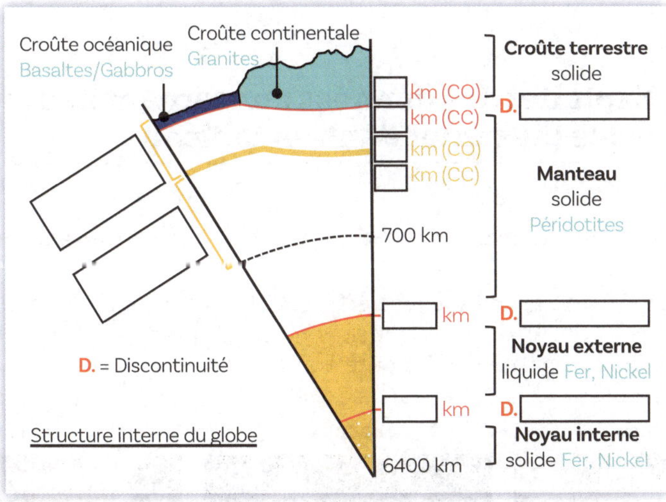

4. Réponds aux questions posées sur ces mémo cartes.

1. Des contrastes entre les continents et les océans

- Quelles caractéristiques de la surface terrestre se dégagent des données topographiques ?
- Comment expliquer la répartition bimodale des altitudes terrestres ?
- Quelle est la composition de la croûte continentale ?
- Quelle est la composition de la croûte océanique ?
- Quelles sont les caractéristiques des roches principales de la croûte terrestre ?

3. La connaissance de la structure du globe grâce aux études thermiques

- Quel est le profil d'évolution de la température du globe avec la profondeur ?
- Quelle est l'incidence d'un transfert de chaleur par conduction sur le gradient géothermique ?
- Quelle est l'incidence d'un transfert de chaleur par convection sur le gradient géothermique ?
- Quel est le mode de transfert de chaleur dans la lithosphère ? dans l'asthénosphère ?
- Comment expliquer les anomalies de vitesse des ondes sismiques dans le manteau ?

2. La connaissance de la structure du globe grâce aux études sismologiques

- Quelles sont les propriétés des ondes sismiques qui se propagent à l'intérieur du globe ?
- Comment se comporte une onde sismique lorsqu'elle arrive à l'interface de deux milieux différents ?
- Quelles sont les noms et les profondeurs des discontinuités majeures à l'intérieur du globe ?
- Quels sont les états physiques des matériaux qui constituent les différentes enveloppes du globe ?
- Quelles enveloppes composent la lithosphère et l'asthénosphère ?
- Quels sont les comportements physiques de la lithosphère et de l'asthénosphère ?
- Comment l'étude des ondes sismiques permet de décrire les comportements physiques des enveloppes superficielles du globe ?

Réponses : 1. 1. c – **2.** b – **3.** c – **4.** a • **2. 1.** Vrai – **2.** Faux – **3.** Faux – **4.** Faux – **5.** Vrai – **6.** Faux – **7.** Faux – **8.** Faux – **9.** Vrai – **10.** Vrai • **3.** Voir p. 93.

SAVOIR-FAIRE

Méthode 1 Exploiter des données concernant des roches et les présenter dans un tableau

SUJET Le contraste entre les croûtes continentale et océanique

En dehors de la couverture de roches sédimentaires, le socle de la croûte terrestre est principalement constitué de trois roches magmatiques : gabbro et basalte dans la croûte océanique, granite dans la croûte continentale.

Gabbro — Basalte — Granite

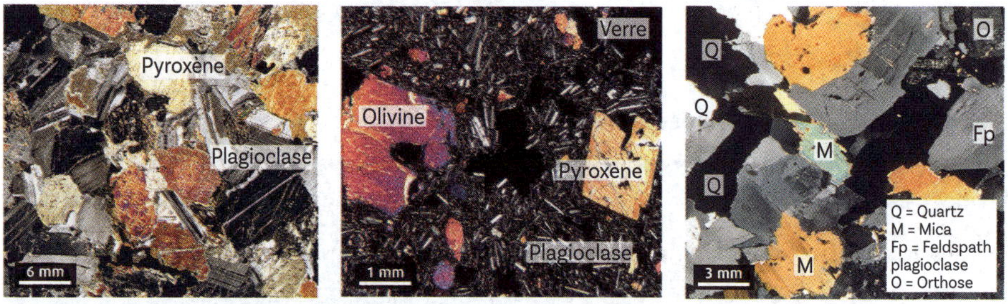

Doc 1 Lames minces observées au microscope polarisant en LPA des trois roches

Les échantillons des trois roches ont été pesés, puis chacun a été placé dans une éprouvette contenant initialement 100 mL d'eau.

Doc 2 Résultats des mesures

	Basalte	Granite	Gabbro
Masse de l'échantillon	160,5 g	155,2 g	140,1 g
Volume final d'eau dans l'éprouvette	153,3 mL	158,7 mL	147,5 mL

Consignes

1. Calcule la densité des trois roches.

2. Compare dans un tableau la composition minéralogique, la structure et la densité des principales roches constitutives des croûtes océaniques et continentales.

CONSEILS

- La densité d'une roche est le rapport entre la masse volumique d'un échantillon et la masse volumique de l'eau (égale à 1 g.mL^{-1}). Un échantillon plongé dans l'eau déplace un volume d'eau égal à son volume.
- La structure d'une roche magmatique correspond à la manière dont les minéraux sont agencés : il peut s'agir d'une **structure grenue** ou d'une **structure microlithique.**

+ d'aide ? Voir p. 82

CORRIGÉ

1. Densité du granite = [155,2/(158,7 - 100)] /1 = 2,64
Densité du gabbro = [160,5/(153,3 - 100)] /1 = 3,01
Densité du basalte = [140,1/(147,5 - 100)] /1 = 2,95

2.

Intitulés des lignes et colonnes renseignant sur les informations contenues dans le tableau

Titre informatif qui renseigne sur l'objectif de la communication des données avec le tableau

Organisation logique des grandeurs : d'un côté le paramètre testé (variable indépendante) et de l'autre, les variables étudiées

Caractéristiques des principales roches constitutives des croûtes

Type de croûte / Caractéristiques des roches	Croûte continentale	Croûte océanique	
Nom	Granite	Basalte	Gabbro
Composition minéralogique	Feldspaths plagioclase Quartz Mica Orthose	Feldspaths plagioclase Pyroxène	Feldspaths plagioclase Pyroxène
Structure de la roche	Grenue	Microlithique	Grenue
Densité	2,64	3,01	2,95

Tracé soigné des cases, taille adaptée au texte, taille de police suffisante pour faciliter la lecture, mise en page sans chevauchement

Méthode 2 Exploiter des données sismiques pour calculer la profondeur d'une discontinuité

SUJET L'estimation de la profondeur du Moho

En 1909, en étudiant un séisme dans la région de Zagreb, Andrijia Mohorovicic observe sur son sismographe l'arrivée de deux trains d'ondes P successifs décalés dans le temps. Il interprète cela en considérant que les ondes P se sont réfléchies sur une surface de discontinuité, à l'origine du second train d'ondes.

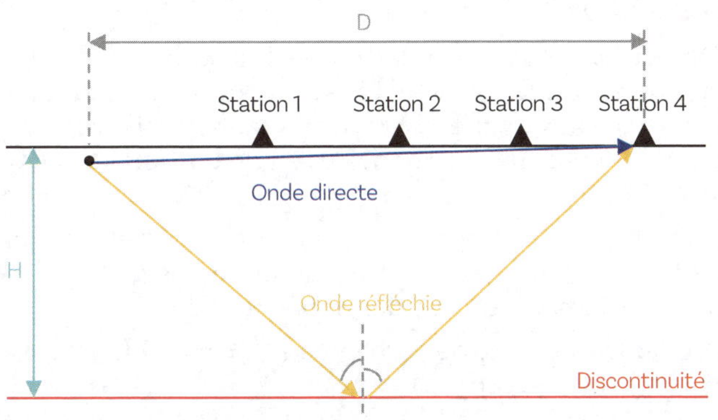

Doc 1 Trajectoire des ondes sismiques enregistrées suite à un séisme artificiel (explosion d'une charge à faible profondeur)

Doc 2 Temps d'arrivée des ondes P aux différentes stations d'enregistrement

Station sismique de réception des ondes P	D = Distance au site de l'explosion (en km)	Temps d'arrivée des différentes ondes P (en s)
1	40	7,2 puis 12,7
2	56	10 puis 14,6
3	280	42,7 puis 49
4	400	57,7 puis 72

Consigne : Calcule la vitesse moyenne des ondes P directes dans la croûte et estime la profondeur moyenne de cette discontinuité dans la région étudiée.

CONSEILS

- La vitesse d'une onde se calcule en faisant le rapport entre la distance parcourue par cette onde et le temps pour réaliser ce parcours.
- Utilise le théorème de Pythagore dans le triangle pour calculer la profondeur H de la discontinuité.

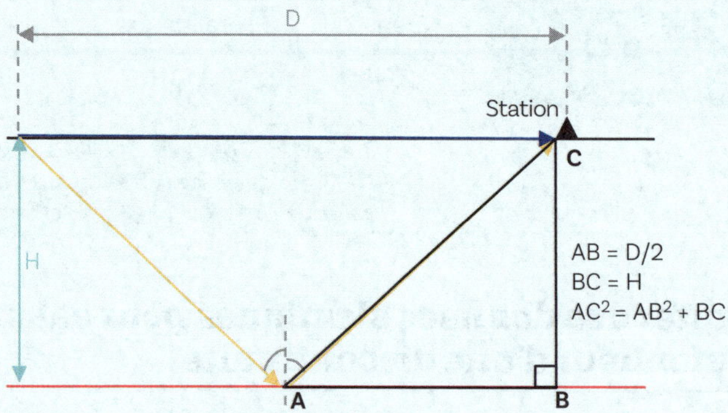

+ d'aide ?
Voir p. 83

CORRIGÉ

Pour calculer la vitesse des ondes P, il suffit de faire le rapport entre D (la distance au site de l'explosion) et le temps d'arrivée des ondes P directes (les premières à arriver). Grâce aux données des quatre stations sismiques, on obtient une moyenne des vitesses moyennes des ondes P (V_p) de **6,16 km.s^{-1}** (= [(40/7,2) + (56/10) + (280/42,7) + (400/57,7)]/4).

On sait que V_p est aussi égale au rapport entre la distance parcourue par les ondes réfléchies (d) et le temps d'arrivée des ondes réfléchies (les premières à arriver). Donc d = [V_p × Temps d'arrivée des ondes réfléchies].

D'après le théorème de Pythagore, $(d/2)^2 = H^2 + (D/2)^2$. Ainsi, $H^2 = (d/2)^2 - (D/2)^2$ et donc **$H = \sqrt{[(d/2)^2 - (D/2)^2]}$**.

Ainsi, on obtient :

Station sismique de réception des ondes P	d = distance parcourue par les ondes réfléchies $d = [V_p \times$ Temps d'arrivée des ondes réfléchies]	D = Distance au site de l'explosion (en km)	H = profondeur de la discontinuité $H = \sqrt{[(d/2)^2 - (D/2)^2]}$
1	78,2 (= 6,16 × 12,7)	40	**33,6** (= $\sqrt{[(78{,}2/2)^2 - (40/2)^2]}$)
2	102,2 (= 6,16 × 16,6)	56	**42,7** (= $\sqrt{[(102{,}2/2)^2 - (56/2)^2]}$)
3	301,8 (= 6,16 × 49)	280	**56,3** (= $\sqrt{[(301{,}8/2)^2 - (280/2)^2]}$)
4	443,6 (= 6,16 × 72)	400	**95,9** (= $\sqrt{[(443{,}6/2)^2 - (400/2)^2]}$)

Dans cette région, la **profondeur moyenne de la discontinuité** est de **57,1 km** (= (33,6 + 42,7 + 56,3 + 95,9)/4).

Les données montrent que la profondeur du Moho sous la croûte continentale n'est pas toujours égale à 30 km. Elle varie selon les endroits considérés.

Méthode 3 Exercer son esprit critique en comparant gradient géothermique de surface et état physique des matériaux du globe

SUJET La chaleur interne du globe

Les forages continentaux sont très rares et peu profonds à l'échelle de l'épaisseur de la croûte. Ils nous permettent de calculer le gradient géothermique dans les couches les plus superficielles du globe.

Le fer est un des éléments constitutifs du noyau. En laboratoire, il est possible de déterminer les conditions de température et de profondeur pour lesquelles le fer est à l'état solide ou à l'état liquide. On rappelle qu'à 5 100 km de profondeur (limite noyau-graine), le fer passe de l'état liquide à l'état solide.

Profondeur dans le puits (m)	Température (°C)
890	17,6
2 990	38,1
3 470	44,5
3 960	51,8
4 540	61,4
4 850	68,0
6 015	89,2
6 350	95,2
6 950	99,5
7 800	106,6
8 230	123,0
10 425	131,0
10 909	172,8
11 240	183,0
11 340	193,8

Doc 1 **Données thermiques issues d'un forage sur la croûte continentale profond sur la péninsule de Kola (Nord de la Russie)**

Note : les valeurs de températures sont exprimées en Kelvin. Température en K <> Température en °C + 273.

Consigne : Exploite les données et tes connaissances afin de prouver que le gradient géothermique doit être plus faible dans les couches profondes du globe que dans la croûte continentale.

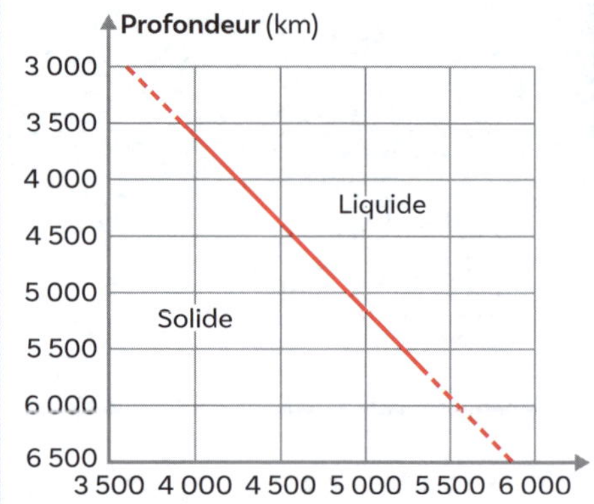

Doc 2 Courbe de fusion du fer en fonction de la profondeur et de la température (en Kelvin)

CONSEILS

- Calcule le gradient géothermique dans la croûte continentale à partir des données du forage de Kola, sachant que le gradient géothermique moyen correspond au taux d'accroissement de la température avec la profondeur.
- Estime la température du fer à 5 100 km de profondeur grâce à sa courbe de fusion.
- Compare l'estimation de la température du fer à la limite noyau-graine avec la température des matériaux à cette profondeur si le gradient géothermique était le même que celui de la croûte continentale.

+ d'aide ? Voir p. 85

CORRIGÉ

D'après les données du forage de Kola, l'augmentation de la température est de 193 °C en 11 140 m, soit **17,3 °C.km^{-1}** (=193/11,140).

D'après la courbe de fusion du fer, la température estimée à la limite du noyau externe/graine est de 4 800, soit 4 527 °C.

Pour valider ou invalider un modèle, on compare les données réellement mesurées (état du fer à différentes pressions) avec des données calculées à partir du modèle. Si les résultats sont différents, le modèle est invalidé, comme c'est le cas ici.

En considérant que le gradient géothermique est constant à l'intérieur du globe, la température à 5 100 km de profondeur devrait être de 88 230 °C (= 5 100 × 17,3).

Cette valeur est 20 fois plus élevée que celle déterminée par les données expérimentales de fusion du fer, donc on peut estimer que le **gradient géothermique diminue dans les couches plus profondes du globe**.

Le modèle de la structure thermique du globe est construit à partir de plusieurs données (températures, état des matériaux...), mais aussi à partir d'autres modèles (état des matériaux à l'intérieur du globe).

Méthode 4 Exploiter un graphique de vitesse des ondes en fonction de la profondeur

SUJET Les couches superficielles du globe

Les mesures des vitesses des ondes sismiques montrent des variations suivant la profondeur des matériaux traversés.

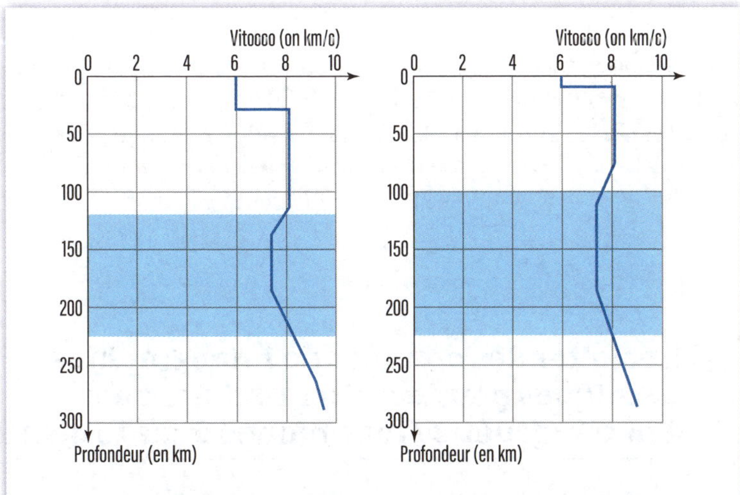

Variations de la vitesse des ondes sismiques P avec la profondeur en domaine continental (graphique de gauche) et en domaine océanique (graphique de droite)

Consigne : Détermine et compare les épaisseurs des croûtes et des lithosphères (continentales et océaniques) en exploitant l'évolution de la vitesse des ondes sismiques.

CONSEILS

- Repère les profondeurs des variations de vitesses des ondes P sous les océans et sous les continents.
- Associe ses variations à la limite entre la croûte et le manteau et à la limite entre la lithosphère et l'asthénosphère.
- Détermine l'épaisseur de chacune des couches pour les domaines océaniques et continentaux.

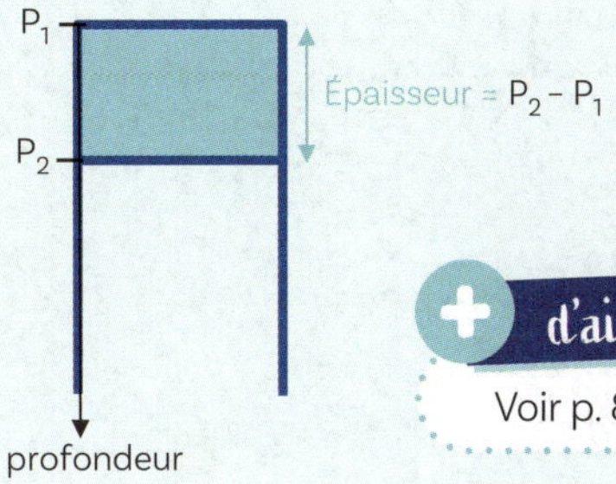

+ d'aide ?
Voir p. 83

CORRIGÉ

Sous les continents, de 0 à 30 km de profondeur, la vitesse des ondes sismiques est de **6 km.s⁻¹**, alors que de 30 à 120 km de profondeur elle est égale à **8 km.s⁻¹**. Ce changement brutal de la vitesse des ondes sismiques marque une discontinuité (Moho) qui correspond à un changement de milieu (croûte continentale/manteau). Sous les océans, ce changement brutal de la vitesse des ondes sismiques se situe à 10 km de profondeur et marque la discontinuité (Moho) qui sépare la croûte océanique du manteau. Donc la profondeur de la **discontinuité du Moho** indique que la **croûte continentale** à une épaisseur de **30 km**, alors que la **croûte océanique** a une épaisseur de **10 km**.

Pour présenter ton raisonnement, exploite l'ensemble des données, puis intègre des notions issues de tes connaissances, pour enfin construire une réponse au problème posé de façon cohérente.

On sait que la vitesse des ondes est plus faible dans des matériaux ductiles que dans des matériaux cassants. Donc le **ralentissement de la vitesse** des ondes P correspond au passage de matériaux cassants (la lithosphère) à des matériaux ductiles (l'asthénosphère).

Méthode 5 Exploiter des données de tomographies sismiques pour montrer l'existence d'hétérogénéités thermiques dans le manteau

SUJET L'inclinaison de la lithosphère sous les îles Tonga

Suite à un séisme, on enregistre les ondes S à Fidji et à Tonga, deux îles situées à égale distance du foyer. Cependant, les ondes S sont enregistrées plus tardivement à Fidji. Cette différence est interprétée par une position particulière de la lithosphère dans cette région : la lithosphère est inclinée.

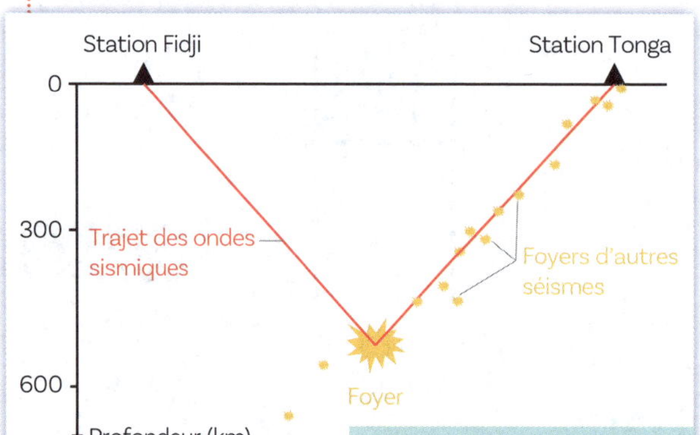

Doc 1 Trajet des ondes sismiques

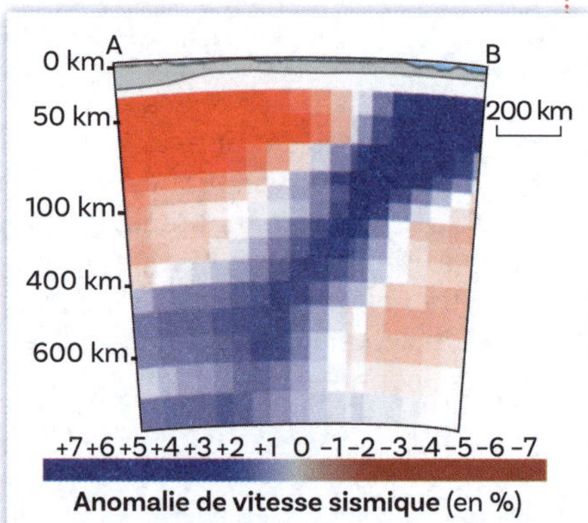

Doc 2 Coupe de tomographie sismique le long d'un axe reliant Fidji et Tonga

Consigne : Exploite l'ensemble des données sismiques pour argumenter l'hypothèse selon laquelle la lithosphère est inclinée dans cette région.

CONSEILS

- Mobilise tes connaissances sur le comportement physique des matériaux et la température de la lithosphère et de l'asthénosphère.
- Décris et interprète la distribution des foyers sismiques et les données de tomographie dans cette région.
- Décris et interprète les données de tomographie.

+ d'aide ?
Voir p. 85

CORRIGÉ

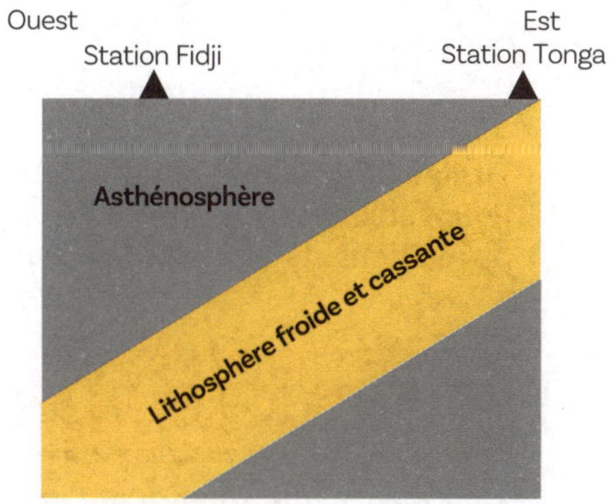

On sait que les séismes ne peuvent se produire que dans **la lithosphère où les matériaux sont cassants**. De plus, la **lithosphère** est une couche de **matériaux plus froids** qui reposent normalement sur l'asthénosphère composée de matériaux plus chauds.

On voit que les foyers de séismes sont de plus en plus profonds de l'est vers l'ouest. Des **matériaux cassants** sont donc disposés sur une couche inclinée.

La tomographie sismique met en évidence une zone inclinée dans laquelle les **ondes sismiques sont accélérées** sous les stations Tonga, donc une zone de **matériaux anormalement froids** par rapport au reste du manteau. On en déduit la présence d'une couche inclinée de **matériaux plus froids** que le reste du manteau.

Ainsi, dans cette région, une **couche inclinée** de **matériaux froids** et **cassants** est présente. Ces informations valident l'hypothèse selon laquelle la **lithosphère** est inclinée dans cette région.

Chapitre 5

La structure du globe terrestre

Tu viens de voir les notions à connaître sur la structure du globe terrestre. Pour t'aider à retenir l'essentiel et t'entraîner pour le Bac, voici ton kit de révisions clé en mains conçu par SchoolMouv !

Vidéo

Pour mieux comprendre et t'en souvenir à coup sûr, regarde la vidéo. C'est parfois bien plus clair en images.

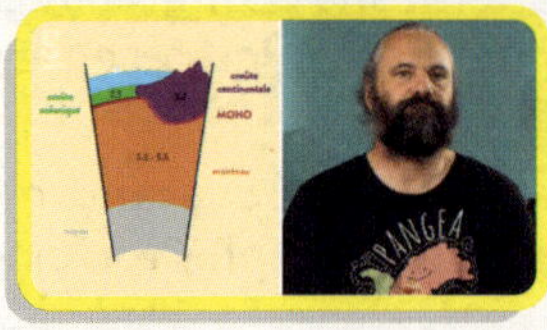

Vidéo **La surface de la Terre, contrastes entre les continents et les océans**

https://flashbelin.fr/focusbacschoolmouv/svt/1re/5

Contenu additionnel

Voici un bonus autour du même sujet. La curiosité n'est pas toujours un vilain défaut. Il suffit de créer ton compte pour avoir accès à plein de contenus supplémentaires.

Fiche **Les mécanismes de transferts thermiques**

https://www.schoolmouv.fr/eleves/cours/mecanismes-de-transferts-thermiques/fiche-de-cours

Tchat avec un prof

Pour poser toutes tes questions à un prof particulier, découvre l'abonnement tchat. Tu peux le tester gratuitement pendant 7 jours : fini les questions sans réponses, tu vas devenir incollable.

https://focusbac.schoolmouv.fr/offre

Le Focus de SchoolMouv

La convection mantellique à différents niveaux

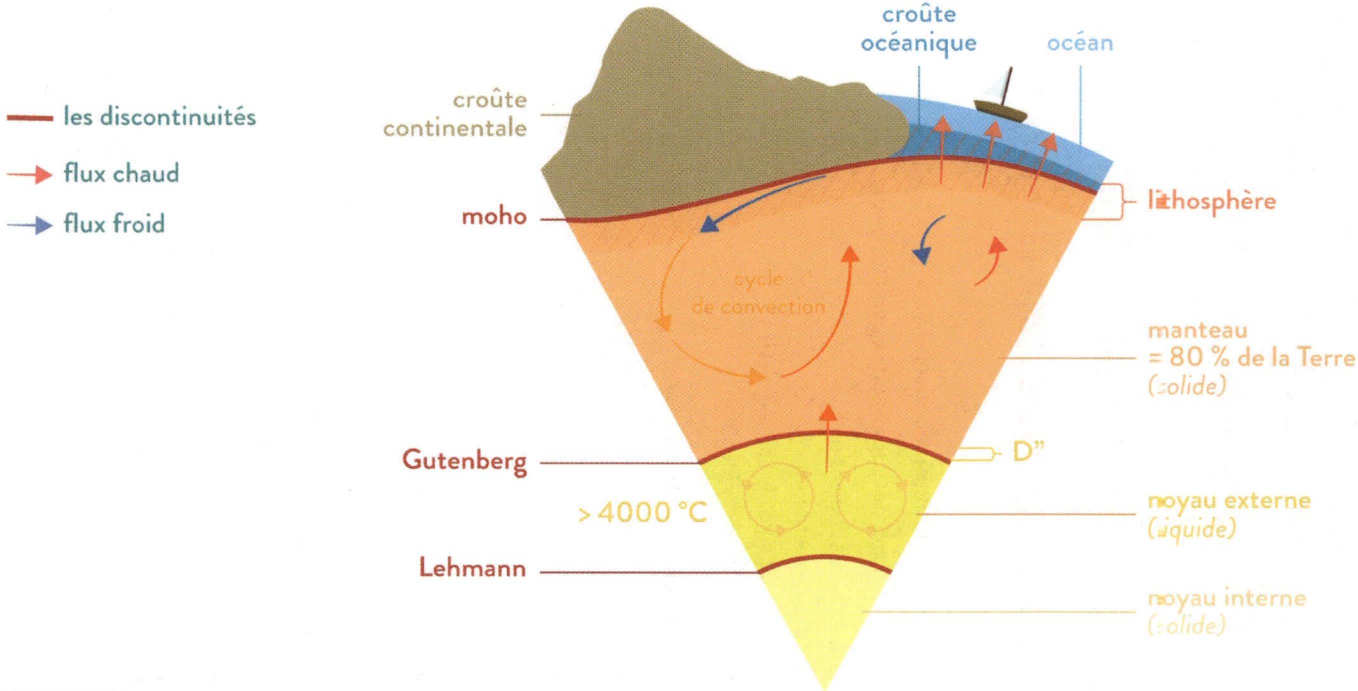

THÈME 2

6 La dynamique

RÉVISIONS 2de

Un quiz avant de commencer

Coche la ou les bonne(s) réponse(s).

1. Un volcanisme de type effusif se caractérise par :

- **a** de longues coulées de lave. ☐
- **b** des nuées ardentes. ☐
- **c** la formation d'un dôme de lave. ☐
- **d** des explosions violentes. ☐

2. Les plaques sont limitées par :

- **a** la bordure des continents. ☐
- **b** des zones désertiques. ☐
- **c** des zones où se concentre l'activité sismique. ☐
- **d** les chaînes de montagnes uniquement. ☐

3. Une plaque :

- **a** correspond toujours à un continent. ☐
- **b** est immobile. ☐
- **c** n'est pas solide et subit des déformations. ☐
- **d** est animée de mouvements. ☐

4. La mobilité des plaques entraîne :

- **a** la formation des chaînes de montagne par éloignement de deux plaques. ☐
- **b** la formation des chaînes de montagne par rapprochement de deux plaques. ☐
- **c** la formation des chaînes de montagne par coulissement de deux plaques. ☐
- **d** la formation d'un nouvel océan par rapprochement de deux plaques. ☐

Réponses : 1. a - **2.** c - **3.** d - **4.** b.

du globe

L'ESSENTIEL EN 4 POINTS

Comment quantifier la mobilité horizontale des plaques lithosphériques ?

1 La caractérisation de la mobilité horizontale

Différentes **méthodes** géologiques permettent de déterminer des **mouvements de plaques**, ce qui permet d'identifier des **zones de divergence** et des **zones de convergence**. > p. 102

Quelle est l'origine et l'évolution de la lithosphère océanique au niveau des zones de divergence ?

2 La dynamique des zones de divergence

La **divergence** des plaques permet la mise en place d'une **nouvelle lithosphère** par apport de magmas mantelliques.
Le **refroidissement** progressif de la lithosphère formée induit une augmentation de sa **densité**.
La **circulation d'eau** à travers la lithosphère modifie les **minéraux**. > p. 104

Comment expliquer le processus de la subduction et le magmatisme qui l'accompagne au niveau de certaines zones de convergence ?

3 La dynamique des zones de convergence liées à la subduction

L'augmentation de la densité de la lithosphère contrôle le **plongement de la plaque**.
Des **transformations minéralogiques** affectent le panneau en **subduction**, hydratant le coin du manteau chevauchant. Des **magmas** sont issus de la fusion partielle des péridotites hydratées. > p. 106

Quelles sont les origines des structures caractéristiques des zones de convergence en collision ?

4 La dynamique des zones de convergence liées à la collision

La formation de chaînes de montagne au niveau des **zones de collision** résulte d'un **raccourcissement** et d'un **empilement** des matériaux lithosphériques lors de l'affrontement de deux lithosphères. > p. 108

LE COURS en 4 fiches

1 La caractérisation de la mobilité horizontale

Idées clés

→ Les mouvements **passés et actuels** des plaques lithosphériques peuvent être quantifiés par différentes **méthodes** géologiques : études des **anomalies magnétiques**, mesures **géodésiques**, détermination de l'**âge des sédiments** par rapport à l'axe de la **dorsale**, **alignements volcaniques** liés aux points chauds.

→ Ces méthodes permettent d'identifier des **frontières de plaques en divergence** et des frontières de plaques **en convergence**.

Des pistes pour argumenter

Quantifier un mouvement de plaque grâce à un alignement volcanique : montre comment un archipel volcanique permet de déterminer la direction, le sens et la vitesse moyenne d'une plaque lithosphérique. > p. 112

Quantifier un mouvement de plaque grâce à l'âge des roches par rapport à la dorsale : présente le raisonnement qui permet de quantifier la vitesse de déplacement d'une plaque grâce à l'étude de l'âge des basaltes océaniques > p. 114

Coup d'œil

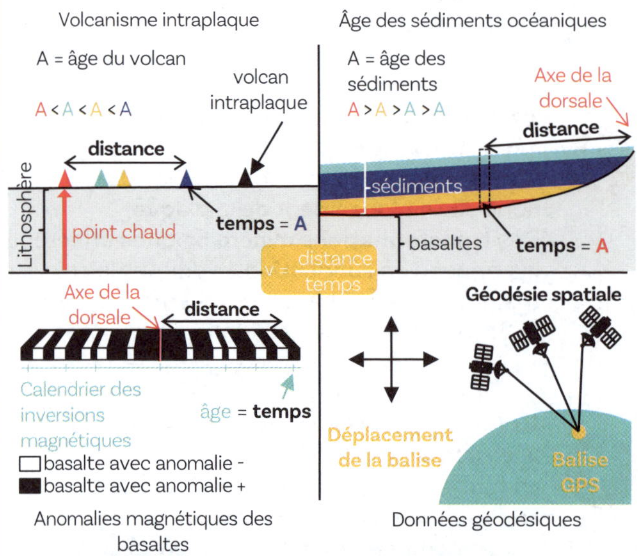

Les méthodes de quantification des mouvements des plaques

À la loupe

• À la surface de la Terre, la **lithosphère** est découpée en plusieurs plaques animées de **mouvements** qui peuvent être **qualifiées** (direction et sens) et **quantifiés par différentes méthodes**.

• Les **volcans intraplaques** se forment à la verticale d'un **point chaud**. Le **mouvement horizontal** d'une plaque au-dessus du point chaud stationnaire entraîne la formation d'un **archipel volcanique**. Les volcans les plus **anciens** sont les plus **éloignés** de la verticale du point chaud. Connaissant l'âge d'un volcan et sa position actuelle par rapport au point chaud, il est possible de reconstituer le **mouvement de la plaque** par rapport au point chaud et de calculer sa **vitesse moyenne** de déplacement horizontal sur plusieurs millions d'années.

• Lors de leur mise en place au niveau des dorsales océaniques, les **basaltes** enregistrent l'**intensité du champ magnétique terrestre** contemporain. On constate, de part et d'autre des dorsales océaniques, une alternance de bandes d'**anomalies magnétiques** (bandes d'intensité soit supérieure soit inférieure à la moyenne du champ magnétique terrestre actuel) disposées parallèlement et symétriquement par rapport à l'axe des dorsales. Les passages entre anomalies positive et négative correspondent à des **inversions du champ magnétique terrestre**. La connaissance et la datation de ces inversions sur le continent permet, par corrélation, de dater les **inversions des anomalies magnétiques** enregistrées par les basaltes. Le déplacement d'une plaque **se fait perpendiculairement par rapport à l'axe d'une dorsale** et **de cet axe vers l'anomalie magnétique la plus âgée**. Avec l'âge d'une anomalie magnétique enregistrée par les basaltes et la distance qui la sépare de l'axe de la dorsale, il est possible de calculer la **vitesse moyenne** de déplacement horizontal de la **plaque lithosphérique** (constituée de ces basaltes) par rapport à l'axe de la dorsale sur plusieurs millions d'années.

• Des **forages** ont permis de prélever les **sédiments marins** reposant sur les basaltes de la croûte océanique. Plus on **s'éloigne** de la dorsale, plus la couche de sédiments est **épaisse**, et plus ceux qui sont directement au contact de la croûte océanique sont **anciens**. Cela s'explique par la sédimentation océanique et l'éloignement des anciens basaltes de l'axe de la dorsale au fur et à mesure que de nouveaux basaltes se mettent en place. Connaissant le temps écoulé depuis le dépôt des sédiments au contact des basaltes et la distance qui les sépare de la dorsale, il est possible de calculer la **vitesse moyenne de déplacement** horizontal de la plaque lithosphérique qui porte la croûte océanique sur plusieurs millions d'années.

• Il existe différents **systèmes géodésiques** dont le GPS (Global Positioning System ou « système mondial de positionnement »). Chaque **balise GPS** (un émetteur récepteur lié à la surface terrestre) communique à chaque instant avec trois satellites, ce qui permet de déterminer la **position de la balise** en coordonnées (converties en latitude, longitude, altitude). Les enregistrements des stations GPS permettent ainsi de suivre avec précision le **déplacement des plaques** lithosphériques **qui portent les balises** et de mesurer leur **vitesse moyenne** de déplacement sur quelques années.

→ Voir lexique p. 281

2 La dynamique des zones de divergence

Idées clés

→ Les **dorsales océaniques** sont des zones de divergence qui présentent une **topographie** particulière, une forte **sismicité** de surface et un **flux géothermique** très élevé.

→ La divergence des plaques de part et d'autre de l'axe des dorsales induit la mise en place d'une **nouvelle lithosphère** à partir de matériel d'origine **mantellique**, soit par **accrétion magmatique** soit par **accrétion tectonique**.

→ La nouvelle lithosphère formée **se refroidit** en s'éloignant de l'axe de la dorsale et **s'épaissit**, ce qui induit une **augmentation** progressive **de la densité** de la lithosphère. Les roches de la jeune lithosphère sont le siège d'une **circulation d'eau** qui modifie les minéraux.

Coup d'œil

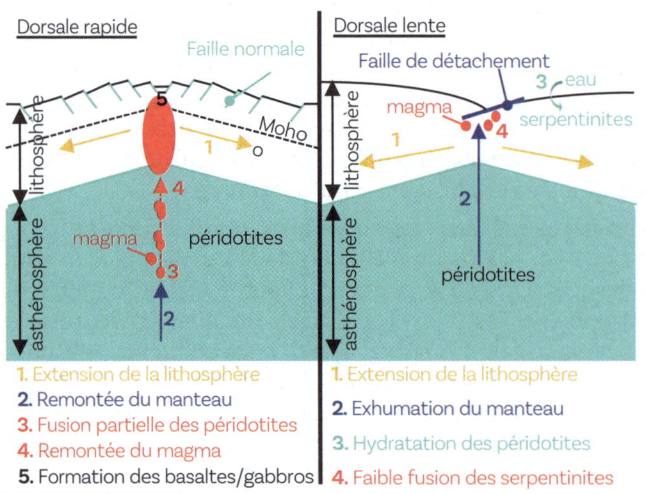

Accrétion océanique

Coup d'œil

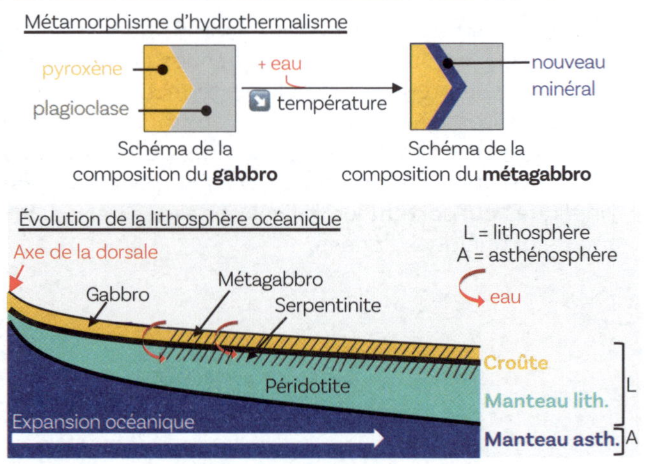

Transformations de la lithosphère océanique

Des pistes pour argumenter

Les caractéristiques géologiques particulières des zones de divergences : donne un exemple de zone de divergence et décris les principaux phénomènes géologiques caractéristiques de cette zone.

Le métamorphisme d'hydrothermalisme de la lithosphère océanique : donne des exemples de minéraux hydratés présents dans des roches de la croûte océanique ou du manteau lithosphérique éloignées de l'axe de la dorsale.

À la loupe

- Les **zones de divergence** de notre planète correspondent aux **dorsales** où plusieurs indices témoignent d'une **activité géologique importante**.
- Les **dorsales** sont des reliefs marqués (2-3 km) qui surplombent les plaines abyssales (prof. - 5 km). Les **failles normales** témoignent de l'**extension horizontale** de la lithosphère océanique et génèrent une importante **activité sismique** de surface. Le **flux géothermique** y est anormalement élevé. La **topographie** à l'axe des dorsales et l'**activité magmatique** varie selon le type de dorsale : les **dorsales rapides** se distinguent généralement par un **dôme** et une **forte activité magmatique**, les **dorsales lentes** par une vallée large et profonde (**rift océanique**) et une faible activité magmatique. Les marqueurs géologiques observables sont cohérents avec la formation de lithosphère océanique par **accrétion** (apport de matériel), associée à la **remontée de matériaux chauds** à l'axe des dorsales.
- Au niveau des **dorsales rapides**, l'extension de la lithosphère entraîne la formation de **failles normales** et une **remontée rapide du manteau asthénosphérique** à l'aplomb de la dorsale. La **décompression** à température quasi constante **des péridotites** du manteau permet leur **fusion partielle** (environ 15 à 20 %). Des gouttelettes de magma se forment, remontent et s'accumulent dans une **chambre magmatique**. Son refroidissement lent forme des **roches magmatiques plutoniques** (gabbros) sur les bords de la chambre, et le magma qui remonte à la surface à la faveur de failles y refroidit rapidement, formant des **roches magmatiques volcaniques** (basaltes). Dans ce contexte d'accrétion océanique **rapide**, la lithosphère océanique formée est composée de la succession verticale des **basaltes**, des **gabbros** et des **péridotites**.
- Au niveau des **dorsales lentes**, l'extension de la lithosphère s'accompagne de **grandes failles de détachement**, entraînant l'**exhumation de manteau profond**. L'eau de mer pénètre au niveau des failles et provoque l'**hydratation des péridotites en serpentinites**. La **décompression des péridotites** hydratées entraîne leur **faible fusion partielle**. Le magma produit est peu abondant et, en refroidissant lentement, forme des **lentilles de gabbros**. Parfois, le magma peut remonter à la surface et former de rares **basaltes**. Dans ce contexte d'**accrétion océanique lente**, les **péridotites** constituent l'essentiel de la lithosphère océanique formée.
- La **nouvelle lithosphère** formée **se refroidit** en s'éloignant de l'axe de la dorsale et **s'épaissit**. Cet épaississement induit une **augmentation progressive de la densité** de la lithosphère. Le refroidissement et la circulation d'eau dans la jeune lithosphère océanique entraîne de l'**hydrothermalisme** : péridotites, gabbros et basaltes se transforment par **métamorphisme** en serpentinites, **métagabbros** et **métabasaltes**, qui contiennent de **nouveaux minéraux** hydratés.

→ Voir lexique p. 281

3 La dynamique des zones de convergence liées à la subduction

Idées clés

→ Les zones de subduction sont caractérisées par une **fosse océanique** et un **arc volcanique** (insulaire ou continental), un **profil thermique** particulier et une **forte sismicité** superficielle à profonde.

→ L'**augmentation de la densité** de la lithosphère constitue un facteur important contrôlant la **subduction** et, par suite, les **mouvements descendants de la convection**. Ceux-ci participent à leur tour à la mise en place des **mouvements ascendants**.

→ Les zones de subduction sont le siège d'un **magmatisme** sur la plaque chevauchante, issu de la fusion partielle des péridotites, favorisée par l'**hydratation** du coin de manteau situé sous la plaque chevauchante. Ce magmatisme est responsable de la production d'une **grande diversité de roches magmatiques**.

Des pistes pour argumenter

Les caractéristiques géologiques particulières des zones de subduction : donne un exemple de zone de subduction et décris les principaux phénomènes géologiques caractéristiques de cette zone.

La minéralogie des roches mises en place au niveau des zones de subduction : donne des exemples de minéraux hydratés présents dans des roches mises en place au niveau des zones de subduction.

Coup d'œil

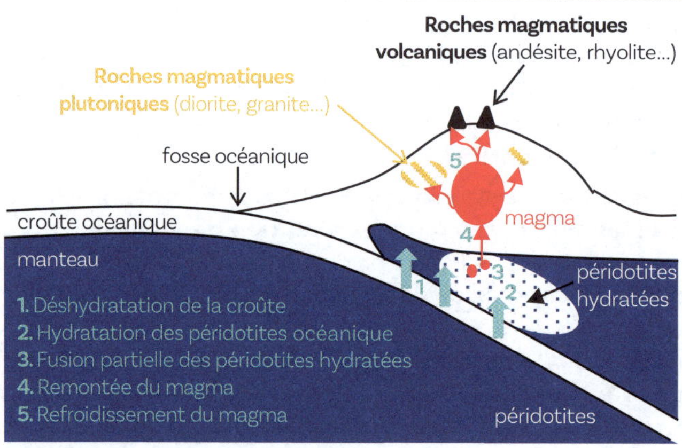

Le magmatisme des zones de subduction

À la loupe

- Une **zone de subduction** se manifeste par plusieurs indices qui témoignent d'une **activité géologique importante**.
- Une **fosse océanique** (de 5 à 11 km de profondeur) borde la limite de plaques.
- L'**activité sismique** est importante : les foyers des séismes sont alignés dans un plan incliné appelé **plan de Wadati-Bénioff**, qui indique qu'une plaque lithosphérique cassante plonge dans l'asthénosphère et se fracture, générant des séismes.
- De nombreux **volcans de type explosif** sont alignés sur la plaque chevauchante, parallèlement à la limite de plaque : les éruptions violentes projettent des nuées ardentes, des aérosols constitués de gaz volcaniques, de cendres et de blocs rocheux de tailles variées portés à haute température. On mesure un **flux géothermique** très faible à l'aplomb de la fosse et très élevé à l'aplomb de la zone de volcanisme.
- L'ensemble de ces **marqueurs géologiques** suggère qu'au niveau des zones de subduction, une **plaque de lithosphère océanique plonge sous une autre plaque de lithosphère** océanique ou continentale, entraînant une activité sismique et magmatique importante.
- En vieillissant, la **lithosphère océanique s'épaissit** et devient **plus dense que l'asthénosphère** qui la supporte, ce qui provoque son **plongement** et les **mouvements descendants** de la convection dans le manteau. Ainsi, l'augmentation de la densité de la lithosphère constitue un **moteur de la subduction**. De plus, la subduction contribue fortement à l'**extension de la lithosphère** au niveau des dorsales et à la mise en place des **mouvements convectifs ascendants** sous la dorsale.
- Lors de la subduction, les roches de la lithosphère océanique plongeante subissent un **métamorphisme** qui provoque des **transformations minéralogiques** des roches avec une libération d'eau. L'eau **hydrate les péridotites** d'une partie du manteau de la plaque lithosphérique chevauchante et entraîne leur **fusion partielle**, générant un **magma hydraté**.
- Lors de son ascension, le **magma** peut subir différentes modifications chimiques et, en refroidissant, il forme une **grande variété de roches**. Leur **composition minéralogique** (distincte de celles des basaltes et gabbros formés au niveau des dorsales) atteste de la présence d'un **magma riche en eau**. Si le magma refroidit rapidement en surface, des **roches magmatiques volcaniques** sont produites (**andésite**, **dacite**, **rhyolite**...). S'il refroidit lentement en profondeur, des **roches magmatiques plutoniques**s sont produites (**diorite**, **granodiorite**, **granite**...)
- Les zones de subduction correspondent à un **contexte d'accrétion continentale**, car l'apport de nouvelles roches magmatiques entraîne un **accroissement progressif de la croûte continentale** de la plaque lithosphérique chevauchante.

→ Voir lexique p. 281

4 La dynamique des zones de convergence liées à la collision

Idées clés

→ Une zone de collision se caractérise par des **chaînes de montagnes** (reliefs positifs, jusqu'à + 8 km), une **activité sismique élevée** de moyenne profondeur et un **flux géothermique moyen**.

→ Deux **plaques lithosphériques** continentales **s'affrontent**, conduisant à un **épaississement crustal**, par **raccourcissement** et **empilement** de matériaux lithosphériques attestés par des structures tectoniques de compression.

Des pistes pour argumenter

Les structures tectoniques des zones de collision : schématise des exemples de déformations des roches observables à l'affleurement dans une chaîne de montagnes.

Coup d'œil

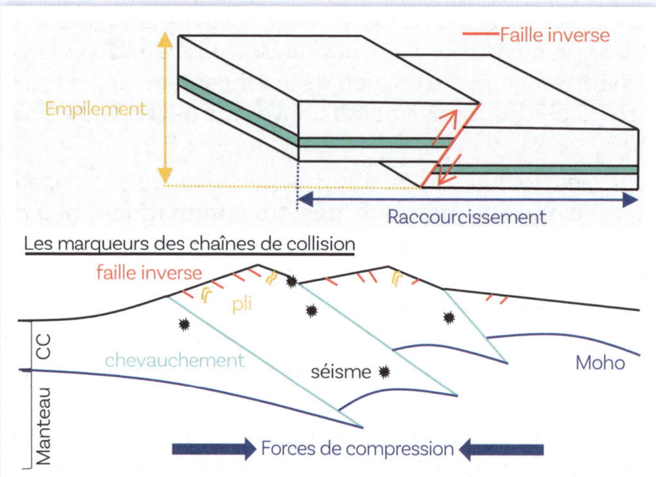

À la loupe

• Une **zone de collision** se manifeste par plusieurs indices qui témoignent d'une **activité géologique importante**. Des **reliefs marqués** sont présents. À l'affleurement, on observe la **déformation des roches** : **plis**, **failles inverses**, **chevauchements** et **nappes de charriage**. Les **études de sismique** révèlent que la **croûte continentale et le manteau** sont découpés en **écailles** limitées par de grandes failles et un **approfondissement du Moho** jusqu'à 70 km de profondeur.

• L'ensemble de ces marqueurs tectoniques suggère un **raccourcissement** et un **empilement** des terrains, contribuant à l'**épaississement vertical** de la lithosphère continentale au niveau des zones de collision.

• En effet, lorsque **deux lithosphères de même densité** s'affrontent dans un mouvement de convergence, des **forces de compression** entraînent un vaste **empilement** de matériaux lithosphériques, à l'origine d'une chaîne de montagnes. Ces reliefs sont marqués par un **épaississement** vers le haut, mais aussi un épaississement bien plus important en profondeur.

→ Voir lexique p. 281

MÉMO VISUEL

- La dynamique du globe -

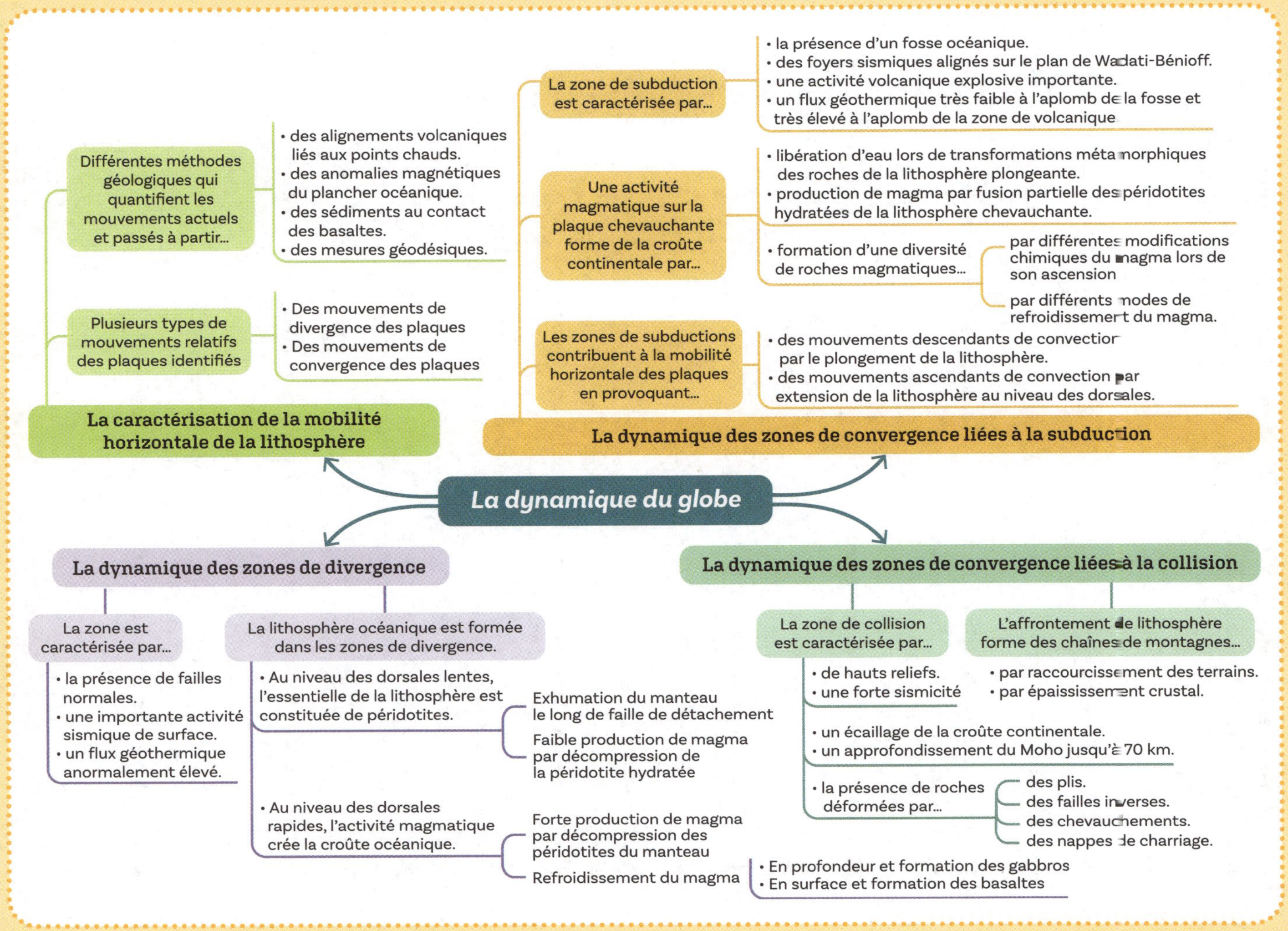

SE TESTER

QCM

1. Coche la ou les bonne(s) réponse(s).

1. Une dorsale océanique est :

- **a** l'endroit où les fonds océaniques atteignent leur profondeur maximale. ☐
- **b** un endroit de formation de la lithosphère océanique. ☐
- **c** une zone de convergence de deux plaques. ☐
- **d** toujours occupée par un rift en son centre. ☐

2. Dans les zones de subduction :

- **a** la lithosphère continentale plonge sous la lithosphère océanique, car elle est plus dense. ☐
- **b** la lithosphère océanique chevauche la lithosphère continentale. ☐
- **c** la lithosphère plongeante est de nature océanique. ☐
- **d** la lithosphère continentale plonge sous la lithosphère océanique, car elle est moins dense. ☐

3. Dans les zones de subduction :

- **a** l'hydratation en profondeur de la plaque plongeante produit un magma. ☐
- **b** la déshydratation de la plaque chevauchante produit un magma. ☐
- **c** la péridotite de la lithosphère plongeante fond. ☐
- **d** la péridotite hydratée de la plaque chevauchante fond. ☐

4. Les zones de collision sont caractérisées par :

- **a** des failles normales. ☐
- **b** des chevauchements. ☐
- **c** du volcanisme explosif. ☐
- **d** un amincissement de la croûte continentale. ☐

2. Vrai ou faux ?

		Vrai	Faux
1	Les failles présentes au niveau des dorsales sont des failles inverses.	☐	☐
2	Une dorsale océanique correspond à une zone de convergence des plaques lithosphériques.	☐	☐
3	La transformation des roches de la lithosphère océanique lors de son vieillissement concerne uniquement les roches de la croûte océanique.	☐	☐
4	La lithosphère océanique a une épaisseur constante.	☐	☐
5	Au niveau des dorsales, la fusion partielle des péridotites est liée à une augmentation de leur pression et de leur température.	☐	☐
6	Les zones de convergence correspondent uniquement au rapprochement de deux lithosphères continentales.	☐	☐
7	Dans une zone de subduction, les séismes sont de plus en plus profonds depuis la fosse océanique.	☐	☐
8	Le magmatisme des zones subduction produit des basaltes et des gabbros.	☐	☐
9	Les laves émises au niveau des zones de subduction sont variées, car la chimie des magmas peut évoluer au cours de leur remontée.	☐	☐
10	Les failles inverses sont dues à des forces compressives.	☐	☐

3. Complète le schéma à l'aide des termes suivants :

a. *magma*
b. *péridotites hydratées*
c. *roches volcaniques*
d. *roches plutoniques*
e. *croûte hydratée.*

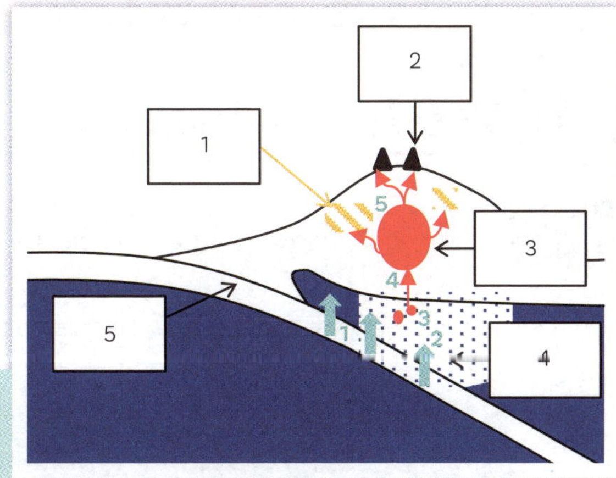

Étapes chronologiques de la formation des roches magmatiques au niveau des zones de subduction

4. Réponds aux questions posées par ces mémo cartes.

1. La caractérisation de la mobilité horizontale

- Comment les données concernant le volcanisme intraplaque permettent-elles de quantifier le mouvement horizontal d'une plaque ?
- Comment l'étude de l'âge des basaltes permet-elle de calculer une vitesse moyenne de déplacement d'une plaque ?
- Quelles sont les deux méthodes qui permettent d'estimer l'âge des basaltes océaniques ?
- Comment les données géodésiques renseignent-elles sur les mouvements des plaques lithosphériques ?
- Quels sont les deux types de mouvements relatifs des plaques ?

2. La dynamique des zones de divergence

- Quels sont les marqueurs qui témoignent d'une activité géologique importante au niveau des zones de divergence des plaques ?
- Qu'est-ce qui distingue les dorsales rapides des dorsales lentes ?
- Quelle est l'origine du magmatisme dans les zones de divergence ?
- Comment expliquer la mise en place de deux types de roches différentes (basaltes et de gabbros) à partir d'un même magma ?
- Quelles transformations la lithosphère océanique subit-elle après sa formation ?

3. La dynamique des zones de convergence liées à la subduction

- Quels sont les marqueurs qui témoignent d'une activité géologique importante au niveau des zones de convergence liées à la subduction ?
- Comment interpréter le plan de Wadati-Bénioff mis en évidence par les données sismiques ?
- Quelle est l'origine du magmatisme dans les zones de convergence ?
- Comment expliquer la mise en place de la grande diversité de roches magmatiques au niveau des zones de subduction ?
- Quelle est la cause de la subduction ?
- En quoi la subduction participe-t-elle à la mise en place de l'activité géologique des zones de divergence ?

4. La dynamique des zones de convergence liées à la collision

- Quels sont les marqueurs qui témoignent d'une activité géologique importante au niveau des zones de convergence liées à la collision ?
- Quelles sont les déformations associées aux zones de collisions ?
- De quelle façon se construisent les reliefs au niveau des chaînes de montagnes ?

Réponses : **1. 1.** b - **2.** c - **3.** d - **4.** b • **2. 1.** Faux - **2.** Faux - **3.** Faux - **4.** Faux - **5.** Faux - **6.** Faux - **7.** Vrai - **8.** Faux - **9.** Vrai - **10.** Vrai • **3. 1.** d - **2.** c - **3.** a - **4.** b - **5.** e.

SAVOIR-FAIRE

Méthode 1 Étudier un déplacement absolu de plaque

SUJET La mobilité de la plaque Pacifique

Tahiti est une île située au cœur de la plaque Pacifique, une plaque lithosphérique essentiellement océanique qui est animée de mouvement.

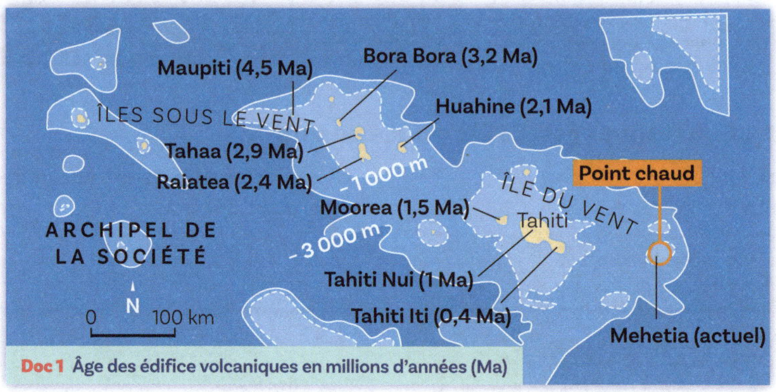

Doc 1 Âge des édifice volcaniques en millions d'années (Ma)

Tahiti est une île qui fait partie de l'archipel de la Société (en Polynésie française) qui est formé d'un alignement d'îles volcaniques issues du fonctionnement d'un point chaud. Le point chaud se situe sous l'île Mehetia où se trouve le volcan actuellement actif.

L'équation de chaque droite de tendance est de type $y = ax + b$, où a représente la pente de la droite et correspond à la vitesse de déplacement en $cm.an^{-1}$. Une valeur négative pour a signifie un déplacement de la station vers le sud pour les latitudes et vers l'ouest pour les longitudes. Pour chaque station, la mesure par GPS permet de définir un vecteur déplacement absolu, somme des vecteurs déplacement en latitude et en longitude : sa direction est celle du déplacement et sa longueur est proportionnelle à la vitesse de déplacement.

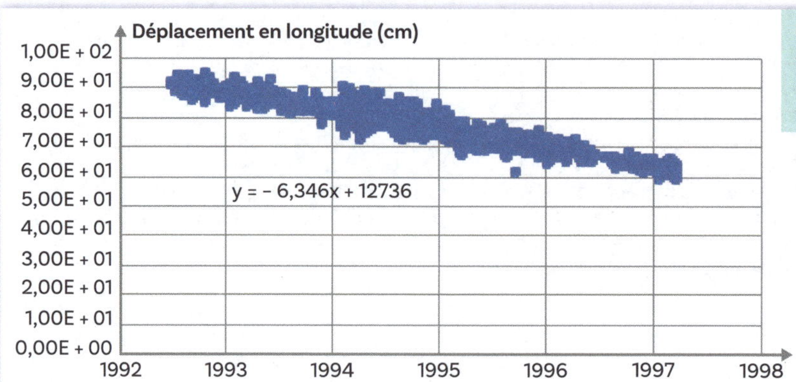

Doc 2 Données géodésiques issues d'une station GPS située sur l'île de Tahiti

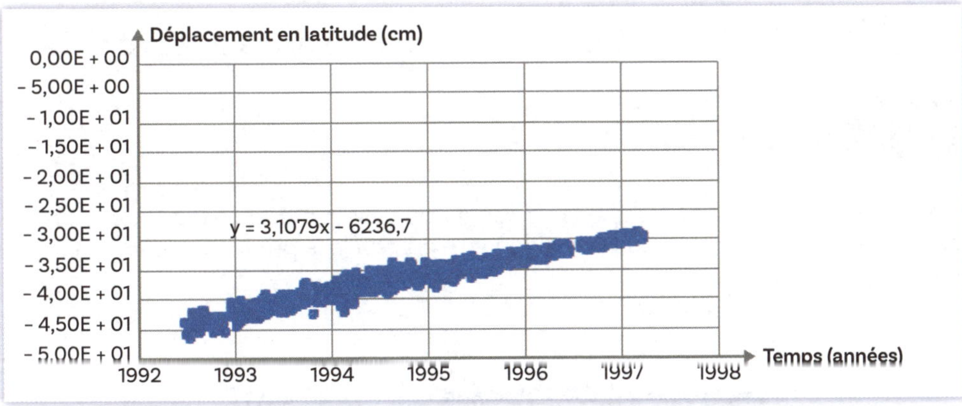

Consigne : Montre que le mouvement actuel de la plaque Pacifique correspond au mouvement de la plaque depuis 4,5 millions d'années.

CONSEILS

- Détermine d'abord la direction, le sens et la vitesse moyenne de déplacement de la plaque Pacifique en utilisant l'âge et la distance au point chaud du volcan Maupiti.
- Trace le vecteur de déplacement absolu de la station GPS de Tahiti en utilisant une échelle de 1 cm pour représenter une vitesse de 1 $cm.an^{-1}$.
- Compare le déplacement moyen sur 4,5 millions d'années et le déplacement actuel de la plaque (direction, sens, vitesse).

+ d'aide ?

Voir p. 102

CORRIGÉ

Les volcans de l'archipel sont alignés selon une direction nord-ouest et le volcan le plus ancien se situe au nord-ouest. **On peut en déduire que** la plaque Pacifique se déplace de vers le nord-ouest au-dessus du point chaud stationnaire. **On voit que** le volcan Maupiti date de 4,5 Ma et se situe à 450 km du point chaud. On peut calculer une vitesse moyenne de déplacement de 450/4,5, soit 10 $cm.an^{-1}$.

Donc les données issues de l'archipel volcanique montrent que la plaque Pacifique s'est déplacée vers le **nord-ouest** à une **vitesse moyenne de 10 $cm.an^{-1}$** depuis 4,5 millions d'années.

On voit que la station GPS de Tahiti se déplace vers l'ouest à une vitesse moyenne de 6,3 $cm.an^{-1}$ et vers le nord à une vitesse moyenne de 3,1 $cm.an^{-1}$. **On en déduit que** la plaque Pacifique **se déplace actuellement** de **7,2 $cm.an^{-1}$** vers le **nord ouest**.

Pour déterminer le vecteur déplacement absolu, tu peux réaliser une construction graphique :

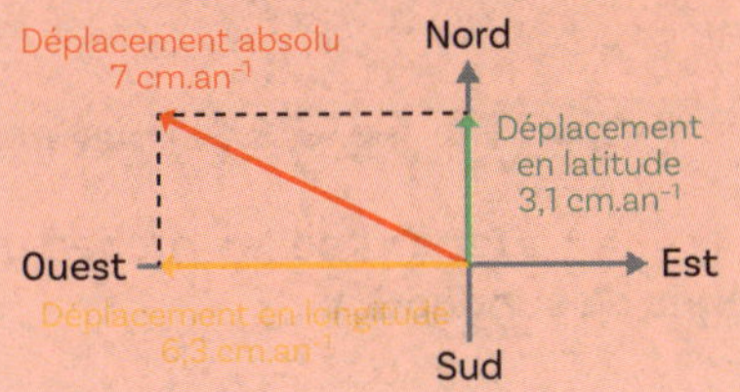

La direction, le sens et l'ordre de grandeur des vitesses de déplacement actuel et passé pour la plaque Pacifique sont similaires.

L'utilisation des données issues des archipels volcaniques permet d'estimer une vitesse moyenne sur plusieurs millions d'années, alors que les données géodésiques permettent une estimation d'une vitesse moyenne sur quelques années.

Méthode 2 Exploiter des diagrammes de phases de roches

SUJET L'origine du magma

Une des caractéristiques des zones de subduction est la présence d'une activité volcanique explosive sur la plaque chevauchante qui révèle la production d'un magma à l'aplomb des volcans.

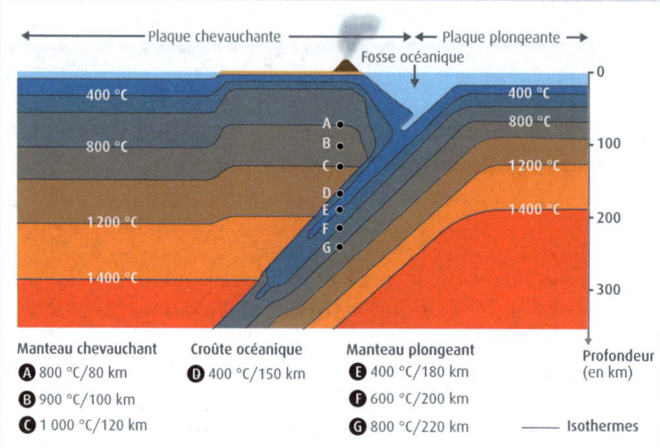

Doc 1 Température et profondeur des roches dans une zone de subduction

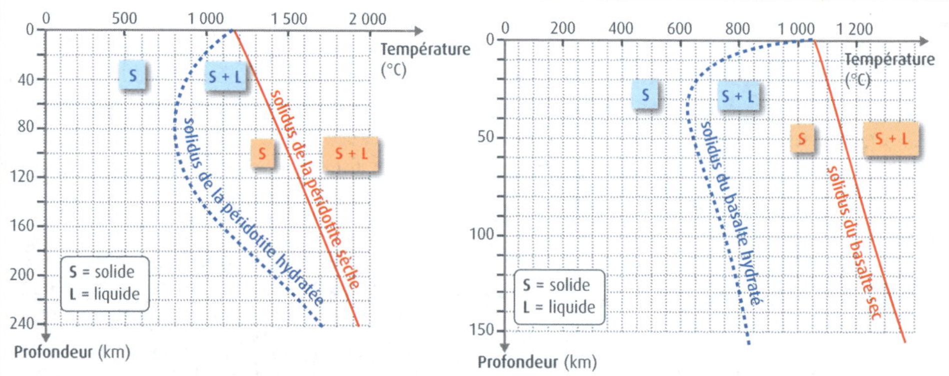

Doc 2 Conditions de fusion d'une péridotite et d'un basalte, secs ou hydratés (données expérimentales)

Consigne : Détermine les roches qui peuvent être à l'origine d'un magma dans les zones de subduction.

CONSEILS

- Place les roches correspondant aux points A à G selon leur nature, leur température et leur profondeur dans un des diagrammes de phase.
- Interprète l'état physique des roches à l'aide de tes connaissances sur le solidus.

+ d'aide ? Voir p. 107

CORRIGÉ

Dans les conditions de température et de profondeur se situant à droite de son solidus, une roche commence à fondre.

> Le **solidus** est la courbe représentant les conditions de pression et de température nécessaires au début de fusion partielle d'une roche.

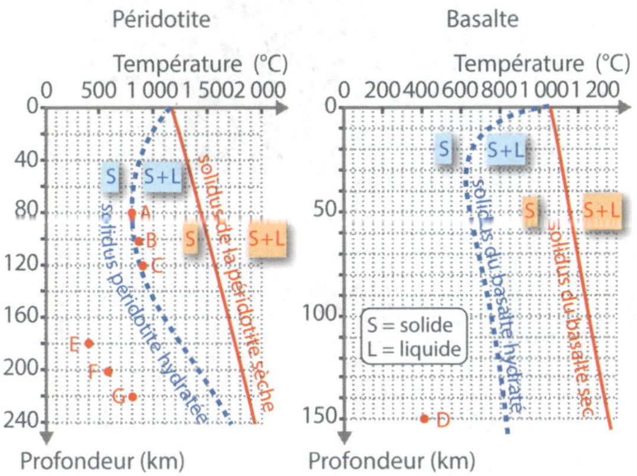

> La roche de la croûte océanique (D) est un basalte. Il faut placer le point D dans le 2e graphique. Les autres roches appartiennent au manteau : il s'agit de péridotites, à placer dans le graphique de gauche.

Dans les conditions des zones de subduction, le basalte se situe à gauche du solidus sec et hydraté. Il est à l'état solide. Dans les conditions des zones de subduction, toutes les péridotites se situent à gauche du solidus de la péridotite sèche. Elles sont à l'état solide. En revanche, seules les péridotites de la plaque chevauchante (points A, B et C) se situent à droite du solidus de la péridotite hydratée. Ainsi, si les péridotites sont hydratées, dans les conditions de température et de profondeur de la plaque chevauchante, elles peuvent fondre et former un magma.

Méthode 3 Exploiter un diagramme pression-température

SUJET La déshydratation de la croûte océanique en subduction

Dans les zones de subduction, le manteau hydraté de la plaque chevauchante subit une fusion partielle à l'origine des magmas.

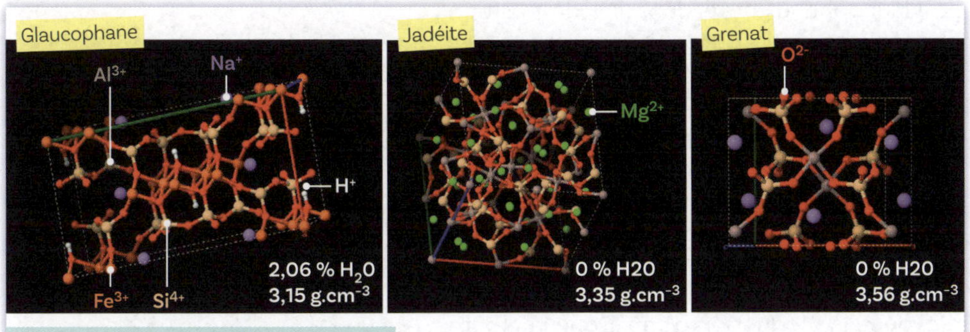

Doc 1 Caractéristiques de quelques minéraux

Des expériences menées en laboratoire permettent de soumettre des minéraux à différents couples de conditions de pression et de température. Elles montrent des associations minérales stables dans des conditions précises. La transition d'une association minérale à une autre est associée à un changement de température et/ou de pression et une transformation minéralogique (par exemple : plagioclase + glaucophane → grenat + jadéite + eau).

Le géotherme permet de connaître les conditions de pression et de température rencontrées par les roches de la croûte océanique en subduction.

Les roches de la croûte océanique en subduction s'enfoncent et se transforment successivement en métagabbros schistes bleus et métagabbros éclogites.

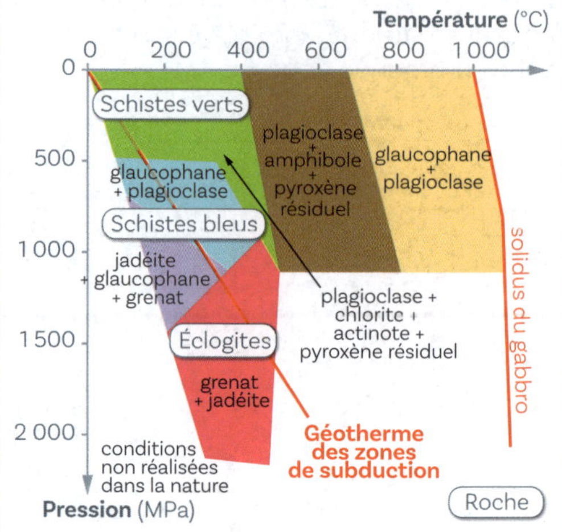

Doc 2 **Domaines de stabilité des associations minéralogiques des gabbros métamorphisés et géotherme de subduction**

Consigne : Argumente que la croûte océanique se déshydrate dans une zone de subduction.

CONSEILS

- Compare la composition en eau des minéraux.
- Détermine l'état d'hydratation des roches de la croûte océanique en subduction.
- Mets en relation une transformation minéralogique et la production d'eau au cours de la subduction.

CORRIGÉ

Le glaucophane est un minéral hydraté (qui contient 2,06 % d'H_2O), alors que grenat et jadéite ne sont pas des minéraux hydratés (0 % d'H_2O).

Le glaucophane entre dans la composition des schistes bleus, qui sont donc des roches hydratées. La jadéite et le grenat entrent dans la composition des éclogites, qui sont donc des roches déshydratées.

Lors de la subduction, les schistes bleus de la croûte océanique s'enfoncent. Des transformations minéralogiques transforment des minéraux hydratés (glaucophane) en minéraux déshydratés (jadéite et grenat), ce qui provoque la production d'eau. Donc la croûte océanique se déshydrate dans les zones de subduction.

Dans le graphique, les lignes de délimitation entre les associations minéralogiques correspondent à des transformations minéralogiques.

Dans les roches hydratées, l'eau n'est pas présente sous la forme de molécule H_2O, mais sous forme de groupements –OH dans les minéraux.

Méthode 4 Repérer à différentes échelles des indices de modifications tectoniques dans une zone de collision

SUJET Déformations observées dans les Alpes

Une chaîne de montagnes est caractérisée par des empilements de roches sur des épaisseurs considérables, qui peuvent s'expliquer par un raccourcissement des structures géologiques.

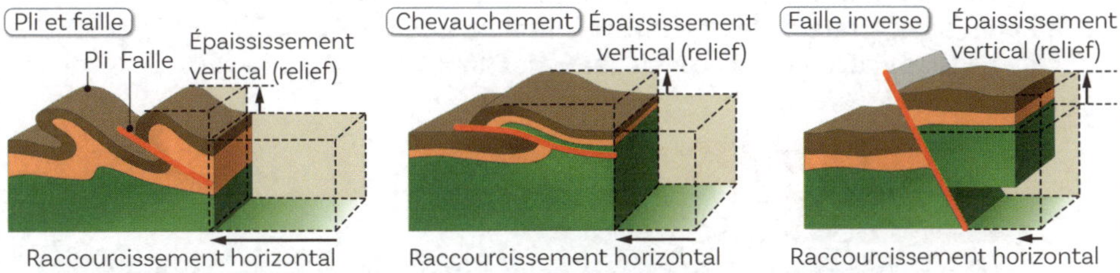

Déformations tectoniques responsables de raccourcissements et d'épaississement des terrains

Observation 1 Saint-Clément (Hautes Alpes)	Observation 2 Nappe de Glaris (Alpes suisses)	Observation 3 Lame mince de roche calcaire (Alpes)
		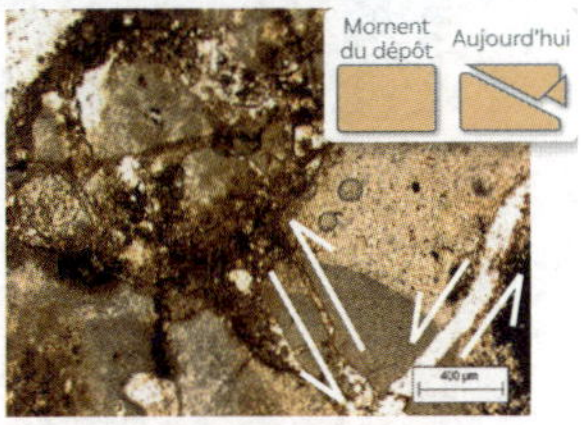

Note : le Permien date de 250 millions d'années et le Crétacé supérieur-Tertiaire de 65 millions d'années.

Consigne : Nomme les déformations observées dans les Alpes.

CONSEILS

- Observe la géométrie des strates des roches sédimentaires.
- Mets en relation la disposition des strates et leur âge.
- Caractérise le déplacement des fragments du minéral.

CORRIGÉ

Observation 1 : on observe des couches de roches distinguées par des couleurs différentes, qui sont continues et ondulées. Il s'agit d'un **pli**.

Observation 2 : on observe deux couches géologiques disposées horizontalement et superposées. Les roches plus anciennes (Permien) recouvrent des roches plus récentes (Crétacé-Tertiaire). Il s'agit d'un **chevauchement**.

Observation 3 : on observe un minéral fracturé. Les deux blocs du minéral se sont déplacés en entraînant un raccourcissement de la longueur du minéral : il s'agit d'une **faille inverse**.

Chapitre 6 La dynamique du globe

Tu viens de voir les notions à connaître sur la dynamique du globe. Pour t'aider à retenir l'essentiel et t'entraîner pour le Bac, voici ton kit de révisions clé en mains conçu par SchoolMouv !

Vidéo

Pour mieux comprendre et t'en souvenir à coup sûr, regarde la vidéo. C'est parfois bien plus clair en images.

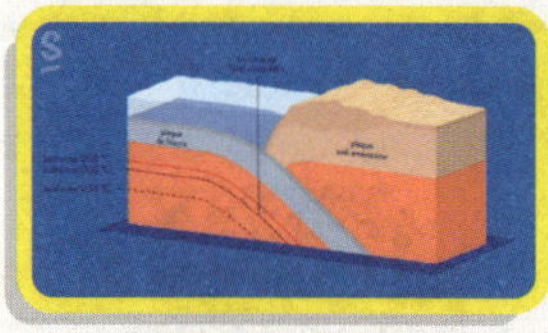

Vidéo **Les zones de subduction entre les plaques lithosphériques**

https://flashbelin.fr/focusbacschoolmouv/svt/1re/6

Contenu additionnel

Voici un bonus autour du même sujet. La curiosité n'est pas toujours un vilain défaut. Il suffit de créer ton compte pour avoir accès à plein de contenus supplémentaires.

Fiche **La tectonique des plaques : caractérisation de la mobilité horizontale**

https://www.schoolmouv.fr/eleves/cours/la-tectonique-des-plaques-caracterisation-de-la-mobilite-horizontale/fiche-de-cours

Tchat avec un prof

Pour poser toutes tes questions à un prof particulier, découvre l'abonnement tchat. Tu peux le tester gratuitement pendant 7 jours : fini les questions sans réponses, tu vas devenir incollable.

https://focusbac.schoolmouv.fr/offre

Localisation des volcans selon leur type

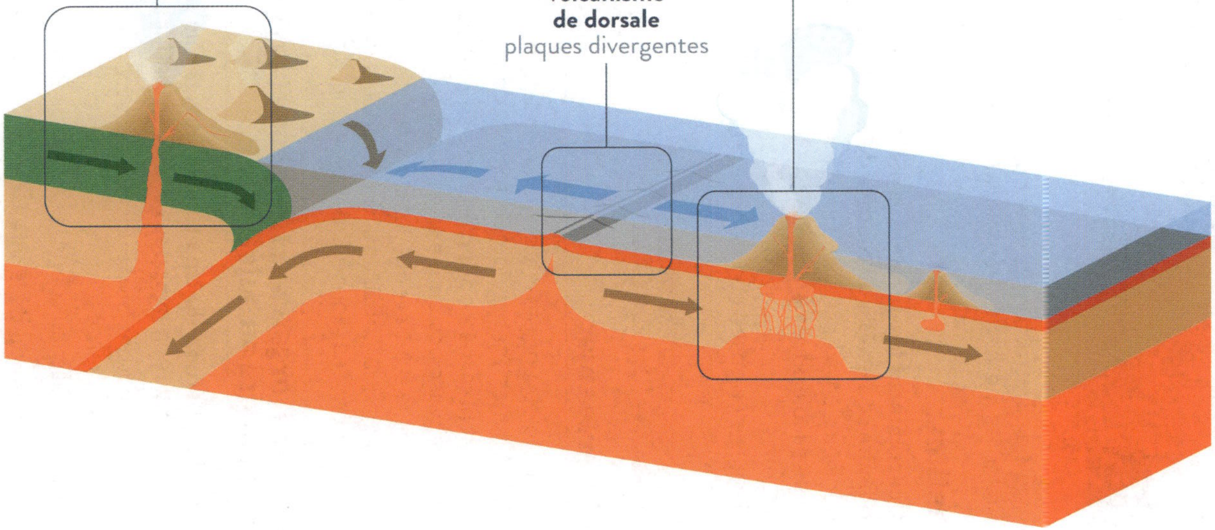

SE PRÉPARER POUR L'EXAMEN

Synthèse argumentée

SUJET 1 Le modèle de la structure interne du globe

Le modèle de la structure interne du globe terrestre s'est précisé à partir notamment de différentes méthodes sismologiques et thermiques.

Question

Montrer comment les différentes méthodes d'études sismologiques permettent de comprendre et d'établir un modèle de la structure interne du globe terrestre.

Vous rédigerez un exposé structuré. Vous pourrez vous appuyer sur des représentations graphiques judicieusement choisies. On attend des arguments pour illustrer l'exposé comme des expériences, des observations, des exemples…

COUP DE POUCE

Tu peux t'appuyer sur la méthode p. 8.

Les clés pour réussir

Analyser le sujet

- Appuie-toi sur une présentation du modèle de la structure interne du globe (couches, discontinuités, état et comportements physiques des matériaux).
- Les différentes méthodes d'études sismologiques font référence à l'étude du **trajet** et de la **vitesse** des ondes sismiques.
- Le fait que le sujet évoque les données sismiques indique qu'il n'est pas pertinent d'argumenter la construction du modèle de structure interne du globe à partir d'autres données (données pétrologique, données thermiques…).

Recenser et organiser les idées et arguments pour répondre au sujet

- **Idée clé 1. L'étude du trajet des ondes révèle des discontinuités à l'intérieur du globe entre des enveloppes physiques distinctes.**
  - Identification des trois principales discontinuités qui séparent quatre enveloppes de nature différentes.
  - État des matériaux dans les enveloppes selon la propagation des ondes S.
- **Idée clé 2. L'étude de la vitesse des ondes sismiques révèle des enveloppes aux comportements physiques différents.**
  - Description du profil de vitesse des ondes dans les couches superficielles.
  - Propriétés de la vitesse des ondes en fonction des comportements physiques (cassant, ductile) des matériaux.
  - Distinction de la lithosphère et de l'asthénosphère.

SE PRÉPARER POUR L'EXAMEN

Résolution de problème

SUJET 2 L'origine de deux îles volcaniques

Les satellites permettent de repérer un phénomène géologique rare à l'échelle humaine : la naissance d'une île volcanique. Ainsi, au cours des dix dernières années, une nouvelle île est apparue, en 2011, en mer Rouge, dans l'archipel des îles Zubair ; et une autre est apparue fin 2014, près de l'archipel des Tonga, dans l'océan Pacifique.

Question

Montrer que le magma à l'origine de ces deux nouvelles îles volcaniques provient de la fusion partielle du manteau terrestre, selon des modalités distinctes.

Vous organiserez votre réponse selon une démarche de votre choix intégrant des données des documents et les connaissances complémentaires nécessaires.

Document 1 > Extrait de la carte des limites des principales plaques lithosphériques et localisation des deux nouvelles îles volcaniques

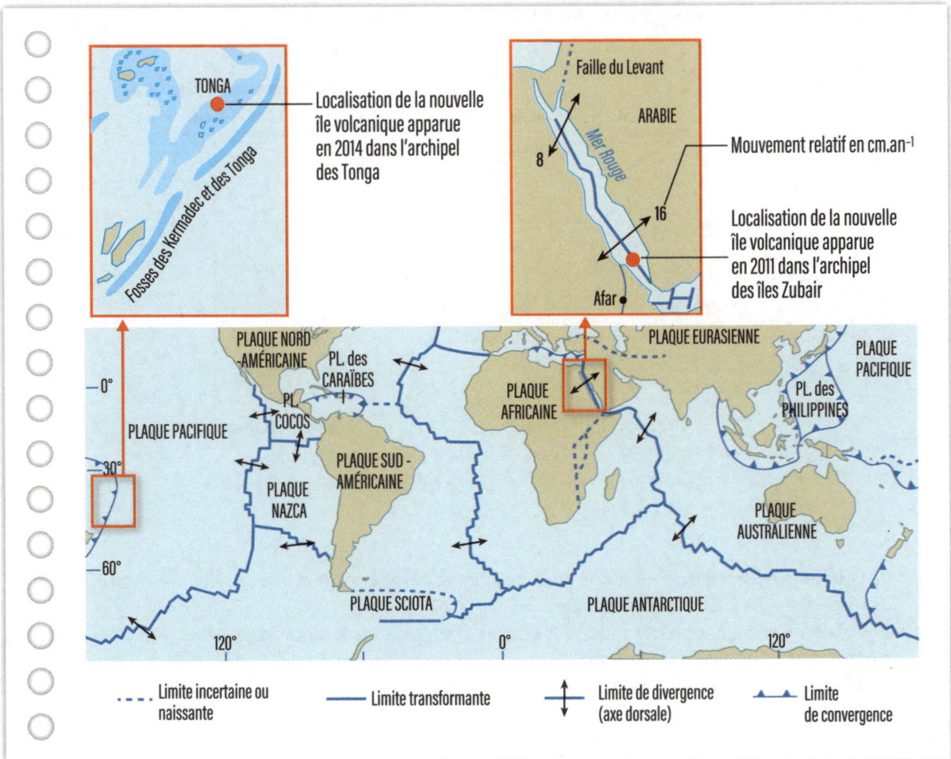

Document 2 > Coupe de tomographie sismique au niveau des îles Tonga

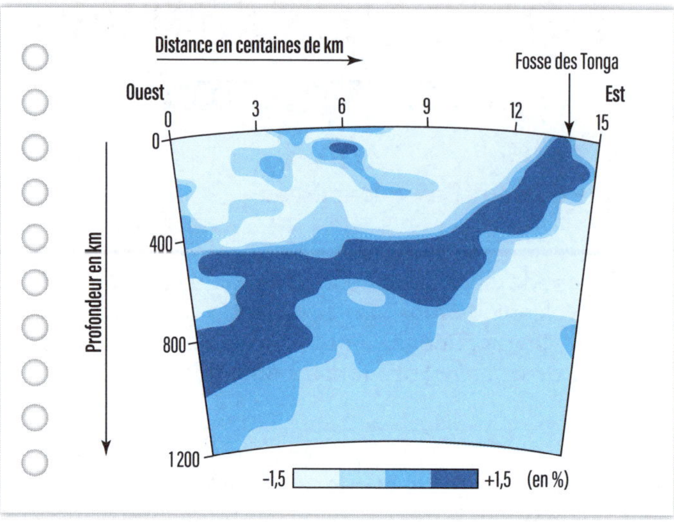

La tomographie met en évidence des zones du manteau où la vitesse des ondes sismiques est :
- accélérée, permettant de visualiser des zones plus froides (foncées) ;
- ou ralentie, permettant de visualiser des zones plus chaudes (claires).

Document 3 > Diagramme montrant les conditions de fusion des péridotites (sèches ou hydratées) du manteau déterminées expérimentalement

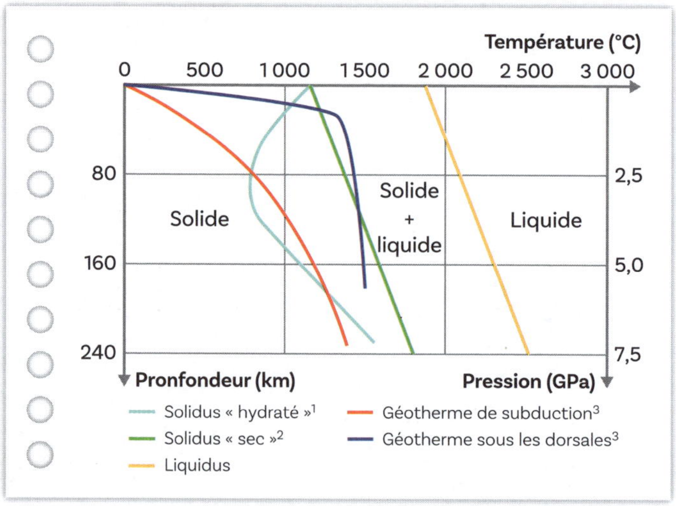

1. **Solidus « hydraté » :** conditions de pression et température à laquelle la péridotite hydratée commence à fondre (fusion partielle).
2. **Solidus « sec » :** conditions de pression et température à laquelle la péridotite non hydratée commence à fondre (fusion partielle).
3. **Géotherme :** évolution réelle de la température en fonction de la profondeur.

COUP DE POUCE

Tu peux t'appuyer sur la méthode p. 8.

Les clés pour réussir

Analyser le sujet

- Le sujet évoque que le magmatisme à l'origine de ses deux îles volcaniques est issu de contextes géologiques différents. Il peut s'agir :
  - d'un magmatisme lié à une zone de divergence ;
  - d'un magmatisme lié à une zone de subduction ;
  - d'un magmatisme de point chaud.
- Il s'agit donc de repérer des marqueurs des zones de divergence ou de subduction au niveau de chacune des îles.

Mobiliser ses connaissances en lien avec le sujet

- Connaissances en lien avec les marqueurs des zones de divergence.
- Connaissances en lien avec les marqueurs des zones de subduction.
- Connaissances concernant les conditions de fusion partielles des roches du manteau.

Recenser les idées issues des documents

- **Doc 1** : décris les reliefs et la nature du mouvement des plaques au niveau des deux îles étudiées.
- **Doc 2** : relève les caractéristiques thermiques du manteau au niveau de des Tonga.
- **Doc 3** : identifie les conditions de formation d'un magma dans une zone de subduction et dans une zone de dorsale.

Mettre en relation les informations issues des documents et/ou des connaissances

- Recherche dans les informations des documents pour quelle île on retrouve :
  - des marqueurs de divergence entre deux plaques ;
  - des marqueurs de subduction entre deux plaques.
- Relie les informations concernant les conditions de fusion de la péridotite du manteau avec les caractéristiques du manteau dans le cas des deux îles volcaniques, afin d'expliquer l'origine du magmatisme.

THÈME 3

7 Les écosystèmes : dynamiques entre et entre eux

RÉVISIONS 2de

Un quiz avant de commencer

1. Vrai ou faux ?

		Vrai	Faux
1	La diversité des écosystèmes est la diversité des milieux de vie, des espèces qui les habitent et toutes les relations qu'elles ont entre elles.	☐	☐
2	La relation entre un moustique et un humain est un exemple de symbiose.	☐	☐
3	La dynamique d'une population dépend de la survie et de la reproduction des individus.	☐	☐
4	Le nombre de descendants par individu n'est pas influencé par les conditions du milieu (rareté ou abondance des ressources alimentaires, des prédateurs, des conditions physicochimiques, etc.).	☐	☐
5	Tous les êtres vivants échangent de la matière et de l'énergie avec leur environnement (milieu, autre organisme).	☐	☐
6	En consommant localement la biomasse morte, les êtres vivants du sol recyclent cette biomasse en éléments minéraux.	☐	☐

2. Coche la ou les bonne(s) réponse(s).

1. Les cellules animales fabriquent leur propre matière organique :

- a à partir de celle des autres êtres vivants et de matière minérale prélevée dans leur environnement. ☐
- b à partir de matière minérale prélevée dans leur milieu en présence de lumière. ☐
- c en réalisant la photosynthèse. ☐
- d en réalisant la respiration cellulaire. ☐

2. La répartition des êtres vivants sur un territoire :

- a est aléatoire. ☐
- b dépend des conditions physico-chimiques du milieu. ☐
- c varie dans le temps. ☐
- d a une influence sur le milieu. ☐

3. Un ensemble d'organismes vivants d'espèces différentes qui interagissent est :

- a la biosphère. ☐
- b une communauté. ☐
- c une population. ☐
- d une super-espèce. ☐

Réponses : 1. 1. Faux - **2.** Faux - **3.** Vrai - **4.** Faux - **5.** Vrai - **6.** Vrai • **2. 1.** a - **2.** b, c, d - **3.** b.

des interactions les êtres vivants et leur milieu

L'ESSENTIEL EN 4 POINTS

Qu'est-ce qu'un écosystème ?

1 Définir un écosystème

Les écosystèmes, ou **systèmes écologiques**, sont des objets **complexes** constitués d'**êtres vivants**, d'un **milieu de vie non vivant**, et des **interactions** entre les êtres vivants, et entre eux et leur milieu. > p. 126

Comment les interactions influencent-elles l'état d'un écosystème ?

2 Les effets des interactions sur les caractéristiques des écosystèmes

Les **relations réciproques** entre le biotope et les êtres vivants et entre êtres vivants conditionnent la **structure**, le **fonctionnement** et l'**évolution** d'un écosystème. > p. 127

Quels effets les écosystèmes ont-ils sur les cycles géochimiques ?

3 Les effets des êtres vivants sur les cycles géochimiques

Par leurs activités, les êtres vivants modifient certains **flux de matière** entre l'atmosphère, l'hydrosphère et la géosphère. Ils peuvent générer ou faciliter des **flux de matière**, et ils constituent des **réservoirs de matière**. > p. 128

Comment la dynamique des écosystèmes est-elle influencée par lesperturbations ?

4 Dynamique des écosystèmes et capacité de résilience

Les écosystèmes sont en **équilibre dynamique**, oscillant entre plusieurs états en réponse à des **facteurs internes et externes**. Les **perturbations naturelles** sont un moteur de la dynamique des écosystèmes auxquelles ils s'adaptent grâce à leur **résilience**, jusqu'à un certain point. > p. 129

LE COURS en 4 fiches

1 Définir un écosystème

Idées clés

→ Les écosystèmes sont constitués par des **communautés** d'êtres vivants (**biocénose**) interagissant au sein de leur **milieu** de vie (**biotope**).

→ La diversité des interactions biotiques s'étudie à la lueur de leur effet sur la **valeur sélective** des partenaires : **compétition**, **exploitation** et **coopération**.

Coup d'œil

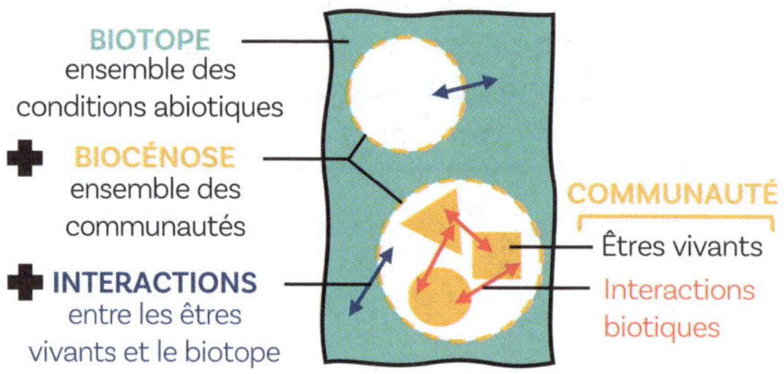

Les écosystèmes

Des pistes pour argumenter

- **La diversité des interactions dans un écosystème :** décris des exemples. > p. 136 et 137
- **La complexité d'un écosystème :** présente un réseau d'interactions biotiques. > p. 137

À la loupe

- Un **système écologique** (**écosystème**) est constitué d'**entités vivantes** (êtres vivants) et **non-vivantes** (éléments du milieu de vie : la lumière…) en **interaction**. Les êtres vivants de diverses **espèces** interagissant, dans une unité de lieu et de temps, forment des **communautés**. L'ensemble des communautés est la **biocénose**. Le **biotope** désigne les **conditions abiotiques** du milieu de vie.
- L'état d'un écosystème se caractérise par sa **structure** (frontière, biocénose, biotope, interactions), son **fonctionnement** (production, flux et recylage de matière et d'énergie), ainsi que son **évolution** (dynamique des populations).
- Les **interactions biotiques** (relations entre êtres vivants) sont diversifiées. On les classe selon leur effet sur la **valeur sélective** des deux partenaires impliqués, c'est-à-dire leur capacité à produire des descendants viables et fertiles.
- La **compétition** s'établit entre partenaires exploitant une même ressource disponible en quantité limitée (la lumière, l'eau, les nutriments…), elle diminue les valeurs sélectives des deux. L'**exploitation** diminue la valeur sélective d'un partenaire et augmente celle de l'autre. On distingue la **prédation**, où un partenaire (la proie) est tué par l'autre (le prédateur) du **parasitisme**, où un partenaire (l'**hôte**) est exploité par l'autre (le parasite) sans perdre directement la vie. La **coopération** augmente les valeurs sélectives des deux partenaires. On parle de **mutualisme** lorsque les protagonistes sont d'espèces différentes, et de **symbiose** si les interactions mutualistes durent la majeure partie de leurs cycles de vie.

→ Voir lexique p. 283

2 Les effets des interactions sur les caractéristiques des écosystèmes

Idées clés

→ Les interactions entre la **biocénose** et le **biotope**, et entre **êtres vivants** structurent l'**organisation**, le **fonctionnement** et l'**évolution** de l'écosystème.

→ Les interactions peuvent avoir des effets directs ou indirects.

Des pistes pour argumenter

Les effets des interactions : présente l'effet du biotope sur la répartition des espèces > p. 133 ou l'effet du parasitisme sur la dynamique d'une population > p. 134.

Coup d'œil

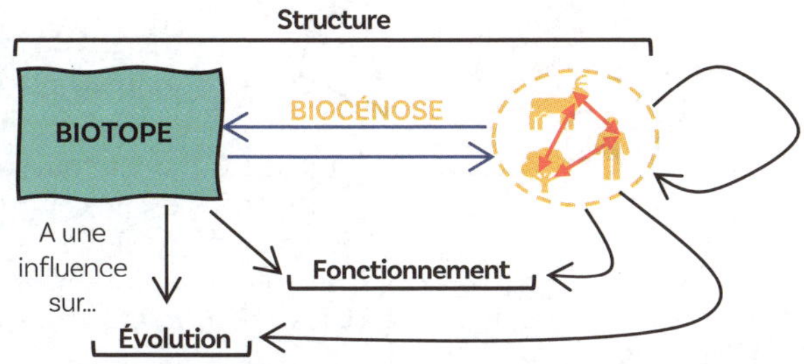

Les interdépendances au sein d'un écosystème

À la loupe

• La **diversité des espèces** d'un écosystème, leur **répartition spatiale** et les **communautés** dépendent des **conditions abiotiques** (température, lumière...) et des **interactions biotiques** (exploitation, coopération, compétition), qui sont plus ou moins favorables au **maintien en vie** et à la **reproduction** des organismes des différentes espèces.

• Tout à la fois, certaines espèces **transforment le biotope**, plus ou moins rapidement et radicalement, telles que les **espèces ingénieures** (vers de terre construisant des galeries, castors construisant des barrages...).

• Les **éléments chimiques** (carbone, azote...) et les **molécules** (eau...) **circulent** entre et dans différents **réservoirs abiotiques** (**atmosphère**, **hydrosphère** et **géosphère**). Ils subissent parfois différentes **transformations chimiques**. Le trajet d'un état initial jusqu'au retour à cet état est un **cycle géochimique**.

• Dans les écosystèmes, les **interactions entre la biocénose et le biotope**, ainsi que les **interactions biotiques**, **modifient ces cycles** de la matière. En effet, par leurs activités, les êtres vivants peuvent faciliter des **flux de matière**, en générer de nouveaux, moduler la **production** et le **stockage de matière**. Ils contribuent notamment au **recyclage de la matière organique**. Cependant, les **activités métaboliques** des êtres vivants sont elles-mêmes **influencées par les conditions abiotiques et les interactions** au sein des communautés.

• La **dynamique des populations** (changement de taille et de structure des populations dans le temps) est soumise à la fois aux **conditions abiotiques** et aux **interactions biotiques** ayant un effet sur la reproduction, la mort ou la migration des individus des différentes espèces.

→ Voir lexique p. 283

3 Les effets des êtres vivants sur les cycles géochimiques

Idées clés

→ Les êtres vivants génèrent ou facilitent des **flux de matière** qui entrent, circulent et sortent de l'écosystème. Une partie de la matière est **recyclée**, notamment grâce au sol.

→ L'**effet des écosystèmes** sur les cycles géochimiques, se mesure par des **bilans d'entrée/sortie** de matière.

Coup d'œil

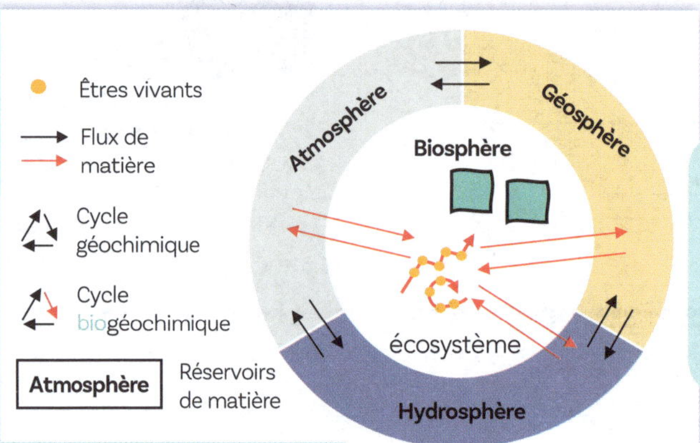

Écosystème et cycles géochimiques

Des pistes pour argumenter

L'effet d'un écosystème sur les flux de matière : présente un cycle biogéochimique simplifié avec les réservoirs et les flux dans lesquels l'écosystème intervient. > p. 138

À la loupe

• Les organismes **interfèrent avec les cycles géochimiques** en **prélevant**, **transformant** et **rejetant** de la matière dans leur biotope. Ils sont à l'origine de **flux de matière**. Des **flux entrants** : la **photosynthèse** (transformation de carbone minéral, issu de l'atmosphère ou de l'hydropshère, en carbone organique) et l'**absorption racinaire** (prélèvement par les racines d'eau et d'ions azotés). Des **flux sortants** : la **respiration** (transformation de carbone organique en carbone minéral) et la **transpiration foliaire** (libération d'eau par les feuilles). Et des **flux circulant** au sein de **réseaux trophiques** (des **producteurs primaires** aux **consommateurs** successifs).

• Certains **flux** sont **facilités** par des interactions biotiques, comme l'**absorption racinaire** grâce aux symbioses entre plantes et champignons, et par des interactions entre organisme et biotope, comme le **flux sortant de l'érosion**.

• De la **matière entrante** dans l'écosystème est incorporée à la **biomasse**, formant un **réservoir**. Une partie de la matière est **recyclée**, circulant entre organismes vivants et leur milieu immédiat. Cela est permis par les **décomposeurs**, notamment par la capacité du sol à retenir la matière. La matière recyclée est **séquestrée dans l'écosystème**.

• Les écosystèmes **échangent de la matière avec les réservoirs abiotiques** (atmosphère, hydrosphère, géosphère). Leur **effet** dans les cycles géochimiques se mesure par la **différence arithmétique entre les flux entrants et sortants**. Le **bilan entrées/sorties** de matière de l'écosystème peut être **nul** (l'effet est neutre), **positif** (l'écosystème est un puits de matière) ou **négatif** (il est une source de matière).

→ Voir lexique p. 283

4 Dynamique des écosystèmes et capacité de résilience

Idées clés

→ Un **écosystème** se caractérise par un **équilibre dynamique** susceptible d'être bousculé par des **facteurs internes et externes**.

→ En effet, même sans l'action de l'homme, les écosystèmes montrent une dynamique **spatio-temporelle** avec des **perturbations** affectant les populations, et une certaine résilience.

→ La **complexité du réseau d'interactions** et la **diversité fonctionnelle** favorisent la résilience des écosystèmes, jusqu'à un certain **seuil de perturbation**.

Coup d'œil

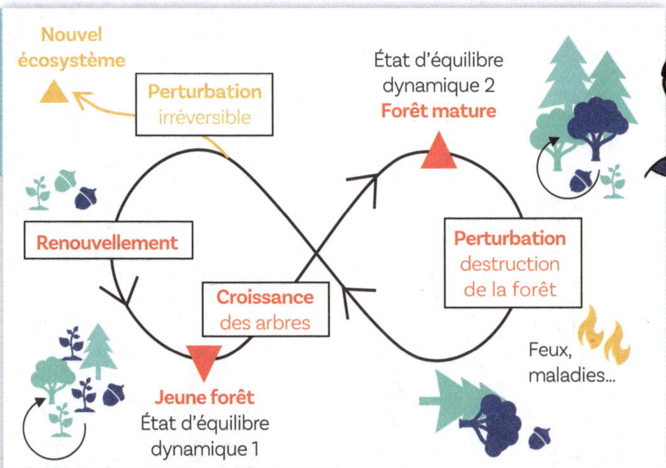

Dynamique d'une forêt et perturbation

Des pistes pour argumenter

La résilience d'un écosystème : commente l'évolution d'un écosystème soumis à une perturbation.
> p. 140

À la loupe

- Un **écosystème** maintient son état, **dans l'espace et dans le temps**, par **compensation** entre des gains et des pertes d'énergie, de matière, de populations… Cet équilibre par renouvellement permanent des constituants est un **équilibre dynamique**.
- Un écosystème ne présente pas un état d'équilibre dynamique stable (imperturbable) mais **plusieurs états d'équilibres dynamiques**, entre lesquels il alterne (ex. : d'une forêt jeune à une forêt mature). Il **change d'état** lorsque les **caractéristiques** sont sensiblement **différentes** ; cela peut être dû à des facteurs internes et externes.
- Les **perturbations** (incendies, maladies) sont des facteurs qui **détériorent temporairement le système**. Elles participent pleinement à la **dynamique spatio-temporelle** des écosystèmes (ex. : en favorisant le renouvellement de populations) et sont susceptibles de provoquer le passage de l'écosystème à un état différent.
- La **résilience** d'un écosystème est la **capacité à retrouver un nouvel état d'équilibre dynamique** à la suite d'une perturbation, qui est souvent **différent de l'équilibre initial**. La **richesse spécifique**, la **complexité du réseau** d'interactions et la **diversité fonctionnelle** favorisent la résilience, qui a toutefois ses **limites**. Des perturbations trop fréquentes et/ou importantes peuvent altérer définitivement un écosystème, qui laisse place à un **nouvel écosystème**.

→ Voir lexique p. 283

MÉMO VISUEL

- Les écosystèmes : des interactions dynamiques entre les êtres vivants et entre eux et leur milieu -

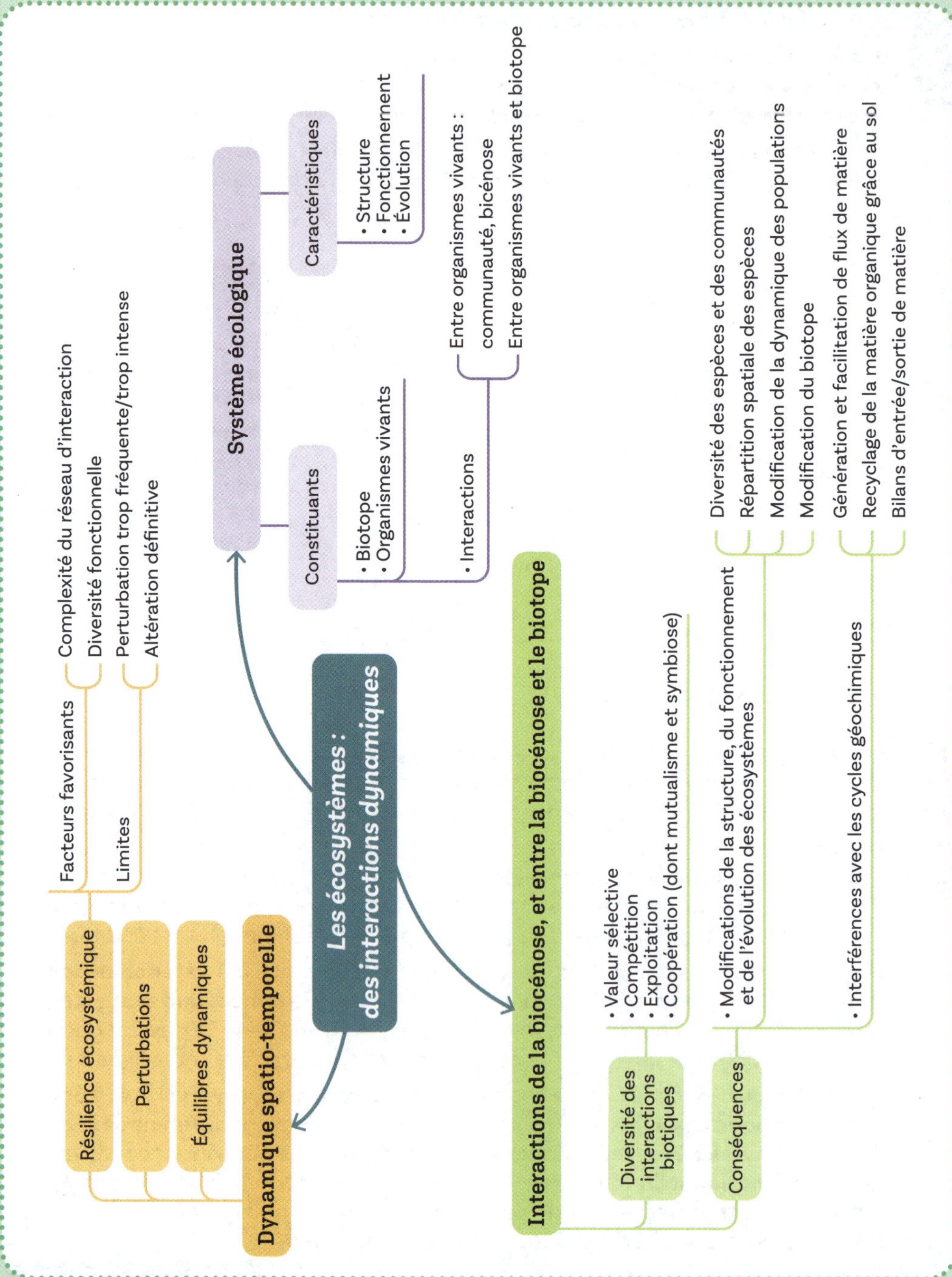

SE TESTER

QCM

1. Coche la ou les bonne(s) réponse(s).

1. Un écosystème :

- **a** est constitué uniquement d'un biotope et d'une biocénose. ☐
- **b** inclut les interactions biotiques et les interactions entre les organismes vivants et le biotope. ☐
- **c** est constitué d'entités vivantes et non-vivantes en interaction. ☐
- **d** se caractérise par sa structure, son fonctionnement et son évolution. ☐

2. À propos des interactions :

- **a** le biotope influence la répartition spatiale des êtres vivants. ☐
- **b** les interactions biotiques influencent la répartition spatiale des êtres vivants. ☐
- **c** la biocénose n'a pas d'effet sur le biotope. ☐
- **d** les interactions biotiques structurent le fonctionnement de l'écosystème. ☐

3. Quelle(s) interaction(s) biotique(s) augmente(nt) la valeur sélective des deux partenaires ?

- **a** La compétition ☐
- **b** La prédation ☐
- **c** Le mutualisme ☐
- **d** La symbiose ☐

4. Les perturbations :

- **a** contribuent à la dynamique des écosystèmes. ☐
- **b** sont d'origine anthropique. ☐
- **c** sont néfastes pour les écosystèmes. ☐
- **d** conduisent en général à la disparition des écosystèmes. ☐

2. Vrai ou faux ?

		Vrai	Faux
1	Les êtres vivants de diverses espèces interagissant dans une unité de lieu et de temps forment des communautés.	☐	☐
2	La biocénose désigne l'ensemble des conditions environnementales.	☐	☐
3	Lorsque la valeur sélective augmente, le nombre de descendants viables et fertiles diminue.	☐	☐
4	Les êtres vivants génèrent ou facilitent des flux de matière qui entrent, circulent et sortent de l'écosystème.	☐	☐
5	La biocénose interfère avec les cycles géochimiques de la matière.	☐	☐
6	La photosynthèse permet le recyclage de la matière organique.	☐	☐
7	Un écosystème se caractérise par un équilibre statique.	☐	☐
8	La résilience d'un écosystème est la capacité à retrouver un nouvel état d'équilibre à la suite d'une perturbation, qui est souvent différent de l'équilibre initial.	☐	☐
9	Une perturbation irréversible conduit à l'apparition d'un autre écosystème.	☐	☐
10	La complexité du réseau d'interactions et la diversité fonctionnelle défavorisent la résilience des écosystèmes.	☐	☐

3. Complète les schémas à l'aide des termes suivants.

a. *biocénose* – **b.** *biotope* – **c.** *interaction vivant/non-vivant* – **d.** *organisme vivant* – **e.** *communauté* – **f.** *interaction biotique* – **g.** *perturbation* – **h.** *nouvel écosystème* – **i.** *jeune forêt* – **j.** *renouvellement* – **k.** *croissance des arbres* – **l.** *forêt mature* – **m.** *perturbation irréversible.*

Éléments d'un écosystème

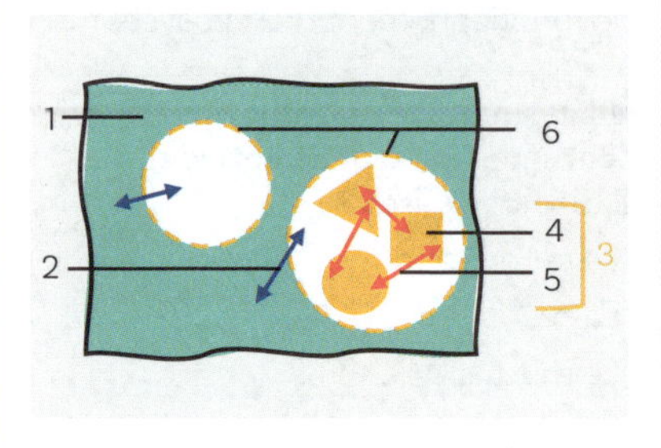

Dynamique et résilience d'un écosystème

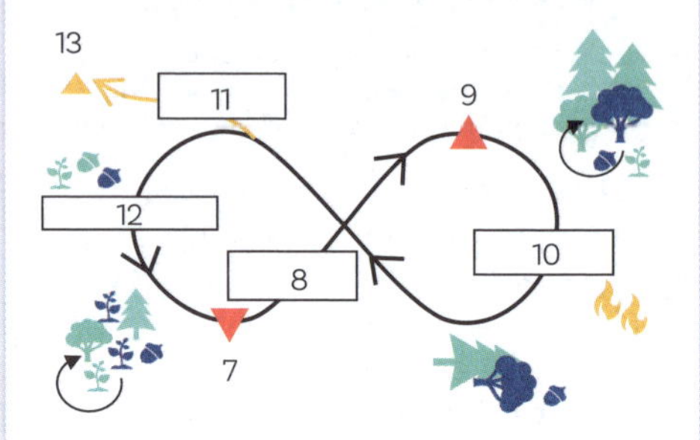

4. Réponds aux questions posées sur ces mémocartes.

1. Définir un écosystème

- Qu'est-ce qu'un écosystème ?
- Qu'est-ce que la biocénose ? le biotope ?
- Comment décrire l'état d'un écosystème ?
- Qu'est-ce que la valeur sélective ?
- Comment classer les interactions biotiques selon leur valeur sélective ?

2. Les effets des interactions sur les caractéristiques des écosystèmes

- Comment le biotope influence-t-il la biocénose ? et réciproquement ?
- Comment les interactions entre la biocénose et le biotope structurent-elles le fonctionnement des écosystèmes ?
- Comment les interactions dans un écosystème ont-elles des effets sur la dynamique des populations ?

3. Les effets des êtres vivants sur les cycles géochimiques

- Comment les organismes interfèrent-ils dans les cycles géochimiques de la matière ?
- Comment une partie de la matière est-elle recyclée grâce au sol ?
- Comment évaluer l'effet des écosystèmes dans les cycles géochimiques ?

4. Dynamique des écosystèmes et capacité de résilience

- Qu'appelle-t-on l'équilibre dynamique d'un écosystème ?
- Comment les perturbations participent-elles à l'évolution naturelle des écosystèmes ?
- Qu'est-ce que la résilience d'un écosystème ?
- Comment la résilience est-elle favorisée ?

Réponses : 1. 1. b, c, d – **2.** a, b, d – **3.** c, d – **4.** a • **2. 1.** Vrai – **2.** Faux – **3.** Faux – **4.** Vrai – **5.** Vrai – **6.** Faux – **7.** Faux – **8.** Vrai – **9.** Vrai – **10.** Faux • **3. 1.** b – **2.** c – **3.** e – **4.** d – **5.** f – **6.** a – **7.** i – **8.** k – **9.** l – **10.** g – **11.** m – **12.** h – **13.** j.

SAVOIR-FAIRE

Méthode 1 Exploiter des résultats expérimentaux en exerçant son esprit critique

SUJET Les préférences écologiques du framboisier et du genêt

Des mesures de lumière ont été réalisées sur 29 transects dans des forêts tempérées françaises (223 points au total, 0-80 % d'éclairement relatif). En parallèle, des mesures floristiques ont été faites pour estimer le taux de recouvrement de la surface du sol par le genêt (*Cytisus scoparius*) et le framboisier (*Rubus idaeus*). Le taux de recouvrement peut être interprété comme un indicateur de l'abondance de la plante : plante rare (Tx R < 5 %), plante peu abondante (5 % < Tx R < 50 %), plante abondante (50 % < Tx R < 80 %) et plante très abondante (Tx R > 80 %). Un extrait des résultats est présenté sur le graphique.

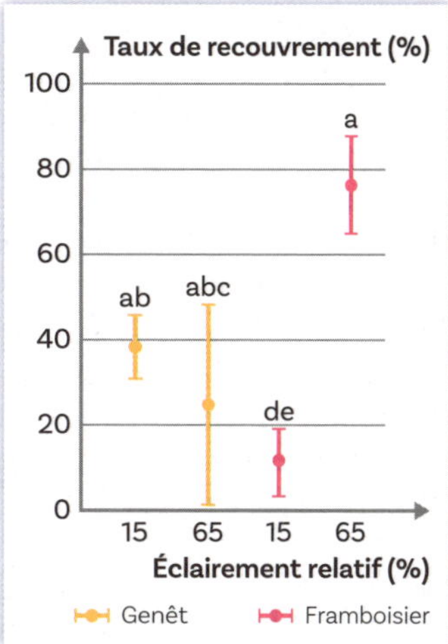

Note : chaque point (•) correspond à la moyenne des mesures de taux de recouvrement pour l'échantillon de plantes à un éclairement relatif précis. Chaque barre entourant un point correspond à un intervalle de confiance de 95 %, c'est-à-dire l'intervalle de valeurs dans lequel il y a 95 % de chances que se situe la moyenne du taux de recouvrement de la population entière. Les moyennes surmontées de lettres différentes sont significativement différentes.

On cherche à savoir si l'éclairement relatif, un paramètre abiotique du biotope, influence l'abondance du genêt et du framboisier.

Consignes

1. Détermine l'effet de l'éclairement relatif sur le taux de recouvrement du framboisier, puis déduis-en son effet sur l'abondance de cette plante.

2. Détermine si l'éclairement a un effet sur l'abondance du genêt.

3. Argumente l'idée que le biotope influence la répartition des êtres vivants.

CONSEILS

- Tire une conclusion de la comparaison du taux de recouvrement du framboisier pour deux taux d'éclairement relatif.
- Mets en relation taux de recouvrement et abondance.
- Répète les opérations précédentes pour le genêt.

+ d'aide ? Voir p. 36 et 127

CORRIGÉ

1. Pour un éclairement relatif de 15 %, le taux recouvrement du framboisier est en moyenne d'environ 12 % IC95 % [4 ; 20]. Lorsque l'éclairement relatif est de 65 %, le taux recouvrement de cette plante est en moyenne de 76 % IC95 % [65 ; 87]. Les deux taux de recouvrement sont significativement différents. On en déduit que l'éclairement relatif **augmente** le taux de recouvrement du framboisier.

Écris l'intervalle de confiance 95 % : IC95 % [limite inf. ; limite sup.].

On lit qu'un taux de recouvrement entre 5 % et 50 % correspond à une plante peu abondante et qu'un taux de recouvrement entre 50 % et 80 % correspond à une plante abondante. Sur les échantillons de l'étude, le framboisier est peu abondant à un éclairement relatif de 15 % puisque son taux de recouvrement est en moyenne de 12 %. Alors qu'il est abondant à un éclairement relatif de 65 % puisque son taux de recouvrement est en moyenne de 76 %. On en déduit que l'éclairement relatif **augmente** l'abondance du framboisier.

2. Les taux de recouvrement du genêt pour des éclairements relatifs de 15 % et 65 % sont respectivement en moyenne d'environ 39 % IC95 % [32 ; 46] et 25 % IC95 % [0 ; 50]. **Les deux taux de recouvrement ne sont pas significativement différents.** Le taux de recouvrement servant d'indicateur à l'estimation de l'abondance, on en déduit que l'éclairement relatif **n'a pas d'influence** sur le taux de recouvrement du genêt.

Observe les lettres au-dessus des moyennes. « a » et « b » sont communs aux deux résultats.

3. **On lit que** l'éclairement relatif est un paramètre abiotique du biotope et **on sait que** les framboisiers sont des êtres vivants. L'abondance des framboisiers est influencée par l'éclairement relatif, ce qui signifie que la répartition de cette plante varie selon l'éclairement relatif. Ce constat défend l'**idée générale** que le biotope influence la répartition des êtres vivants.

Argumenter une **idée générale** avec un seul exemple est critiquable. Tous les paramètres abiotiques n'ont pas un effet sur la répartition de tous les êtres vivants. Par exemple, l'éclairement relatif n'a pas d'influence sur la répartition du genêt, mais peut-être que d'autres paramètres abiotiques non mesurés dans cette étude (teneur en eau, pH...) en ont une.

Méthode 2 Exploiter des résultats expérimentaux en exerçant son esprit critique

SUJET La reproduction des écureuils de terre du Cap

Les écureuils de terre du Cap (*Xerus inauris*) sont des mammifères vivant au sud de l'Afrique. Les scientifiques étudient 18 groupes sociaux. Ils administrent à 9 groupes sociaux des traitements pour éliminer des organismes vivants à l'intérieur et à l'extérieur des animaux adultes (femelles et mâles). Les organismes éliminés se nourrissent des écureuils sans les tuer. Les 9 autres groupes sociaux n'ont pas été traités. Quelques mois plus tard, ils comptent le nombre de descendants par femelle adulte. La valeur sélective est la capacité des partenaires à produire des descendants viables et fertiles. Le nombre de descendants viables en est une première approximation.

Pour chacun des 18 groupes sociaux, on calcule une première moyenne du nombre de descendants par femelle adulte. Dans le but de comparer les résultats, on calcule des secondes moyennes : pour l'ensemble des groupes témoins d'une part, et pour l'ensemble des groupes traités d'autre part. L'erreur standard de la moyenne (SEM) est un indicateur de la dispersion du nombre moyen de descendants de chaque groupe social autour des secondes moyennes calculées.

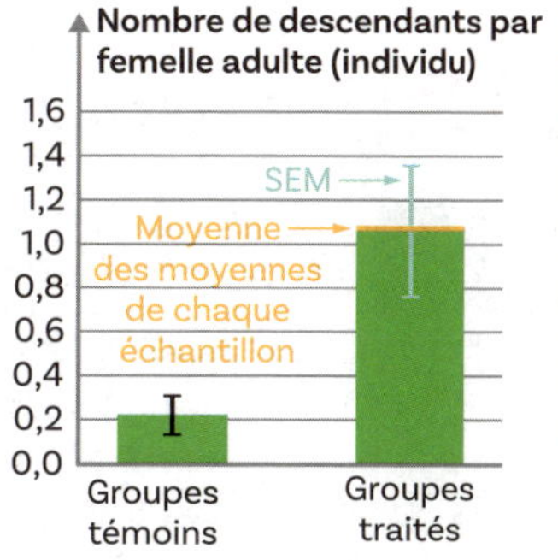

Consignes

1. Détermine l'effet des organismes éliminés sur le nombre de descendants des écureuils femelles adultes.

2. À l'aide de tes connaissances, argumente pour un type d'interaction biotique entre les organismes éliminés et les écureuils.

CONSEILS

- Tire une conclusion de la comparaison du nombre de descendants par femelle adulte pour les deux conditions expérimentales.
- Évalue les effets de l'interaction biotique sur la valeur sélective des écureuils et sur celle des organismes éliminés.

+ d'aide ?
Voir p. 126

CORRIGÉ

1. Pour les groupes témoins, avec les organismes se nourrissant des écureuils, on observe que le nombre de descendants par femelle adulte est en moyenne de 0,2 +/- 0,1 individu. Alors que ce dernier est en moyenne de 1,1 +/- 0,3 individus pour les groupes traités, où les organismes ont été éliminés. Le nombre de descendants par femelle adulte des groupes traités est en moyenne environ 5,5 fois supérieur à celui des groupes non traités. Les résultats sont différents, on en déduit que les organismes éliminés **diminuent** le nombre de descendants par femelle adulte.

« Moyenne +/- SEM »

Quantifie la différence observée, plutôt que d'utiliser des adverbes subjectifs (*très*, *beaucoup*...).

2. On lit que le nombre de descendants viables est une première approximation de la valeur sélective et on a constaté que les organismes éliminés diminuent le nombre de descendants par femelle écureuil adulte. **On en déduit** que les organismes éliminés **diminuent** la valeur sélective des écureuils. Par ailleurs, **il est indiqué** que ces organismes vivants à l'intérieur et à l'extérieur des écureuils s'en nourrissent sans les tuer. **Il semble donc** que ces organismes tirent un bénéfice énergétique de leur interaction avec les écureuils susceptible d'améliorer leur valeur sélective.

La reproduction nécessite de l'énergie.

On sait qu'une interaction biotique qui augmente la valeur sélective d'un partenaire et qui diminue celle de l'autre est une interaction d'**exploitation**. Il en existe deux types : la **prédation** (l'un des partenaires tue directement l'autre) et le **parasitisme** (l'un des partenaires - le parasite - exploite l'autre - l'hôte - sans le tuer directement). **On en déduit que** l'interaction entre écureuils et organismes éliminés est une interaction d'exploitation de parasitisme, où les organismes éliminés sont des parasites et les écureuils des hôtes.

Méthode 3 Exploiter des dosages radioactifs de molécules

SUJET La coopération chez le lichen

Les lichens sont des super-organismes constitués d'un champignon en interaction symbiotique avec des algues vertes ou des cyanobactéries. Le champignon est incapable de faire de la photosynthèse, contrairement à son partenaire, qui peut ainsi transformer le CO_2 ou l'ion HCO_3^- en molécules organiques uniquement en présence de lumière. Le champignon fournit à son partenaire de l'eau et des sels minéraux. **On cherche à mettre en évidence le fait que ce partenaire lui fournit de la matière organique.**

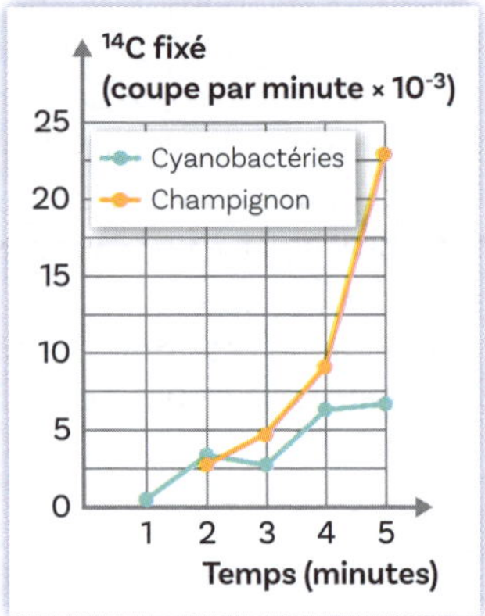

On met en culture des échantillons de lichen *Peltigera polydactyla* dans un milieu contenant du carbone radioactif sous forme d'ions $H^{14}CO_3^-$. On mesure au cours du temps la quantité de ^{14}C fixé, c'est-à-dire intégré dans des molécules organiques (des glucides) lors de la photosynthèse, dans les cyanobactéries et dans le champignon. À l'obscurité, on ne retrouve pas de glucides radioactifs dans les échantillons de lichen durant toute la durée de l'expérience. Les résultats des mesures à la lumière sont présentés sur le graphique.

Consignes

1. Décris la quantité de glucides radioactifs dans les échantillons de lichen en absence et en présence de lumière. Puis, explique la différence observée.

2. Exploite les résultats expérimentaux obtenus à la lumière pour montrer que les cyanobactéries fournissent de la matière organique au champignon.

CONSEILS

- Mets en relation la présence ou l'absence de glucides radioactifs avec la réalisation de la photosynthèse.
- Compare l'apparition des glucides radioactifs dans le temps chez les deux partenaires.

+ d'aide ? Voir p. 127

CORRIGÉ

1. On lit qu'il n'y a pas de glucide radioactif dans les échantillons de lichen en l'absence de lumière. Et on observe que les quantités de ^{14}C fixé sont non nulles chez les deux partenaires du lichen en présence de lumière à partir de 2 minutes, puisqu'elles sont supérieures à $2{,}5.10^{-3}$ coups par minute. Ce qui signifie qu'il y a des glucides radioactifs dans les échantillons de lichen exposés à la lumière. Par ailleurs, il est écrit que la photosynthèse nécessite de la lumière. On en conclut que l'absence de glucide radioactif à l'obscurité est la conséquence de l'absence de photosynthèse qui ne peut se réaliser qu'en présence de lumière. À l'inverse, la réalisation de la photosynthèse en présence de lumière explique la présence de glucides radioactifs.

2. Tel qu'on a pu le préciser dans la réponse 1, on relève la présence de glucides radioactifs dans les cyanobactéries et dans le champignon à la lumière. Le champignon n'a pas synthétisé ses glucides radioactifs à partir de la matière minérale radioactive ($H^{14}CO_3^-$) présente dans le milieu puisqu'il ne réalise pas la photosynthèse. On peut affirmer que les ions $H^{14}CO_3^-$ ne deviennent pas spontanément des glucides radioactifs. La présence de glucides radioactifs dans le champignon ne peut donc s'expliquer logiquement que par un transfert de ces molécules organiques des cyanobactéries au champignon. De plus, on observe que la quantité de ^{14}C fixé dans les cyanobactéries passe de $0{,}5.10^{-3}$ à $7{,}5.10^{-3}$ cps/min entre 1 et 5 min, alors que dans le champignon, elle passe de $2{,}5.10^{-3}$ à $22{,}5.10^{-3}$ cps/min entre 2 et 5 min. Ce qui signifie que les glucides radioactifs apparaissent d'abord dans les cyanobactéries (à 1 min) puis dans le champignon (à 2 min). Cette temporalité concorde avec un transfert de matière organique des cyanobactéries vers le champignon.

L'utilisation d'éléments radioactifs permet d'étudier les flux et les transformations de matière chez les individus et dans les interactions.

Méthode 4 Construire un réseau d'interactions biotiques

SUJET Les interactions d'un écosystème côtier

Les interactions biotiques sont des éléments structurants, fonctionnels et moteurs de l'évolution des écosystèmes. Le réseau d'interactions biotiques rend compte de la complexité d'un écosystème. On se propose d'étudier un exemple simplifié d'une communauté d'organismes d'un écosystème côtier.

Quelques interactions biotiques

Ormeaux, oursins et invertébrés herbivores se nourrissent des micro-algues planctoniques.
Les étoiles de mer mangent des ormeaux, des invertébrés et des crabes.
Les crabes et les algues se disputent l'espace.
Des poissons profitent du nettoyage par des invertébrés, qui consomment les particules nettoyées.
Algues géantes et autres algues sont mangées par les oursins et des invertébrés herbivores.
Les loutres de mer se cachent dans les algues géantes sans leur porter préjudice.
Les crabes sont mangés par les loutres de mer, les poissons et les étoiles de mer.
Les loutres de mer sont des prédateurs des étoiles de mer.
Les poissons pondent sur les algues géantes et autres algues sans conséquence pour elles.
Les poissons mangent des crabes et sont mangés par les loutres.

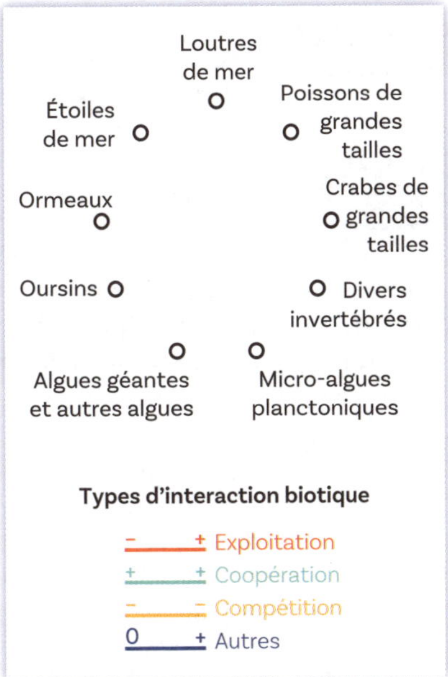

Consigne : À l'aide des informations présentées dans le tableau et de tes connaissances sur les interactions biotiques, complète le graphique en respectant la légende proposée.

CONSEILS

- Représente les interactions biotiques explicitées dans le tableau.
- Détermine les interactions de compétition qui existent entre taxons pour l'accès aux ressources nutritives.

+ d'aide ?
Voir p. 126

CORRIGÉ

Réseau simplifié d'interactions biotiques d'un écosystème côtier

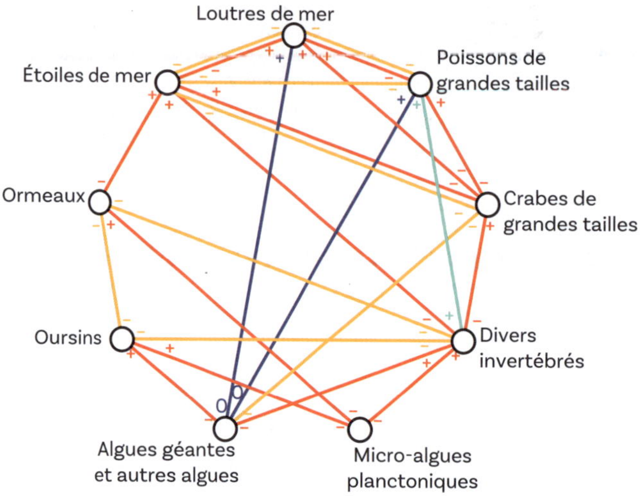

L'interaction qui bénéficie à l'un des partenaires sans nuire ou bénéficier à l'autre s'appelle le commensalisme.

Les partenaires qui exploitent la même ressource (aliments, espace...) sont en compétition.

Les relations trophiques où l'un des partenaires consomme l'autre sont des interactions d'exploitation.

Méthode 5 Réaliser le schéma d'un cycle biogéochimique et calculer un bilan de matière

SUJET Flux de carbone dans un écosystème forestier

Les organismes vivants des écosystèmes interfèrent dans le **cycle géochimique du carbone**, notamment en prélevant et en rejetant du carbone dans l'atmosphère. On parle dès lors de **cycle biogéochimique** du carbone.

Dans un écosystème « forêt tempérée », les producteurs primaires (végétaux chlorophylliens) prélèvent l'équivalent de 15 tonnes de carbone par hectare par an (tC/ha/an) dans l'atmosphère en transformant le CO_2 en matière organique grâce à la photosynthèse. Sur l'ensemble de la matière organique synthétisée, l'équivalent de 3 tC/ha/an est stocké (accroissement de leur biomasse), alors que 7,5 tC/ha/an sont ré-oxydés en CO_2 par respiration cellulaire et relâchés dans l'atmosphère, 0,5 tC/ha/an est consommé par les consommateurs primaires (herbivores) et 4 tC/ha/an est consommé par les organismes décomposeurs. Les herbivores produisent leur énergie en réalisant la respiration cellulaire à partir la matière organique consommée et rejettent à cette occasion 0,2 tC/ha/an dans l'atmosphère. Une partie de la matière des herbivores sert de nourriture aux consommateurs secondaires (carnivores et insectivores) et aux organismes décomposeurs. Cela représente respectivement 0,05 tC/ha/an et 0,25 tC/ha/an. Les animaux prédateurs respirent aussi et rejettent l'équivalent de 0,02 tC/ha/an dans l'atmosphère. Leurs restes, soit 0,03 tC/ha/an, viennent s'ajouter à ceux des végétaux et des herbivores qui sont consommés par les organismes décomposeurs. Ces derniers transforment la matière organique en CO_2 qui est libéré dans l'atmosphère.

Consignes

1. Réalise un schéma du cycle biogéochimique du carbone associé à un écosystème forestier simplifié en réfléchissant à la manière de faciliter la comparaison entre flux de carbone entrant et sortant de la biocénose.

Réservoir de carbone — Flux de carbone entre 2 réservoirs (en tC/ha/an) — **Réservoir donneur** —valeur→ **Réservoir accepteur**

2. Détermine le bilan entrées/sorties de carbone dans la biocénose. Puis, détermine si cet écosystème simplifié est un puits ou une source de carbone à l'aide de tes connaissances.

CONSEILS

- Représente les différents réservoirs et flux de carbone.
- Calcule la différence entre les flux de carbone entrants et sortants de la biocénose.

+ d'aide ? Voir p. 128

CORRIGÉ

1. Cycle biogéochimique du carbone associé à un écosystème forestier simplifié

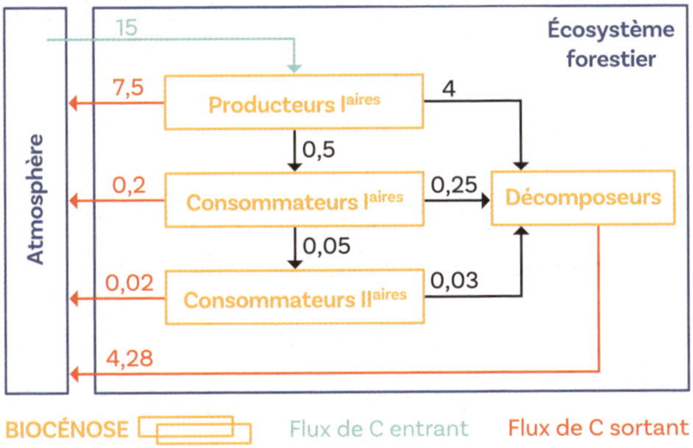

Titre informatif et indications dans de la légende permettant de comprendre chaque symbolique.

Tracé soigné, taille adaptée au texte, code forme/couleur, mise en page sans chevauchement.

Usage de 3 couleurs en plus des flèches permettant de distinguer clairement les flux de carbone entrant, circulant et sortant de la biocénose. Choix de mise en page en parallèle des flux pour les comparer plus aisément.

2. Le flux de carbone entrant dans la biosphère est de 15 tC/ha/an et la somme des flux de carbone sortant de la biosphère est de 12 tC/ha/an (= 7,5 + 0,2 + 0,02 + 4,28). Ainsi, le bilan entrées/sorties de carbone est de 3 tC/ha/an. Cela signifie que la biocénose puise et stocke annuellement l'équivalent de 3 tC/ha dans l'atmosphère, en passant par l'air de son biotope. D'après nos connaissances, un écosystème dont le bilan entrées/sorties est positif est un puits de carbone. On en déduit que l'écosystème forestier donné en exemple est un puits de carbone.

Les flux entrant de carbone sont associés au prélèvement de carbone atmosphérique par la biocénose, alors que les flux sortants correspondent aux rejets de carbone dans l'atmosphère par la biocénose.

Méthode 6 Exploiter un graphique à courbes multiples et exercer son esprit critique

SUJET La résilience d'une communauté d'oiseaux

La **résistance** et la **résilience** sont deux manières d'évaluer la réaction d'un écosystème (ou d'une communauté) à une **perturbation**. La résistance est la propriété à ne pas se modifier sous l'effet de la perturbation alors que la résilience est la propriété à revenir pleinement un état d'équilibre après la perturbation. Le modèle de résilience le plus fréquemment évoqué est la **résilience asymptotique**, où une communauté retourne à son état d'avant la perturbation puis s'y maintient.

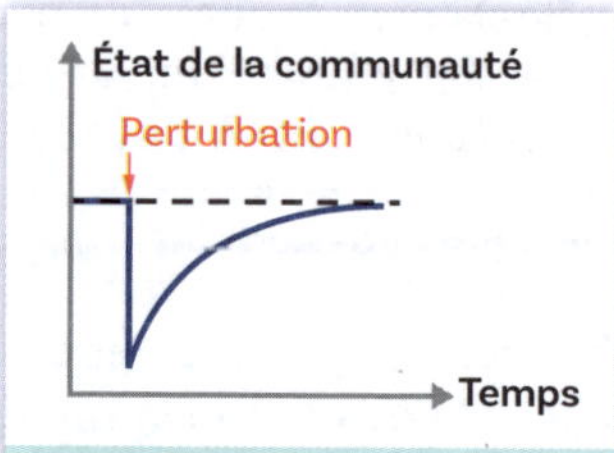

Modèle de résilience asymptotique

Des chercheurs ont étudié la résilience d'une communauté aviaire (oiseaux) dans une forêt de chênes lièges après des incendies. S'appuyant sur 42 années de relevés ininterrompus de données d'observation, sur deux sites différents, ils ont pu mettre en évidence la dynamique de rétablissement de la communauté aviaire. Ils ont calculé un indice (la distance) qui permet d'évaluer la différence entre l'état d'une communauté aviaire après incendie et celui de la communauté aviaire avant incendie. Plus la distance est grande, plus les communautés sont différentes et inversement. La position moyenne des données avant les incendies (•) sert de référence, elle est représentée par une droite en points mixtes (–·–). La dispersion des données par rapport à la moyenne est décrite par l'**écart type** (racine carrée de la **variance**). L'intervalle entre la droite de la moyenne et la droite en pointillés (--) correspond à la valeur de l'écart type. La moyenne (écart type) est ainsi 0,2 (0,1).

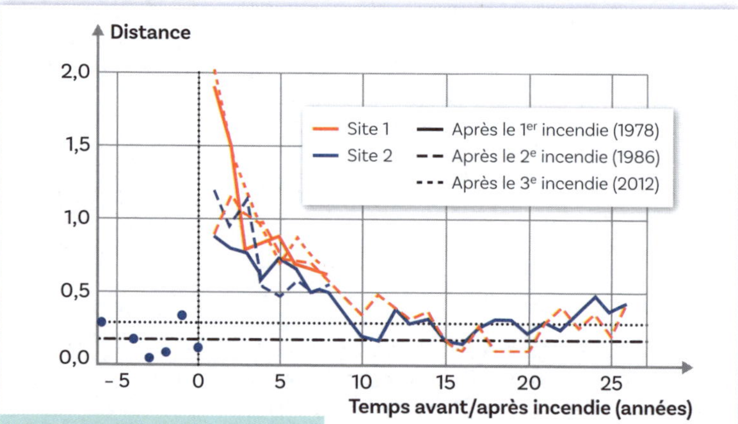

Distance entre communautés aviaires

Consignes

1. **Détermine le temps de rétablissement de la communauté aviaire après un incendie, pour le site 1 et le site 2.**

2. **Détermine si le modèle de résilience asymptotique s'applique à ces communautés aviaires.**

CONSEILS

- Lis le graphique pour identifier le premier moment après un incendie où la distance entre la zone brulée et la zone témoin est minimale.
- Compare l'évolution de l'état de la communauté aviaire après un incendie avec l'état d'avant la perturbation

+ d'aide ? Voir p. 129

CORRIGÉ

1. Pour le site 1, après le 2e incendie, on observe que la distance entre la zone brûlée et la zone témoin est minimale 15 ans après l'incendie, puisqu'elle est égale à la moyenne de référence (0,2). Pour le site 2, après le 1er incendie, la distance minimale est atteinte en 10 ans. La communauté aviaire de la zone brulée s'est ainsi rétablie en 10 ans sur le site 2 après le 1er incendie, et en 15 ans sur le site 1 après le 2e incendie.

> Lis attentivement le code symbole/couleur dans la légende.

> Les données des sites 1 (1er et 3e incendies) et 2 (2e incendie) couvrent huit années avec une distance minimale d'environ 0,6. Les communautés aviaires ne s'étaient ou ne se sont pas encore rétablies.

2. Pour le site 1 après le 2e incendie, on observe une 1re phase caractérisée par une baisse de la distance entre 1 à 15 ans d'environ 1 à 0,2. Puis, une 2e phase entre 15 et 20 ans où la distance est stable autour de 0,2, la valeur de référence. Enfin, une 3e phase entre 20 et 26 ans où la distance est stable, mais à une valeur supérieure à celle de la phase précédente, entre 0,3 et 0,4. On constate une évolution similaire pour le site 2 après le 1er incendie. Ainsi, les communautés aviaires étudiées présentent une phase de rétablissement à la fin de laquelle elles retrouvent l'état d'avant la perturbation. Elles maintiennent cet état quelques années, puis semblent s'en éloigner. D'après le modèle de résilience asymptotique, une communauté retourne à son état d'avant la perturbation au cours du temps, puis s'y maintient. Les résultats observés ne sont donc pas conformes au modèle, qui ne s'applique donc pas à ce cas d'étude.

> Décris l'évolution d'une grandeur en identifiant plusieurs phases, chacune caractérisée par une tendance (direction d'évolution des valeurs).

Chapitre 7 Les écosystèmes : des interactions dynamiques entre les êtres vivants et entre eux et leur milieu

Tu viens de voir les notions à connaître sur les écosystèmes. Pour t'aider à retenir l'essentiel et t'entraîner pour le Bac, voici ton kit de révisions clé en mains conçu par SchoolMouv !

Vidéo

Pour mieux comprendre et t'en souvenir à coup sûr, regarde la vidéo. C'est parfois bien plus clair en images.

Vidéo **Les écosystèmes, des interactions dynamiques entre les êtres vivants et avec leur milieu**

https://flashbelin.fr/focusbacschoolmouv/svt/1re/7

Contenu additionnel

Voici un bonus autour du même sujet. La curiosité n'est pas toujours un vilain défaut. Il suffit de créer ton compte pour avoir accès à plein de contenus supplémentaires.

Fiche **Les écosystèmes, des interactions dynamiques entre les êtres vivants et avec leur milieu**

https://www.schoolmouv.fr/eleves/cours/les-ecosystemes-des-interactions-dynamiques-entre-les-etres-vivants-et-avec-leur-milieu-/fiche-de-cours

Tchat avec un prof

Pour poser toutes tes questions à un prof particulier, découvre l'abonnement tchat. Tu peux le tester gratuitement pendant 7 jours : fini les questions sans réponses, tu vas devenir incollable.

https://focusbac.schoolmouv.fr/offre

Le Focus de SchoolMouv

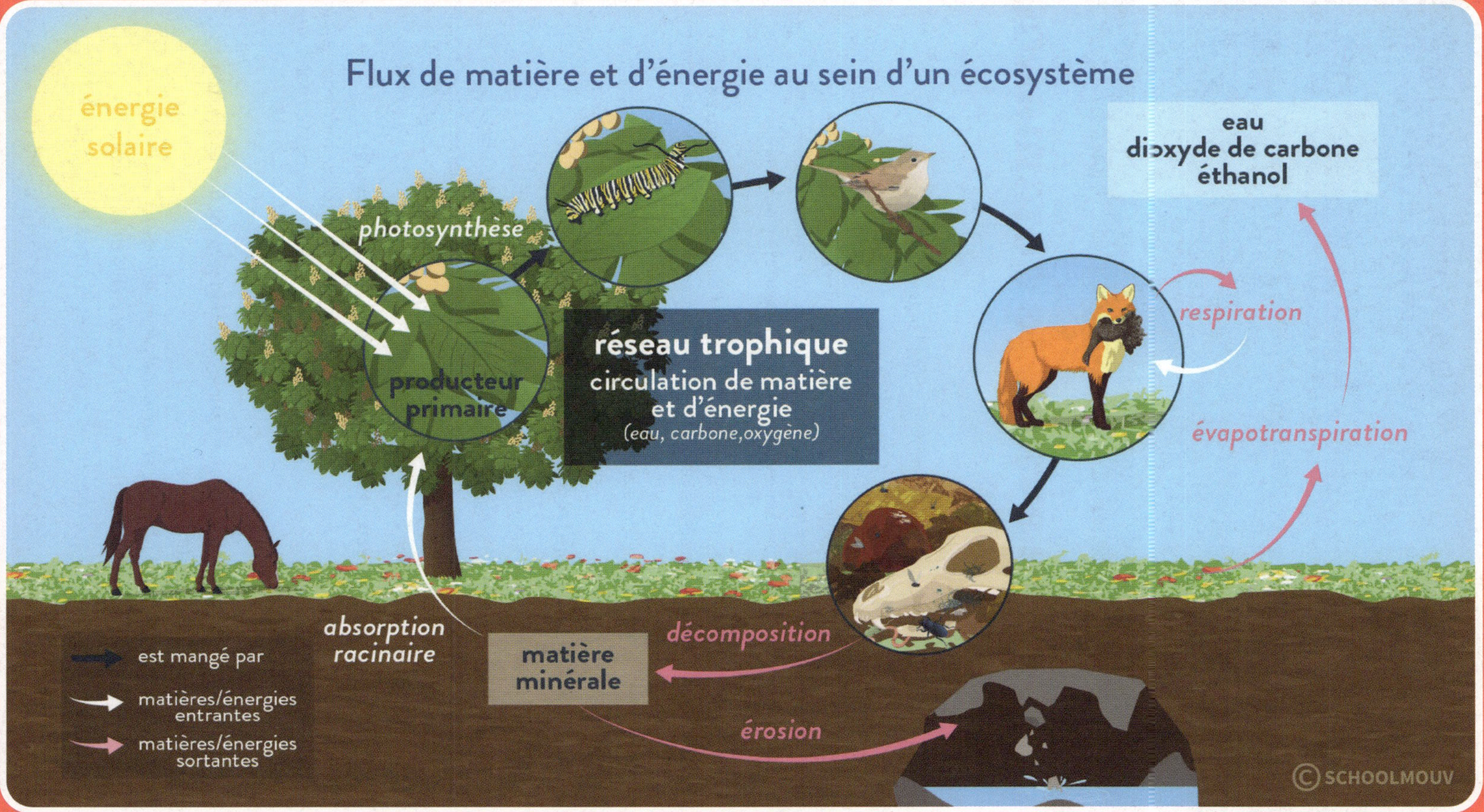

THÈME 3

8 L'humanité et les services et leur

RÉVISIONS 2de

Un quiz avant de commencer

1. Vrai ou faux ?

		Vrai	Faux
1	Les activités humaines peuvent modifier l'organisation et le fonctionnement des écosystèmes.	☐	☐
2	Le réchauffement climatique actuel est sans conséquence sur la biodiversité.	☐	☐
3	L'homme n'a pas besoin des écosystèmes pour couvrir ses différents besoins (alimentaires, textiles, agrocarburants, pharmaceutiques, etc.).	☐	☐
4	La transformation des écosystèmes en agrosystèmes augmente la biodiversité.	☐	☐
5	La recherche agronomique actuelle, qui s'appuie sur l'étude des processus biologiques et écologiques, apporte connaissances, technologies et pratiques pour le développement d'une agriculture durable.	☐	☐
6	Toutes les espèces qui interagissent avec l'espèce humaine sont pathogènes.	☐	☐

2. Coche la ou les bonne(s) réponse(s).

1. Les ressources naturelles exploitées par l'homme sont :

- **a** toutes renouvelables à l'échelle humaine. ☐
- **b** en partie produites par les écosystèmes. ☐
- **c** existeront toujours. ☐
- **d** peuvent parfois être l'objet de conflit d'usage. ☐

2. La restauration des écosystèmes peut se faire par des mesures :

- **a** d'atténuation. ☐
- **b** de prévention. ☐
- **c** de réhabilitation. ☐
- **d** de rétablissement des espèces de communautés connues. ☐

3. Les effets des activités humaines sur le fonctionnement des écosystèmes :

- **a** sont toujours négatifs. ☐
- **b** dépendent de leur intensité et de leur répétitivité. ☐
- **c** s'observent de l'échelle de l'écosystème à l'échelle de la planète. ☐
- **d** n'ont pas de conséquence sur les activités et la santé humaines. ☐

Réponses : 1. 1. Vrai - **2.** Faux - **3.** Faux - **4.** Faux - **5.** Vrai - **6.** Faux • **2. 1.** b, d - **2.** c, d - **3.** b, c.

les écosystèmes : écosystémiques gestion

L'ESSENTIEL EN 2 POINTS

Quelle est la place de l'homme dans les écosystèmes ? Quelles sont les conséquences des activités humaines sur les écosystèmes et sur l'espèce humaine elle-même ?

1

L'espèce humaine au sein des écosystèmes

L'espèce humaine est **un élément parmi d'autres** des écosystèmes qu'elle occupe. Elle entretient des **interactions** avec les autres espèces et le biotope. Certaines interactions sont responsables d'une **modification du fonctionnement des écosystèmes à l'échelle mondiale**, ce qui a des conséquences néfastes pour la biodiversité et l'espèce elle-même. > p. 146

Quels sont les services rendus par les écosystèmes à l'humanité ? Comment gérer les écosystèmes pour en bénéficier durablement ?

2

Les services écosystémiques et l'ingénierie écologique

Les écosystèmes **rendent des services à l'humanité**. Ce sont des propriétés des écosystèmes qui existent lorsque ceux-ci sont **en bon état de fonctionnement**. L'**écologie** éclaire les actions à mener en matière de gestion des écosystèmes par le vivant et pour le vivant, qui permettent de profiter **durablement** des services écosystémiques. > p. 147

COURS

LE COURS en 2 fiches

1 L'espèce humaine au sein des écosystèmes

Idées clés

→ L'espèce humaine est un **élément parmi d'autres** de tous les écosystèmes qu'elle a colonisés.

→ Elle **affecte le fonctionnement** de la plupart des écosystèmes en **exploitant des ressources** et en **modifiant le biotope** local ou global.

→ Beaucoup d'écosystèmes mondiaux sont impactés, avec une **perte mondiale de biodiversité** et des **conséquences néfastes** pour les activités et la santé humaines.

Des pistes pour argumenter

- **L'homme, élément des écosystèmes :** cite des interactions entre l'homme et d'autres espèces.
- **Les impacts des actions humaines sur les écosystèmes :** présente en exemple l'effet de la déforestation. > p. 151

Coup d'œil

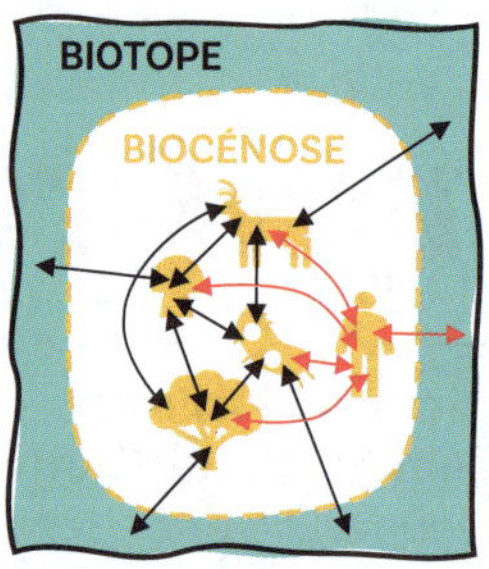

Exploitation des ressources biotiques et abiotiques — Modification du biotope local et global

↓

Dégradation des structure, fonctionnement et dynamique des écosystèmes

↓

Érosion de la biodiversité et des ressources, altération de la santé humaine

L'homme au sein des écosystèmes

À la loupe

- L'espèce humaine vit **en interaction avec le biotope et les autres espèces de la biocénose** des écosystèmes qu'elle occupe. Elle entretient des **interactions biotiques** diverses (exploitation −/+, compétition +/−, coopération +/+, mais aussi **commensalisme** 0/+) avec des **espèces sauvages et domestiquées**.
- Certaines espèces nuisent à l'homme, comme les **parasites** (moustiques...), quand d'autres lui sont bénéfiques, telles les **symbiotiques** (**microbiote**...) et les **exploitées** (arbres...), ou n'ont pas d'influence particulière, comme les **commensales** (moineaux...).
- L'espèce humaine **prélève des ressources biotiques** (bois, poissons...) **et abiotiques** (eau, sol, roches carbonées...). Par ses diverses activités (déforestation, aménagement, mobilité, loisirs...), elle **transforme des biotopes** locaux (**agrosystèmes**, érosion des sols...) et globaux (changement climatique, introduction d'**espèces invasives**...). Cela **modifie le fonctionnement des écosystèmes** (production, flux et recyclage de matière et d'énergie), autant que leur **structure** et leur **évolution**.
- À l'échelle de la planète, il y a **dégradation de nombreux écosystèmes** avec érosion de la biodiversité. Cela a des **conséquences sur les activités** (raréfaction des ressources...) **et la santé** humaines (agents pathogènes...).

→ Voir lexique p. 283

2 Les services écosystémiques et l'ingénierie écologique

Idées clés

→ L'humanité tire un grand bénéfice de **fonctions assurées gratuitement** par les écosystèmes : ce sont les services écosystémiques d'**approvisionnemen**t, de **régulation** et de **culture**.

→ La connaissance scientifique des écosystèmes peut permettre une **gestion rationnelle des ressources exploitables** assurant à la fois l'activité économique et un maintien des services écosystémiques.

→ L'ingénierie écologique est l'ensemble des **actions par et pour le vivant** incluses dans une **démarche de projet** d'ingénierie.

Des pistes pour argumenter

- **La diversité des services écosystémiques :** cite des exemples de services. > p. 157
- **L'ingénierie écologique :** compare les approches d'ingénieries conventionnelle et écologique sur un écosystème. > p. 153

Coup d'œil

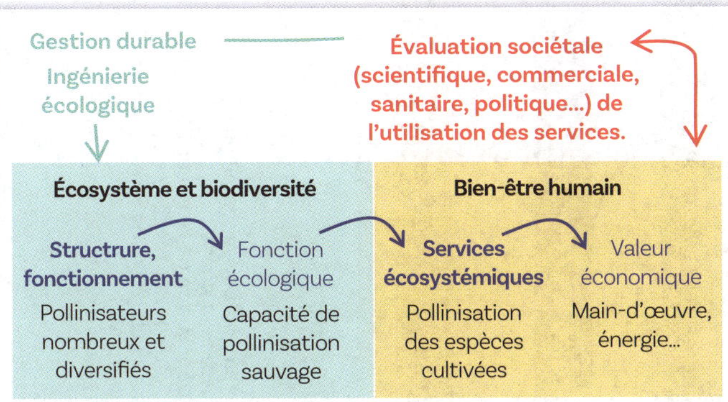

Les services écosystémiques et leur gestion

À la loupe

- Les **écosystèmes** assurent de nombreuses **fonctions utiles aux êtres humains**. On parle des **services écosystémiques** : d'**approvisionnement** (bois, champignons, **pollinisation**, fruits et graines, pharmacologie...), de **régulation** (dépollution de l'eau et de l'air, lutte contre l'érosion, les ravageurs et les maladies, recyclage de matière organique, fixation de carbone...) et de **culture** (récréation, valeur patrimoniale...).
- Les écosystèmes sont des **systèmes complexes**. **Tout changement d'un élément affecte**, à court ou à long terme, **tout le système**, et tout changement du système affecte aussi, à court ou à long terme, **tous les éléments** le constituant. L'**écologie**, science des écosystèmes, apporte les éléments de compréhension par la recherche scientifique.
- S'appuyant sur les connaissances en écologie, l'**ingénierie écologique** est l'ensemble des techniques qui visent à **manipuler, modifier, exploiter ou réparer les écosystèmes** en s'appuyant sur le vivant pour le vivant, afin d'en tirer **durablement** le maximum de bénéfices (conservation biologique, restauration ou compensation écologique...).

→ Voir lexique p. 283

MÉMO VISUEL

- L'humanité et les écosystèmes : les services écosystémiques et leur gestion -

L'humanité et les écosystèmes

- **L'humain au sein des écosystèmes**
  - L'espèce humaine, un élément parmi d'autres
    - En interaction avec le biotope
    - En interaction avec d'autres espèces
  - L'espèce humaine modifie le fonctionnement des écosystèmes
    - Par l'exploitation des ressources
    - Par la modification des biotopes locaux et global
  - Les conséquences de l'altération des écosystèmes par l'espèce humaine
    - Nombreux écosystèmes mondiaux impactés
    - Perte mondiale de biodiversité
    - Activités et santé humaines menacées
- **Les services écosystémiques**
  - Définition
    - Fonctions assurées gratuitement par les écosystèmes…
    - … dont l'humanité tire des bénéfices
  - Diversité
    - Approvisionnement (bois, champignons, pollinisation, fruits et graines…)
    - Régulation (dépollution de l'eau et de l'air, lutte contre l'érosion, les ravageurs et les maladies, recyclage de matière organique, fixation de carbone…)
    - Culture (récréation, valeur patrimoniale…)
  - Gestion durable
    - Écologie : science qui construit des connaissances sur la structure, le fonctionnement et l'évolution des écosystèmes
    - Ingénierie écologique : techniques pour manipuler, modifier, exploiter ou réparer les écosystèmes en utilisant le vivant

SE TESTER

QCM

1. Coche la ou les bonne(s) réponse(s).

1. L'espèce humaine :

- **a** interagit peu avec les autres espèces des écosystèmes qu'elle occupe. ☐
- **b** exploite uniquement des ressources abiotiques. ☐
- **c** transforme des biotopes locaux et globaux. ☐
- **d** n'a pas d'effet sur le fonctionnement des écosystèmes. ☐

2. Les services écosystémiques sont :

- **a** des pratiques de restauration des écosystèmes. ☐
- **b** des fonctions payantes des écosystèmes dont l'humanité tire un grand bénéfice. ☐
- **c** des fonctions assurées gratuitement par les écosystèmes dont l'humanité tire un grand bénéfice. ☐
- **d** des fonctions assurées gratuitement par les sociétés humaines qui bénéficient aux écosystèmes. ☐

3. Dépollution de l'eau et de l'air, lutte contre l'érosion ou les ravageurs, recyclage de matière organique, fixation de carbone... sont des exemples de services :

- **a** de régulation. ☐
- **b** d'approvisionnement. ☐
- **c** de loisir. ☐
- **d** de soutien. ☐

4. Une gestion rationnelle des ressources exploitables :

- **a** s'appuie sur la connaissance scientifique des écosystèmes (l'écologie). ☐
- **b** assure avant tout l'activité économique. ☐
- **c** favorise le maintien des services écosystémiques au détriment du reste. ☐
- **d** assure à la fois l'activité économique et un maintien des services écosystémiques. ☐

2. Vrai ou faux ?

		Vrai	Faux
1	Une espèce commensale est une espèce parasite pour l'homme.	☐	☐
2	L'espèce humaine exploite uniquement des espèces domestiquées.	☐	☐
3	L'exploitation des ressources naturelles affecte le fonctionnement de la plupart des écosystèmes.	☐	☐
4	La modification des biotopes augmente globalement la biodiversité en créant de nouveaux milieux.	☐	☐
5	La dégradation des écosystèmes a des conséquences néfastes sur les activités humaines.	☐	☐
6	Certaines activités humaines favorisent la dissémination d'agents pathogènes.	☐	☐
7	Notre santé dépend en particulier de celle des écosystèmes qui nous environnent.	☐	☐
8	La pollinisation est un exemple de service de loisir.	☐	☐
9	L'altération d'un écosystème augmente le nombre de services écosystémiques rendus.	☐	☐
10	L'ingénierie écologique est l'ensemble des techniques qui visent à manipuler, modifier, exploiter ou réparer les écosystèmes afin d'en tirer durablement le maximum de bénéfices.	☐	☐

3. Complète le schéma à l'aide des termes suivants.

a. *sociétés humaines* – **b.** *écosystèmes* – **c.** *impacts des activités et ingénierie écologique* – **d.** *services écosystémiques* – **e.** *loisirs* – **f.** *approvisionnement* – **g.** *régulation.*

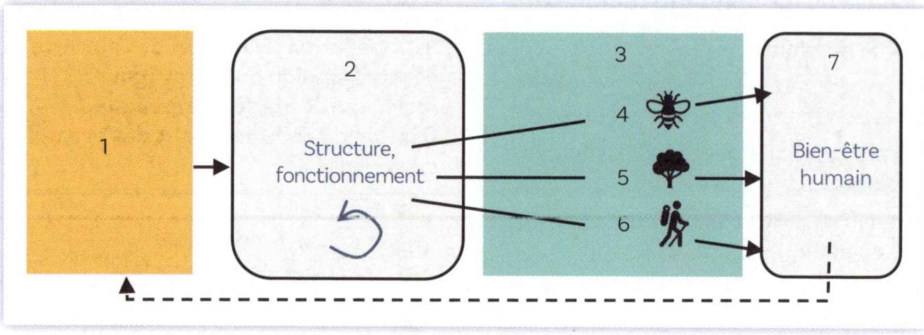

4. Réponds aux questions posées sur ces mémocartes.

1. L'espèce humaine au sein des écosystèmes

- Quels types d'interactions biotiques l'espèce humaine entretient-elle avec les autres espèces ?
- Comment l'homme affecte-t-il le fonctionnement des écosystèmes à différentes échelles ?
- Quelles sont les conséquences de l'exploitation et de la modification du biotope sur la biodiversité, certaines activités et la santé humaines ?

2. Les services écosystémiques et l'ingénierie écologique

- Qu'appelle-t-on un service écosystémique ?
- Quelles sont les différentes catégories de services écosystémiques ?
- Comment assurer à la fois une activité économique et le maintien des services écosystémiques ?
- Qu'appelle-t-on l'ingénierie écologique ?

Réponses : 1. 1. c – **2.** c – **3.** a – **4.** a, d • **2. 1.** Faux – **2.** Faux – **3.** Vrai – **4.** Faux – **5.** Vrai – **6.** Vrai – **7.** Vrai – **8.** Faux – **9.** Faux – **10.** Vrai • **3. 1.** c – **2.** b – **3.** d – **4.** f – **5.** g, -**6.** e – **7.** a.

SAVOIR-FAIRE

Méthode 1 Traiter des données et les communiquer sous la forme d'un tableau

SUJET L'effet de la déforestation sur la biodiversité

Des scientifiques se sont intéressés aux conséquences de la déforestation sur la communauté de carabidés (taxon de coléoptères). Ils ont effectué des relevés sur deux parcelles : l'une n'a pas été coupée et l'autre a subi une coupe rase (tous les arbres ont été abattus) un an auparavant.

Richesse spécifique, abondance et proportion des spécimens

Espèces	Proportion de spécimens (%)		Espèces	Proportion de spécimens (%)	
	Forêt sans coupe	1 an après coupe		Forêt sans coupe	1 an après coupe
Pterostichus niger Schaller	8,7	12,4	*H.* sp.	0,04	
P. oblongopunctatus F.	20,7	18,6	*Notiophilus palustris* Duftschmid	0,1	0,2
P. strenuus Panzer	1,5	2,4	*N. hypocrita* Curtis		0,1
P. vernalis Panzer		0,3	*Platynus assimilis* Paykull	3,7	1,0
P. melanarius Ill.	0,6	2,0	*Calathus micropterus* Duftschmid	0,7	1,6
P. nigrita Payk.	0,04	0,1	*Badister bullatus* Schrank	0,1	0,2
P. minor Gyll.	0,1	0,2	*Amara aenea* De Geer		0,8
P. aethiops Panzer	0,04		*A. communis* Panzer	0,04	0,4
Poecilus cupreus L.		5,7	*A. eurynota* Panzer		0,1
P. versicolor Sturm		6,4	*A. familiaris* Duft.		0,2
P. punctulatus Schaller		0,4	*A. brunnea* Gyll.	0,1	
Carabus nemoralis O. Muller	10,4	5,4	*Cicindela campestris* L.		0,7
C. granulatus L.	1,1	4,7	*Cychrus caraboides* L.	0,1	0,1
C. hortensis L.		0,1	*Agonum sexpunctatum* L.		1,3
C. cancellatus Ill.	0,04	1,9	*Ag. gracile* Sturm.		0,2
C. glabratus Paykull		0,1	*Oxypselaphus obscurus* Herbst.	0,6	0,4
Bembidion lampros Herbst.	0,04	0,2	*Loricera pilicornis* F.	0,04	
B. assimile Gyllenhal		1,8	*Stomis pumicatus* Pz.	0,2	0,4
B. quadrimaculatum L.		0,1	*Leistus terminatus* Helb.	0,3	0,4
Harpalus laevipes Zett.	0,4	2,2	*Patrobus assimilis* Chaudoir	0,2	0,1
H. affinis Schrank		0,1	*P. atrorufus* Strom.	0,1	0,2
H. latus L.		0,1	*Trechus secalis* Pz.	50,0	26,1
H. rufipes Deg.	0,04	0,4			
Nombre total de spécimens	1 242	1 102	**Nombre total de spécimens**	1 607	577

Préférence de biotope et proportion des spécimens (données partielles)

Préférence de biotope	Proportion de spécimens (%)	
	Forêt sans coupe rase	1 an après coupe rase
Forêt	96,6	73,4
Champs	0,12	16,8

Consigne : Compare les communautés de carabidés sous la forme d'un tableau, puis décris l'effet d'une coupe rase.

CONSEILS

- Choisis les variables pertinentes à comparer (richesse spécifique, nombre d'espèces spécifiques et communes, trois espèces les plus abondantes, abondance totale, abondance relative pour différentes préférences de biotope) et traite les données.
- Présente les données dans un tableau à double entrée.
- Décris les variations observées entre les deux écosystèmes.

+ d'aide ?
Voir p. 146

CORRIGÉ

Titre informatif qui renseigne sur l'objectif de la communication des données avec le tableau

Effet d'une coupe rase sur la communauté de carabidés d'une forêt

Organisation logique des grandeurs : d'un côté les deux écosystèmes comparés et de l'autre, les variables étudiées. Celles-ci sont réunies par thématique : les espèces, puis les abondances.

Variables	Forêt sans coupe rase	Écosystème 1 an après coupe rase	Effet de la coupe rase
Richesse spécifique (en espèces)	28	41	× 1,5
Espèces spécifiques	4	17	× 4
Espèces communes	24	24	/
3 espèces les plus abondantes (en %)	*Trechus secalis* Pz. (50) *P. oblongopunctatus* F. (20,7) *Carabus nemoralis* O. Muller (10,4)	*Trechus secalis* Pz. (26,1) *P. oblongopunctatus* F. (18,6) *Pterostichus niger* Schaller (12,4)	Changement de la 3e espèce la plus abondante
Abondance totale (en individus)	2 849	1 679	÷ 1,7
Abondance relative de spécimens ayant une préférence pour le biotope forêt (en %)	96,6	73,4	÷ 1,3
Abondance relative de spécimens ayant une préférence pour le biotope champs (en %)	0,12	16,8	× 140

Intitulés des lignes et colonnes renseignant sur les informations contenues dans le tableau

Ajout d'une colonne pour les données dérivées qui permettent de répondre au problème posé

Tracé soigné des cases, taille adaptée au texte, taille de police suffisante pour faciliter la lecture, mise en page sans chevauchement

On détermine l'effet de la coupe rase sur la communauté de carabidés d'une forêt boréale un an après la déforestation. La coupe rase entraîne une augmentation (× 1,5) de la richesse spécifique, puisqu'on compte 28 espèces dans la forêt non coupée et 41 espèces sur la parcelle rasée. Elle cause la disparition de 4 espèces (env. 15 %) et permet l'installation de 17 autres espèces, puisque que les deux écosystèmes présentent 24 espèces en communs. La déforestation cause une baisse de l'abondance totale, puisque le nombre de spécimens relevés dans la parcelle rasée est 1,7 fois inférieur à celui de la forêt non coupée. Elle n'a pas d'effet sur l'identité des deux espèces les plus abondantes, qui sont les mêmes dans les deux parcelles (*Trechus secalis Pz.* et *P. oblongopunctatus F*), mais favorise le développement de *Pterostichus niger* Schaller aux dépens de *Carabus nemoralis* O. Muller. Enfin, la déforestation entraîne une diminution (÷ 1,3) de la proportion d'individus ayant une préférence pour le biotope forêt et une augmentation significative (× 140) de celle des individus ayant une préférence pour le biotope champs.

Structure la comparaison par thématique.

Quantifie les variations.

Justifie les variations.

Méthode 2 Recenser et mettre en relation des informations

SUJET Technique de fertilisation bio-organique

Entre les années 1950 et 1980, l'Inde a quasiment doublé sa production de thé. L'exploitation intensive des terres a causé une baisse de la fertilité des sols et une stagnation des rendements. L'utilisation massive d'intrants externes, comme les engrais et les pesticides (agriculture conventionnelle), a participé à la dégradation des sols, qui s'observe notamment par la perte de plus de 70 % des organismes vivants du sol (vers de terre, mille-pattes, scarabées…), l'appauvrissement et un compactage de la surface qui limite la circulation de l'eau, de l'air et des nutriments, ainsi que la croissance racinaire. En ingénierie conventionnelle, l'épandage d'engrais inorganiques permet d'apporter des nutriments aux plantes (N, K, P). Les engrais azotés sont notamment fabriqués à partir de l'ammoniaque, produit à partir d'énergies fossiles comme le gaz naturel et de charbon. Pour décompacter les sols, l'une des solutions est le laboure mais cette technique est difficilement applicable dans des plantations de thé pérennes sur des terrains pentus et pourrait même favoriser l'érosion.

En 1994, l'IRD (Institut de recherche pour le développement) a développé une technique d'ingénierie écologique appelée fertilisation bio-organique (FBO) avec la société Parry agro. Elle consiste à recréer dans une plantation des îlots de communautés complexes d'organismes du sol. Il s'agit de réintroduire des vers de terre et de la matière organique dans des tranchées creusées dans le sol de la plantation. La technologie FBO doit donc être adaptée à chaque site spécifique et nécessite une intervention constante des biologistes pour déterminer la qualité, la quantité, les combinaisons et le placement optimaux de la matière organique, ainsi que pour surveiller les niveaux de diversité et de densité de macrofaune. Un an après le lancement de l'expérience, les chercheurs ont observé la croissance des racines à proximité et dans les tranchées.

Caractéristiques \ Pratiques	Conventionnel	Fertilisation bio-organique
Production de thé ($kg.ha^{-1}.an^{-1}$)	2 306	8 667
Bénéfices (US $\$.ha^{-1}$)	2 537	9 534
Coûts (US $\$.ha^{-1}$)	540	1 940
Engrais et fumier	121	205
Main d'œuvre	419	1 600
Gestion des tranchées	-	21
Gestion des vers de terre	-	114
Profits (US $\$.ha^{-1}$)	1 997	7 594

Production de thé en 1995 et analyse coûts-bénéfices pour différents modèles de culture

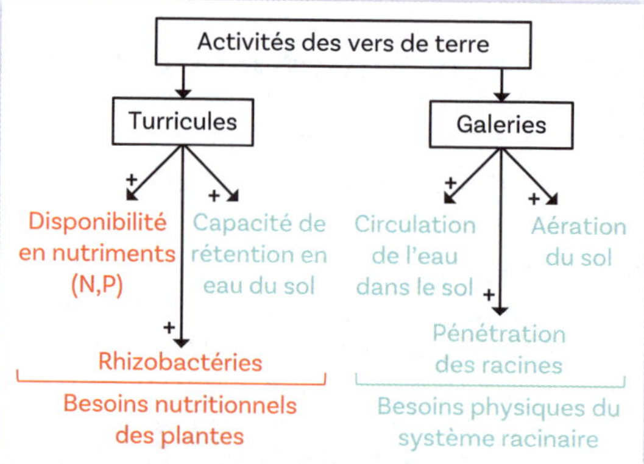

Effets des vers de terre sur le recouvrement des besoins des plantes

Consigne

1. **Argumente l'idée que la fertilisation bio-organique est une technique d'ingénierie écologique.**

2. **Compare les pratiques d'ingénieries conventionnelle et écologique dans cet exemple.**

3. **Formule une hypothèse pour expliquer l'amélioration de la production de thé avec la technique d'ingénierie écologique.**

CONSEILS

- Recense les caractéristiques des deux techniques employées.
- Réalise une comparaison relative des caractéristiques chiffrées.
- Mets en relation la nutrition des plantes avec l'usage de vers de terre.

+ d'aide ? Voir p. 147

CORRIGÉ

1. On sait que l'ingénierie écologique est l'ensemble des techniques, s'appuyant sur les connaissances en écologie, visant à manipuler, modifier, exploiter ou réparer les écosystèmes en s'appuyant sur le vivant pour le vivant. D'après le texte introductif, la fertilisation bio-organique consiste à recréer dans une plantation des îlots de communautés complexes d'organismes du sol en réintroduisant des vers de terre (organismes vivants) et de la matière organique dans le sol. Elle doit être adaptée à chaque site spécifique et nécessite une intervention constante des biologistes. La fertilisation bio-organique remplit les critères permettant de classer cette technique dans l'ingénierie écologique.

2. Dans cette expérience de culture de thé en 1995, l'ingénierie écologique (fertilisation bio-organique) multiplie presque par 4 la production de thé par rapport à l'ingénierie conventionnelle (100 % engrais inorganiques). La fertilisation bio-organique génère des coûts supplémentaires de main-d'œuvre et de gestion des tranchées et des vers de terre, ce qui aboutit à un coût total près de 4 fois supérieur à l'utilisation d'engrais inorganiques. Cependant, les revenus sont aussi multipliés par 4 par rapport au conventionnel, ce qui aboutit à un bénéfice net de la production de thé avec l'ingénierie écologique presque par 4 fois plus élevé qu'avec l'ingénierie conventionnelle.

3. On observe sur le schéma que la production de turricules par les vers de terre augmente la disponibilité des nutriments (N, P) et l'activité des rhizobactéries qui sont favorables au recouvrement des besoins nutritionnels des plantes. De plus, le creusement de galeries et la production de turricules répond aux besoins physiques des racines de plantes en augmentant la circulation et la rétention de l'eau, l'aération de l'air et la pénétration des racines. D'après le texte, les chercheurs ont d'ailleurs constaté la croissance des racines à proximité et dans les tranchées un an après le lancement de l'expérience. Or, on sait que les plantes puisent leurs nutriments dans la terre grâce à leur racine. L'apport d'engrais inorganiques ne permet pas cette restructuration du sol et ce changement d'activité des êtres vivants. Ainsi, l'amélioration significative (× 4) de la production de thé la première année avec l'utilisation de la fertilisation bio-organique pourrait s'expliquer par une meilleure nutrition des plantes grâce aux vers de terre.

> Mets en relation la croissance des racines avec l'activité des vers de terre.

Ton **KIT DE SURVIE** pour le **BAC** avec SCHOOLMOUV

Chapitre 8

L'humanité et les écosystèmes : les services écosystémiques et leur gestion

Tu viens de voir les notions à connaître sur l'humanité et les écosystèmes. Pour t'aider à retenir l'essentiel et t'entraîner pour le Bac, voici ton kit de révisions clé en mains conçu par SchoolMouv !

Vidéo

Pour mieux comprendre et t'en souvenir à coup sûr, regarde la vidéo. C'est parfois bien plus clair en images.

Vidéo L'humanité et les écosystèmes : les services écosystémiques et leur gestion

https://flashbelin.fr/focusbacschoolmouv/svt/1re/8

Contenu additionnel

Voici un bonus autour du même sujet. La curiosité n'est pas toujours un vilain défaut. Il suffit de créer ton compte pour avoir accès à plein de contenus supplémentaires.

Fiche L'humanité et les écosystèmes : les services écosystémiques et leur gestion

https://www.schoolmouv.fr/eleves/cours/l-humanite-et-les-ecosystemes-les-services-ecosystemiques-et-leur-gestion/fiche-de-cours

Tchat avec un prof

Pour poser toutes tes questions à un prof particulier, découvre l'abonnement tchat. Tu peux le tester gratuitement pendant 7 jours : fini les questions sans réponses, tu vas devenir incollable.

https://focusbac.schoolmouv.fr/offre

SE PRÉPARER POUR L'EXAMEN

Synthèse argumentée

SUJET 1 Écosystèmes et services environnementaux

Les écosystèmes sont des structures dynamiques qui assurent différentes fonctions et offrent des avantages que l'humain utilise gratuitement.

Question

Montrer les bénéfices que l'humain peut tirer de l'organisation (éléments, flux, interactions) d'un écosystème de votre choix.

Vous rédigerez un texte structuré. Votre argumentation s'appuiera sur des expériences et/ou des observations et/ou des exemples judicieusement choisis. Le document fourni est conçu comme une aide : il peut vous permettre d'illustrer votre exposé, mais son analyse n'est pas attendue.

Document > Un exemple d'écosystème : l'écosystème forestier

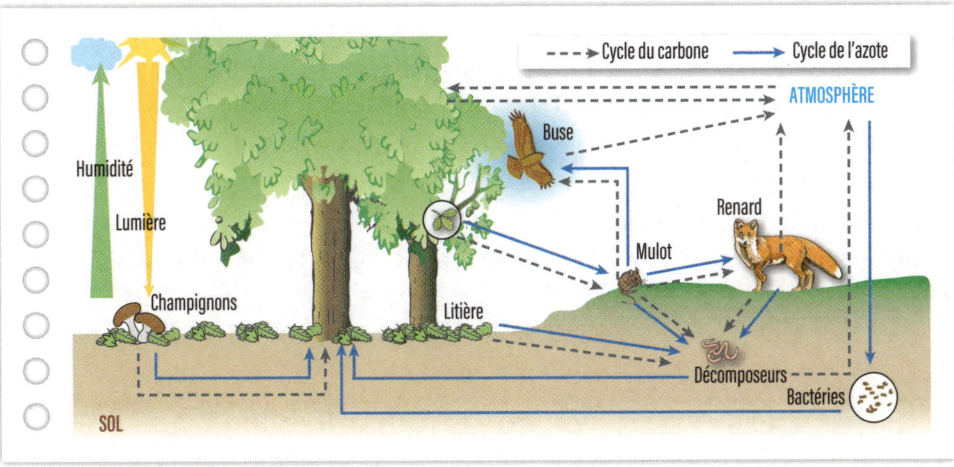

Les clés pour réussir

COUP DE POUCE

Tu peux t'appuyer sur la méthode p. 8.

Analyser et reformuler le sujet

→ La problématique invite à s'interroger sur « les bénéfices que l'humain peut tirer [...] d'un écosystème » et l'en-tête permet de préciser que les bénéfices sont des « avantages que l'humain utilise gratuitement ». Il s'agit donc d'aborder les **services écosystémiques**. Il convient de faire le lien entre certaines caractéristiques de « l'organisation (éléments, flux, interactions) d'un écosystème », les fonctions écologiques qui y sont associées et les avantages pour le bien-être humain qu'elles confèrent.

→ Les **fonctions écologiques** sont définies comme les processus biologiques qui permettent le fonctionnement et le maintien des écosystèmes.

→ Le verbe d'action « montrer » signifie « mettre en évidence, faire voir ou découvrir », en utilisant principalement la description. Il s'agit donc de mettre en évidence la diversité des services écosystémiques offerte par un seul et unique écosystème, puisque la consigne précise que tu dois t'appuyer sur un seul exemple. Tu connais trois catégories de services écosystémiques.

→ Le **document** d'aide est un schéma de synthèse qui présente plusieurs caractéristiques de l'organisation (éléments, flux, interactions) d'un écosystème forestier. Tu peux t'en servir pour recenser des exemples, mais ce n'est pas une obligation.

→ Termes à définir en introduction : « services écosystémiques », « écosystème ».

Recenser et organiser les idées et arguments pour répondre au sujet

→ **Idée clé 1. Service d'approvisionnement**

Exemple pour argumenter : les arbres, exemples d'éléments de la structure d'un écosystème.

> Décris une fonction écologique des arbres. Ex. : diversification du biotope, il favorise l'établissement de gradients de température et d'humidité.

> Définis le concept de service d'approvisionnement.

> Décris le service d'approvisionnement associés aux arbres. Ex. : le bois pour le chauffage, la construction…

→ **Idée clé 2. Service de régulation**

Exemple pour argumenter : la photosynthèse, exemple d'un flux de carbone entre biotope et organisme vivant.

> Décris une fonction écologique de la photosynthèse. Ex. : échanges gazeux (CO_2, O_2).

> Définis le concept de service de régulation.

> Décris un service de régulation associé à la photosynthèse. Ex. : fixation du carbone.

→ **Idée clé 3. Service culturel**

Exemple pour argumenter : les interactions proie-prédateur, exemples d'interactions biotiques.

> Décris une fonction écologique des interactions proie-prédateur. Ex. : régulation des populations entre différentes espèces.

> Définis le concept de service culturel.

> Décris un service culturel associé à des interactions proie-prédateur. Ex. : observations naturalistes.

SE PRÉPARER POUR L'EXAMEN

Résolution de problème

SUJET 2 L'évolution cyclique des effectifs des tétras-lyres

Le tétras-lyre (aussi appelé petit coq de bruyère) est une espèce à forte valeur patrimoniale. Quoiqu'elle ne soit pas menacée de disparition à court terme, son état de conservation, en Europe, est préoccupant et, en France, cette espèce est quasi menacée. Dans le nord de l'Angleterre, des propriétaires gardent des comptes détaillés et précis du gibier chassé sur leurs terres chaque année. L'examen de ces recueils révèle que le nombre de tétras-lyres chassés fluctue de façon cyclique (**Doc 1**). Par extrapolation, ces fluctuations correspondent à des cycles de l'effectif de la population, que l'on cherche à expliquer.

Question

Montrer que l'interaction avec le parasite *Trichostrongylus tenuis* peut expliquer à elle seule les cycles observés dans l'effectif des populations de tétras-lyres.

Vous organiserez votre réponse selon une démarche de votre choix intégrant des données issues des documents et des connaissances complémentaires nécessaires.

Document 1 > Évolution de la population des tétras-lyres chassés, sur un domaine, entre 1900 et 1990.

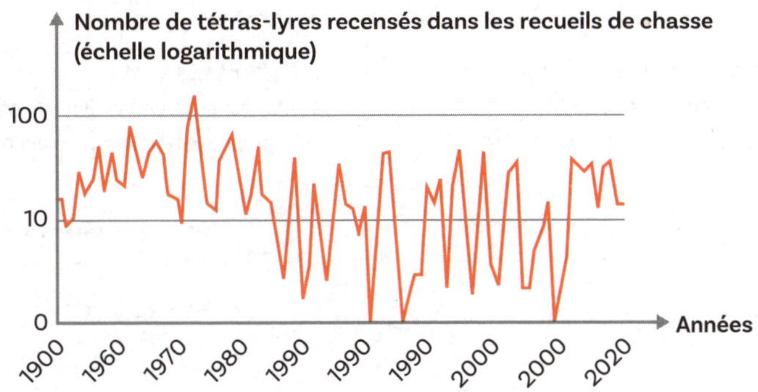

Note : dans une échelle logarithmique, l'écart entre deux graduations correspond au même rapport. Ici, la valeur est multipliée par 10 entre chaque graduation.

Peter J. Hudson, « *Parasitic Worms and Population* », dans A. Berryman, *Population Cycles – The Case for Trophic Interactions*, 2002.

Document 2 > Quelques caractéristiques biologiques du nématode *Trichostrongylus tenuis*

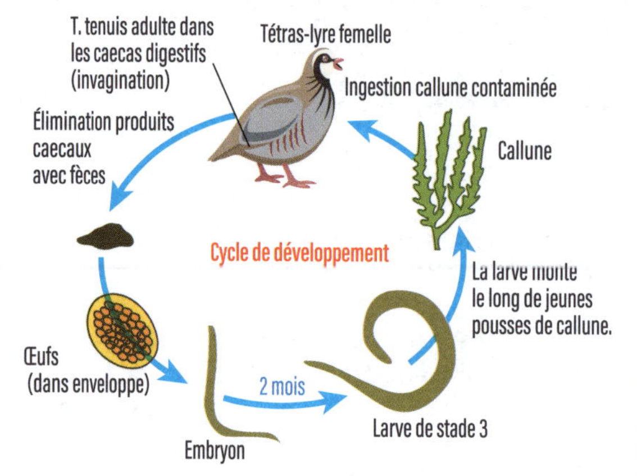

Les adultes *T. tenuis* semblent produire des œufs à un taux constant. Les deux premiers stades larvaires du nématode restent dans les fèces (excréments). Les larves du troisième stade, elles, remontent les pousses en croissance de la callune, la principale plante consommée par les tétras-lyres. La contamination a lieu lorsque le tétra-lyre mange une pousse ainsi contaminée.

D'après *Game & Wildlife Conservation Trust.*

Document 3 > Expérience de Hudson *et al.* (1998)

Une expérimentation est menée sur six parcelles de l'aire de répartition du tétras-lyre. Dans certaines d'entre elles, les tétras-lyres sont traités avec le vermifuge. Dans chaque parcelle, entre 1 000 et 3 000 tétras-lyres, soit 15 à 50 % de la population, sont capturés, traités et marqués avant d'être relâchés. Ultérieurement, un échantillon d'oiseaux traités est tiré de chaque population et les intensités d'infection par le ver sont comparées à celles d'oiseaux non traités pour confirmer que le traitement réduit la charge parasitaire. Les astérisques représentent les années de traitement au cours desquelles la charge de vers chez les tétras-lyres adultes est significativement réduite.
Le dénombrement des tétras-lyres est effectué par un recensement, suivant une même procédure permettant de calculer une densité de population fiable et de les comparer.
Les mêmes conditions expérimentales sont reproduites sur deux parcelles. Chaque couleur de courbe est associée aux résultats d'une parcelle.

a. Résultats obtenus au niveau des deux sites de contrôle (sans traitement par le vermifuge)

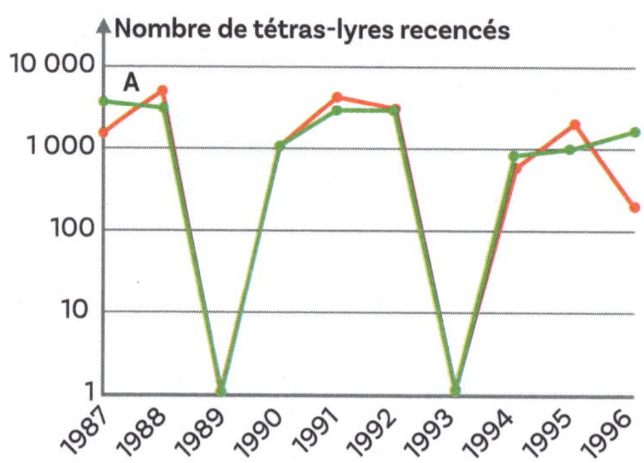

b. Résultats obtenus au niveau de deux populations ayant eu chacune le traitement par le vermifuge

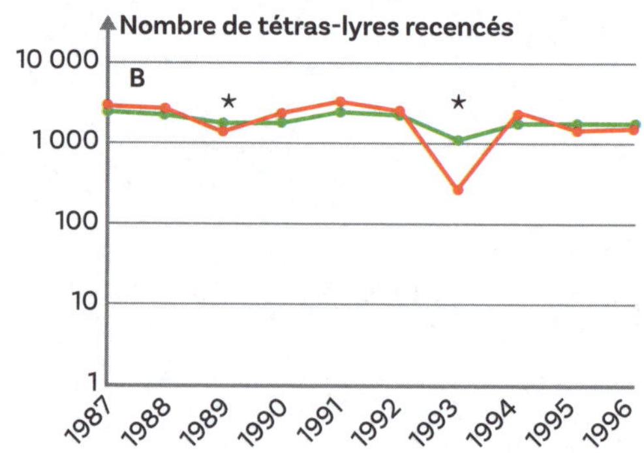

D'après Hudson et al, « *Prevention of Population Cycles* » *Science*, 2257, 1998.

COUP DE POUCE

Tu peux t'appuyer sur la méthode p. 8.

Les clés pour réussir

Analyser et reformuler le sujet

- Le problème traite de l'interaction entre « le parasite *Trichostrongylus tenuis* » et « les tétras-lyres ». Cette interaction « peut expliquer à elle seule » les « cycles observés dans l'effectif des populations de tétras-lyres » signifie qu'elle cause seule les changements de taille des populations de volatiles observés.
- Le verbe d'action « montrer » signifie « mettre en évidence, faire voir ou découvrir », en utilisant principalement la description. Il s'agit donc explicitement de **mettre en évidence** l'effet de l'interaction parasite-tétras-lyre sur les populations de tétras-lyre. Le **document 2** sur le cycle du parasite invite implicitement à décrire cette interaction et, en faisant appel aux connaissances, à préciser **comment** elle agit sur l'effectif des populations de tétras-lyre.
- La démarche doit intégrer l'exploitation des trois documents et tes connaissances.

Mobiliser ses connaissances en lien avec le sujet

- Valeur sélective.
- Interaction d'exploitation et parasitisme.
- Dynamique des populations.

Recenser les idées issues des documents

- **Doc 1** : décris l'ampleur et la périodicité de la variation cyclique de l'effectif de la population de tétras-lyres sur un domaine.
- **Doc 2** : décris le cycle de vie du parasite *Trichostrongylus tenuis* et la façon dont les tétras-lyres se contaminent.
- **Doc 3** : décris et compare les résultats de l'expérience menée sans et avec traitement pour en déduire l'effet des parasites sur la variation des effectifs des populations de tétras-lyres.

Mettre en relation les informations issues des documents et/ou des connaissances

- **Doc 1 et 3** : relie l'expérience aux observations de terrain, en mettant en évidence les similitudes notamment, pour donner une cause à la dynamique de population observée à l'aide de l'expérience.
- **Doc 2 et connaissances** : décris l'interaction de parasitisme entre *Trichostrongylus tenuis* et les tétras-lyres.
- **Doc 1, 2 et 3 et connaissances** : mets en relation les effets du parasitisme sur la valeur sélective des tétras-lyres avec la dynamique de leur population.

9

THÈME 4

Mutation, génétique

RÉVISIONS 2de

Un quiz avant de commencer

1. Vrai ou faux ?

	Vrai	Faux
1 Certains caractères se transmettent de génération en génération : on parle de caractères héréditaires.	☐	☐
2 Chez un individu, les mutations responsables de pathologies sont toutes dominantes.	☐	☐
3 Toutes les cellules (hors gamètes) d'un humain sont issues de la cellule-œuf par mitoses successives.	☐	☐
4 Dans une population, les allèles sont présents sous plusieurs versions appelées « gènes ».	☐	☐
5 Un caractère récessif s'exprime lorsque l'allèle responsable est présent en un seul exemplaire.	☐	☐
6 De nombreux caractères sont déterminés par plusieurs gènes.	☐	☐

2. Coche la ou les bonne(s) réponse(s).

1. Lors de la fécondation :

- a chaque cellule-œuf reçoit une paire de chromosomes de chacun des gamètes. ☐
- b chaque gamète apporte à la cellule-œuf un chromosome de chaque paire de chromosomes. ☐
- c la rencontre entre un spermatozoïde et un ovule est aléatoire. ☐
- d le nombre de paires de chromosomes de l'espèce est rétabli. ☐

2. Le génotype est :

- a l'ensemble des caractères visibles d'un individu. ☐
- b l'ensemble du patrimoine génétique d'un individu. ☐
- c tout ou partie des chromosomes d'un individu. ☐
- d tout ou partie des allèles d'un individu. ☐

3. L'humain possède :

- a 1 chromosome sexuel. ☐
- b 2 chromosomes sexuels. ☐
- c 23 paires de chromosomes. ☐
- d 46 paires de chromosomes. ☐

Réponses : 1. 1. Vrai - **2.** Faux - **3.** Vrai - **4.** Faux - **5.** Faux - **6.** Vrai • **2. 1.** b, c, d - **2.** d - **3.** b, c.

patrimoine et santé

L'ESSENTIEL EN 2 POINTS

Comment les mutations contribuent-elles à l'apparition de maladies ? Comment les maladies monogéniques se transmettent-elles et peuvent-elles être traitées ?

1 Mutations et maladies monogéniques

Les génomes des individus diffèrent les uns des autres suite aux **mutations produites** au cours des générations successives. **Certaines ont des conséquences sur la santé** : elles provoquent des maladies. L'étude des antécédents familiaux et le développement des techniques de séquençage du génome et d'étude génomique favorisent l'**identification des mutations responsables** et ouvrent la voie à la **thérapie génique**. > p. 164

Comment expliquer l'apparition de maladies complexes ? Comment déterminer les causes de maladies multifactorielles ?

2 Maladies polygéniques et multifactorielles

Le **fond génétique individuel** intervient dans la santé de l'individu, et la plupart des pathologies d'origine génétique sont dues à **l'interaction de nombreux gènes** et/ou **entre génotype, mode de vie et conditions de milieu**. L'épidémiologie permet d'identifier des **allèles de certains gènes** qui rendent **plus probable** l'apparition d'une pathologie. > p. 166

LE COURS *en 2 fiches*

1 Mutations et maladies monogéniques

Idées clés

→ Il existe des **maladies** humaines causées par la **présence d'allèle(s) muté(s)**, que l'on peut traiter et parfois guérir.

→ L'examen des **arbres généalogiques familiaux** permet de connaître les **modes de transmission héréditaire** des **déterminants** génétiques.

→ Dans le cas d'une **maladie monogénique** à **transmission autosomique récessive**, seuls les **homozygotes** pour l'allèle muté sont **atteints**. Les **hétérozygotes** sont des **porteurs sains**.

→ L'étude des **génomes** de grandes cohortes de patients est à la base de l'**identification des gènes** correspondants.

Coup d'œil

Allèles transmis		Parent 1 : A 1/2	Parent 1 : a 1/2
Parent 2	A 1/2	AA **1/4** = 1/2 * 1/2	Aa 1/4
Parent 2	a 1/2	aA 1/4	aa 1/4

Allèle a

Proportion de gamètes avec l'allèle

Génotype du zygote

Proportion de zygotes de génotype aa

zygotes

Échiquier de croisement (parents hétérozygotes)

Des pistes pour argumenter

Le rôle d'une mutation et du génotype dans une pathologie : présente le lien entre allèle(s) muté(s), génotype(s) et phénotype malade. > **p. 170**

Le risque génétique : calcule un risque génétique. > **p. 171 et 172**

Coup d'œil

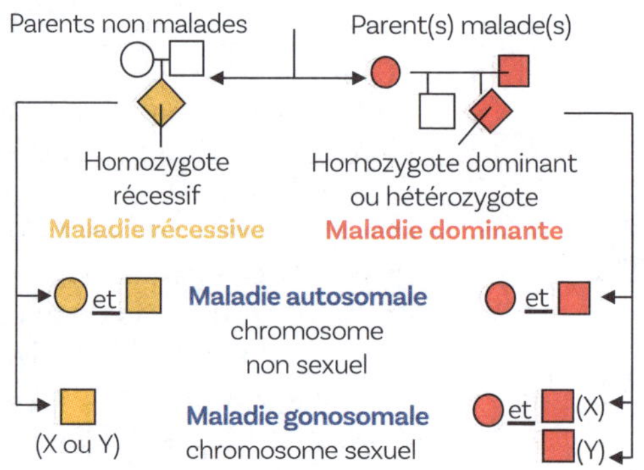

Analyse génétique

- Certaines **mutations**, **héritées** ou **nouvellement produites**, sont à l'origine d'**allèles responsables de pathologies**, parce qu'elles affectent l'expression de certains gènes ou altèrent leurs produits. Les **maladies monogénétiques** sont dues à la **mutation d'un seul gène.**
- Selon les cas, les **traitements** apportés visent à **compenser par des médicaments la fonction altérée** ou à **contrôler les conditions de milieu.** Dans certains cas, on peut envisager une **thérapie génique** visant à **remplacer l'allèle muté** dans les cellules du tissu atteint pour soigner une maladie.
- L'**héréditaire récurrente** de certaines maladies témoigne de **leur origine génétique**. Pour les maladies monogéniques, en fonction des **phénotypes** (malade/non malade), du **caryotype sexuel (femme-XX ou homme-XY)** et des **liens de parenté** des différents membres d'une famille, on peut déduire la manière dont le **déterminant génétique** (allèle responsable de la pathologie) **est transmis**. On s'appuie sur le principe de la génétique mendélienne : **chaque parent a deux allèles du gène impliqué dans la maladie, et chacun transmet aléatoirement un de ses deux allèles à chaque enfant**.
- Une maladie touchant uniquement les hommes est associée à un **déterminant génétique porté par un chromosome sexuel** : on parle de **transmission gonosomique** ; par opposition, la **transmission autosomique** concerne les **chromosomes autosomes** (non sexuels).
- Lorsqu'un malade a des parents non malades, l'allèle responsable de la pathologie est **récessif** et la **transmission récessive** ; par opposition, la **transmission dominante** concerne des déterminants génétiques **dominants**.
- Chaque allèle étant transmis avec la même probabilité, on peut calculer le **risque génétique**. C'est la **probabilité de transmission** d'une maladie génétique, celle d'obtenir le ou les génotype(s) associé(s) au phénotype malade. Il est égal à « la probabilité que le parent 1 porte un allèle récessif » multipliée par « la probabilité que le parent 2 porte un allèle récessif » multipliée par « la probabilité que l'enfant soit homozygote récessif ». Par exemple, si les parents sont hétérozygotes : $\frac{1}{2} \times \frac{1}{2} \times \frac{1}{4}$.
- La forme **dominante** d'un caractère monogénique s'exprime chez l'individu qui possède une copie (**génotype hétérozygote**) ou deux copies (**génotype homozygote**) de l'allèle dit « **dominant** ». La forme **récessive** s'exprime chez l'individu qui possède deux copies de l'allèle dit « **récessif** ».
- Pour les **maladies à transmission autosomiques récessives**, seuls les individus ayant **deux copies de l'allèle** responsable de la pathologie déclarent les symptômes de la maladie. Les **porteurs sains** sont des individus non malades qui ont **un allèle responsable de pathologie** et un allèle sain.
- L'**épidémiologie** est l'**étude de la distribution et des facteurs de risque** (environnementaux et génétiques) d'une maladie dans des populations humaines. L'**approche épidémiologique** consiste à **comparer des caractéristiques environnementales et/ou génétiques entre un groupe témoin** (non malades) **et un groupe de malades**, afin de mettre en évidence une **différence** qui est **susceptible d'être à l'origine de la maladie**. La **significativité** augmente avec la taille de l'échantillon étudié.
- L'épidémiologie génétique s'intéresse aux **facteurs de risques génétiques**. Le **lien de causalité** entre un déterminant génétique et une maladie est formellement prouvé par une **approche biologique expérimentale**.

→ Voir lexique p. 284

2 Maladies polygéniques et multifactorielles

Idées clés

→ La plupart des pathologies d'origine génétique sont dues à l'interaction de nombreux gènes.

→ Certains allèles de certains gènes rendent **plus probable** l'apparition d'une pathologie.

→ Mode de vie et conditions du milieu peuvent interagir dans la probabilité d'apparition d'une pathologie.

Des pistes pour argumenter

Une maladie peut être multifactorielle : cite l'exemple du diabète de type 2, maladie favorisée par des facteurs génétiques (allèles à risque) et environnementaux (IMC élevé, apports trop importants en graisses et en sels quotidiens, sédentarité, déshydratation chronique).

Coup d'œil

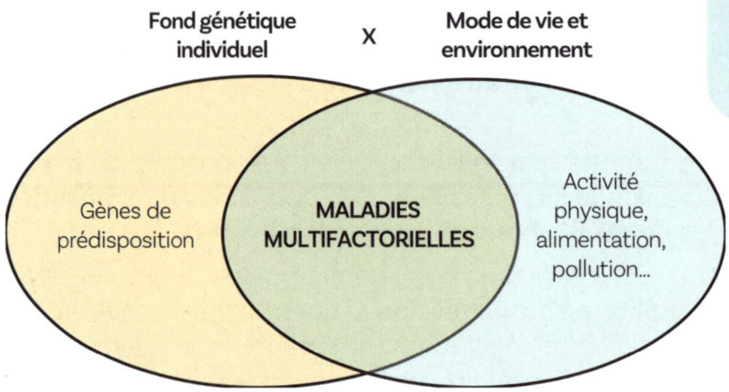

Les maladies multifactorielles

À la loupe

- Les **maladies complexes** sont la conséquence de l'**interaction de nombreux gènes** (maladies **polygéniques**) et/ou de l'interaction **entre le génotype et des facteurs extérieurs** (maladies **multifactorielles**).
- L'**épidémiologie** permet d'identifier des **facteurs de risque**, c'est-à-dire des caractéristiques individuelles ou collectives, endogènes ou exogènes, qui augmentent de façon statistiquement significative la probabilité d'apparition et de développement d'une maladie.
- On peut estimer le **risque relatif**, qui est l'augmentation de la probabilité d'apparition d'une maladie liée à la présence d'un facteur (rapport de l'**incidence** observée dans une population exposée au facteur de risque sur l'incidence d'une population non exposée).
- Il existe des **gènes « de prédisposition »**, dont certains allèles « à risque » rendent plus probable l'apparition d'une pathologie, sans pour autant la rendre certaine. La santé d'un individu repose ainsi sur son **patrimoine génétique** et sur l'**interaction avec son mode de vie et son environnement**. Les recherches visent à comprendre l'implication de facteurs environnementaux, génétiques et leurs interactions (simultanée, successive ou cumulée dans le temps) dans de nombreuses maladies.

→ Voir lexique p. 284

MÉMO VISUEL

- Mutation, patrimoine génétique et santé -

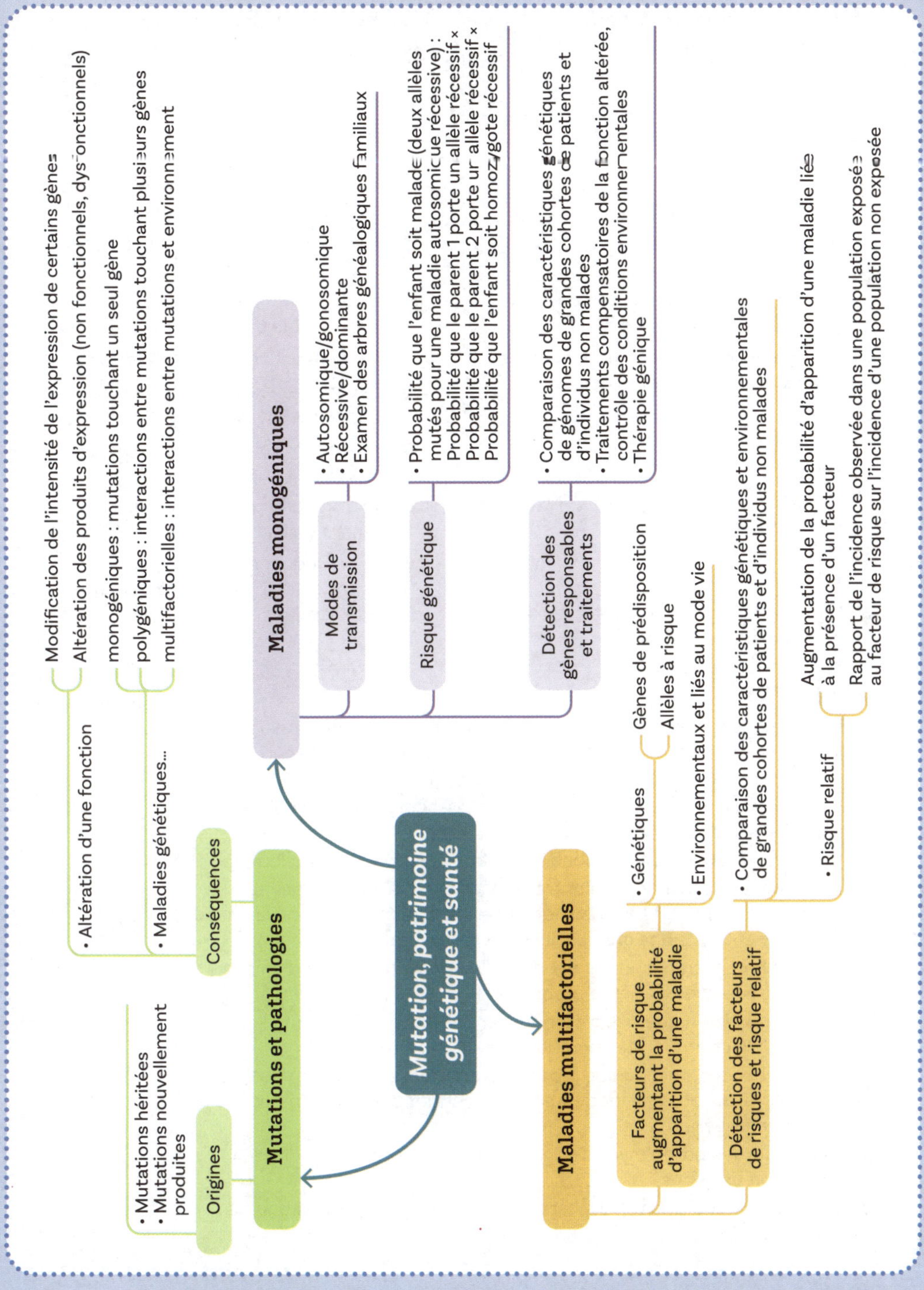

QCM

SE TESTER

1. Coche la ou les bonne(s) réponse(s).

1. Chez un individu, les mutations responsables de pathologies :

- **a** sont toujours présentes chez ses parents biologiques. ☐
- **b** peuvent être nouvellement produites. ☐
- **c** altèrent les produits d'expression (ARN ou protéine) sans modifier l'intensité de l'expression génétique. ☐
- **d** modifient la nature ou la quantité de produits de l'expression génétique (ARN ou protéine). ☐

2. Dans le cas d'une maladie monogénique à transmission autosomique récessive :

- **a** les allèles mutés responsables de la maladie se situent sur les chromosomes X ou Y. ☐
- **b** la maladie est due à la mutation d'un seul gène. ☐
- **c** les hétérozygotes sont des porteurs sains. ☐
- **d** tous les individus homozygotes sont malades. ☐

3. Le risque relatif correspond à :

- **a** l'augmentation de la probabilité d'apparition d'une maladie liée à la présence d'un facteur génétique ou environnemental. ☐
- **b** la probabilité d'apparition d'une maladie liée à la présence d'un facteur génétique ou environnemental. ☐
- **c** la probabilité de posséder un gène de prédisposition. ☐
- **d** la probabilité de transmettre une maladie à sa descendance. ☐

4. La thérapie génique a pour principe :

- **a** de vacciner les personnes à l'aide d'un vecteur viral modifié. ☐
- **b** de remplacer l'allèle muté dans les cellules du tissu atteint. ☐
- **c** de transférer un allèle normal dans la cellule-œuf. ☐
- **d** de provoquer aléatoirement une mutation de l'allèle muté pour qu'il redevienne un allèle normal. ☐

2. Vrai ou faux ?

		Vrai	Faux
1	L'examen des arbres généalogiques familiaux permet de connaître les modes de transmission héréditaire des déterminants génétiques responsables d'une maladie monogénétique.	☐	☐
2	Les individus de génotype hétérozygote possèdent deux allèles identiques sauf s'ils ne sont pas malades.	☐	☐
3	Le risque génétique est la probabilité de transmission d'une maladie génétique.	☐	☐
4	Pour une maladie monogénique à transmission autosomique récessive, si chacun des parents possède un allèle muté responsable de la maladie, alors leur enfant a une chance sur deux d'être malade.	☐	☐
5	Chaque parent transmet à son enfant l'un des deux allèles d'un gène qu'il possède avec la même probabilité.	☐	☐
6	Une thérapie génique vise à compenser par des médicaments la fonction altérée ou à contrôler les conditions de milieu.	☐	☐
7	L'approche épidémiologique repose notamment sur l'étude des génomes de grandes cohortes de patients pour identifier des gènes impliqués dans les maladies génétiques.	☐	☐
8	La plupart des pathologies d'origine génétique sont dues à l'interaction de nombreux gènes.	☐	☐
9	Une maladie multifactorielle est la conséquence de l'interaction de nombreux gènes.	☐	☐

3. Complète le schéma avec les termes suivants.

a. *hétérozygote* – **b.** *non malade* – **c.** *reproduction sexuée* – **d.** *allèle dominant associé à une expression génétique normale* – **e.** *non malade et porteur sain* – **f.** *homozygote dominant* – **g.** *génotype* – **h.** *phénotype* – **i.** *homozygote récessif* – **j.** *malade* – **k.** *allèle récessif associé à intensité ou à un produit d'expression génétique anormal.*

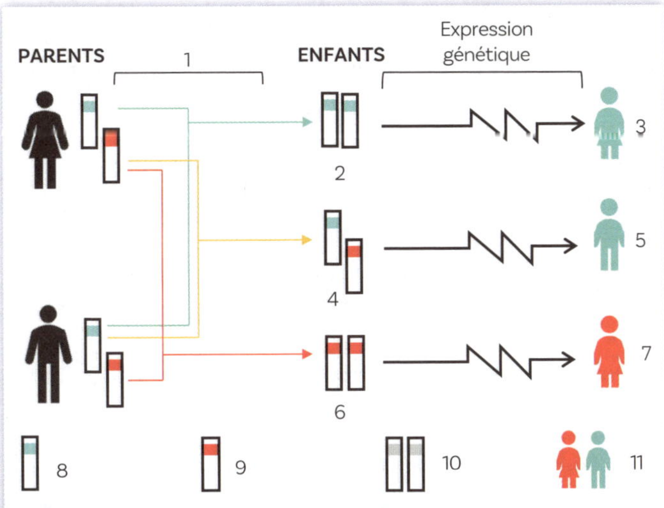

Maladie monogénétique à transmission autosomique récessive

4. Réponds aux questions posées par ces mémo cartes.

1. Mutations et maladies monogéniques

- Comment la présence d'allèle(s) muté(s) peut-elle causer des maladies ?
- Qu'est-ce qu'une maladie monogénétique ?
- Comment déterminer le mode de transmission héréditaire d'un déterminant génétique responsable d'une maladie ?
- Qu'est-ce qu'une transmission autosomique récessive ?
- Quel est le génotype d'un porteur sain ?
- Qu'est-ce que le risque génétique ? Comment le calculer ?
- Comment l'étude des génomes de grandes cohortes de patients permet-elle l'identification de gènes à l'origine de maladies ?
- Comment traiter les effets phénotypiques d'une maladie génétique monogénique ?
- Quelle est la différence entre approches épidémiologique et expérimentale ?

2. Maladies polygéniques et multifactorielles

- Qu'appelle-t-on une maladie polygénique ? et une maladie multifactorielle ?
- Qu'est-ce qu'un allèle à risque ?
- Qu'est-ce que le risque relatif ? Comment le calculer ?
- Quels facteurs influencent la santé des individus ?

Réponses : 1. 1. b, d – **2.** b, c – **3.** a – **4.** b • **2. 1.** Vrai – **2.** Faux – **3.** Vrai – **4.** Faux – **5.** Vrai – **6.** Faux – **7.** Vrai – **8.** Vrai – **9.** Faux • **3. 1.** c – **2.** f – **3.** b – **4.** a – **5.** e – **6.** i – **7.** j – **8.** d – **9.** k – **10.** g – **11.** h.

SAVOIR-FAIRE

Méthode 1 Exploiter des résultats de comparaison de séquences génétiques

SUJET Une étude de cas de mucoviscidose dans une famille

La mucoviscidose est une maladie autosomique récessive. Elle est due à une mutation du gène CFTR, entraînant une altération de la protéine canal CFTR. Il existe plusieurs allèles mutants ; le plus fréquent est l'allèle CFTR-DeltaF508. Une famille touchée par cette maladie réalise un séquençage d'ADN pour identifier les allèles présents.

Les allèles CFTR normal, mutant R553X et mutant Delta508 servent successivement de référence à la comparaison des allèles des membres de la famille. Les deux allèles de chaque membre de la famille sont identifiés « ...-AL1 » et « ...-AL2 ».

Consigne : Détermine les différents génotypes des membres de la famille et leur état de santé.

Pourcentage de ressemblance entre les séquences du gène CFTR étudiées

Séquences étudiées \ Séquence servant de référence	Référence CFTR normal	Référence R553X	Référence Delta508
Père-AL1	100 %	99,98 %	99,93 %
Père-AL2	99,98 %	100 %	99,91 %
Mère-AL1	100 %	99,98 %	99,93 %
Mère-AL2	99,93 %	99,91 %	100 %
Fils-AL1	100 %	99,98 %	99,93 %
Fils-AL2	100 %	99,98 %	99,93 %
Fille-AL1	99,98 %	100 %	99,91 %
Fille-AL2	99,93 %	99,91 %	100 %

CONSEILS

- Exploite le tableau des comparaison de séquences pour déterminer les deux allèles portés par chaque membre de la famille.
- Mets en relation les caractéristiques de la maladie concernant son mode de transmission avec les génotypes des membres de la famille.

+ d'aide ?
Voir p. 164

CORRIGÉ

La mucoviscidose est une maladie autogénique récessive. La possession de deux allèles mutés est nécessaire pour développer les symptômes de la maladie. Père : Génotype = (CFTR normal // R553X) – Sain ; Mère : Génotype = (CFTR normal // Delta 508) – Sain ; Fils : Génotype = (CFTR normal // CFTR normal) – Sain ; Fille : Génotype = (Delta 508 // R553X) – Malade

Méthode 2 Exploiter un arbre généalogique

SUJET Une famille touchée par la drépanocytose

La drépanocytose est une des maladie monogéniques les plus répandues dans le monde.

En France, son incidence est d'environ une naissance sur 3 000 et on estime qu'un personne sur 27 en moyenne est hétérozygote.

Le document ci-contre présente l'arbre généalogique d'une famille concernée par cette maladie. Le couple I-1 / I-2 souhaite avoir un enfant.

Consigne : Estime le risque encouru par ce couple que l'enfant à naître soit malade.

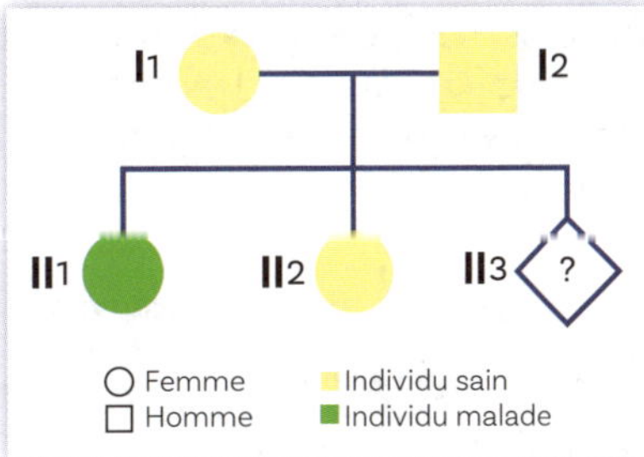

CONSEILS

- Détermine le génotype des parents I1 et I2, sachant qu'ils ont un enfant malade.
- Réalise un tableau de croisement pour le couple I1 et I2.
- D'après le tableau, calcule la probabilité d'avoir un enfant malade, c'est-à-dire qui possède deux allèles mutés.

+ d'aide ? Voir p. 164

CORRIGÉ

Les parents ont un premier enfant malade : ils ont donc transmis chacun un allèle muté et sont **hétérozygotes**, donc ils vont produire deux types de gamètes en égale proportion.

La fécondation des gamètes de ce couple peut donner différents types de cellules-œuf ; comme le montre le tableau de croisement ci-dessous :

Tableau de croisement du couple

Génotype des gamètes de la mère \ Génotype des gamètes du père	(A) 1/2	(a) 1/2
(A) 1/2	(A//A) 1/4	(A//a) 1/4
(a) 1/2	(A//a) 1/4	(a//a) 1/4

Génotype des **cellules-œufs**

A = allèle sauvage responsable du phénotype sain
a = allèle muté responsable du phénotype malade

La probabilité du couple d'avoir un enfant malade, c'est-à-dire un enfant porteur de deux allèles mutés est ¼, soit **25 %**.

Méthode 3 Calculer un risque génétique

SUJET Le risque de phénylcétonurie pour un enfant à naître

Antoine est atteint de phénylcétonurie, une maladie monogénique récessive qui entraîne une quantité trop importante de phénylalanine dans le sang. Avec sa conjointe, Claire, ils souhaitent avoir un enfant. Le médecin traitant leur propose de réaliser un test génétique.

	Séquence de nucléotides du gène PAH à partir du nucléotide 277
Allèle du gène PAH 1	TAT ACC CCC AAA CCT GAC ATC ....
Allèle du gène PAH 2	TAT ACC CCC AAA CCT GAC ATC ....

Doc 1 Diagnostic génétique d'Antoine

	Séquence de nucléotides du gène PAH à partir du nucléotide 277
Allèle du gène PAH 1	TAT ACC CCC GAA CCT GAC ATC ....
Allèle du gène PAH 2	TAT ACC CCC GAA CCT GAC ATC ....

Doc 2 Diagnostic génétique de Claire

Gène PAH : gène situé sur le chromosome 12, codant pour une enzyme PAH responsable de la transformation de la phénylalanine en tyrosine.

Mutation 12q22-q24.2 : la guanine du nucléotide 286 du gène PAH est remplacée par une adénine.

Consigne : Estime le risque du couple d'avoir un enfant malade.

CONSEILS

- Exploite les informations du diagnostic génétique d'Antoine et de Claire pour déterminer leur génotype.
- Mets en relation les caractéristiques de la maladie concernant son mode de transmission avec les génotypes de Claire et d'Antoine.

+ d'aide ? Voir p. 164

CORRIGÉ

Génotype d'Antoine : les deux allèles portés par Antoine possèdent une adénine en position 286, donc il porte deux allèles mutés 12q22-q24.2.

Génotype de Claire : les deux allèles portés par Claire possèdent une guanine en position 286, donc elle porte deux allèles normaux pour le gène PAH.

Les parents sont **homozygotes** donc ils vont produire un seul type de gamètes chacun. La fécondation des gamètes de ce couple peut donner un seul type de cellules-œuf. La probabilité du couple d'avoir un enfant malade, c'est-à-dire un enfant porteur de deux allèles mutés, est de 0 %.

Méthode 4 Exercer son esprit critique pour interpréter les résultats d'une étude épidémiologique

SUJET Des études de cas-témoins relatives à l'AOMI

L'artériopathie obstructive des membres inférieurs (AOMI) est une pathologie fréquente des artères des membres inférieurs liée au dépôt de plaques d'athérome à l'origine de leur obstruction.

Dans une étude cas-témoins menée en Italie, on cherche à savoir si la quantité de lipides circulant dans le sang (cholestérol et triglycérides) est un facteur de risque dans cette maladie.

Les cas sont atteints d'AOMI, les témoins sont sains. Les valeurs correspondent à la moyenne des taux sanguins des individus de chaque groupe d'étude.

Résultats de l'étude cas-témoins	Cas	Témoins	Différence significative
Effectif	76	84	
Taux de cholestérol total dans le sang = HDL + LDL (g/L)	2,21	2,17	Non
Taux de HDL dans le sang (g/L)	0,39	0,51	Oui
Taux de triglycérides dans le sang (g/L)	1,45	1,17	Oui

HDL : « bon cholestérol » (celui qui est en train d'être évacué vers le foie, où il sera éliminé).
LDL : « mauvais cholestérol » (celui qui est transporté vers les organes et peut se déposer dans les vaisseaux).

Consigne : Exploite les résultats de cette étude de cas-témoins afin d'identifier certains facteurs de risque de l'AOMI.

CONSEILS

- Le résultat d'études qui portent sur des échantillons de population est dit « **statistiquement significatif** » lorsqu'il semble exprimer de façon fiable un fait auquel on s'intéresse, par exemple la différence entre deux groupes. Il est alors très peu probable que ce résultat apparent soit en fait trompeur s'il n'est pas dû, par exemple, à un échantillon erroné ou trop petit...
- Compare les résultats des différents paramètres pour chaque groupe d'étude et propose des corrélations entre certains paramètres et le développement de la maladie.

CORRIGÉ

Le taux de cholestérol total n'est significativement pas différent entre les populations d'individus atteints d'AOMI et les individus sains. Il ne semble donc pas corrélé à un risque de l'AOMI.

En revanche, l'AOMI est corrélée à un faible taux de HDL et à un taux élevé de triglycérides dans le sang. Il semble donc que ces deux facteurs soient des facteurs de risque de la maladie.

Ton **KIT DE SURVIE** pour le **BAC** avec SCHOOLMOUV

Chapitre 9

Mutation, patrimoine génétique et santé

Tu viens de voir les notions à connaître sur le patrimoine génétique et la santé. Pour t'aider à retenir l'essentiel et t'entraîner pour le Bac, voici ton kit de révisions clé en mains conçu par SchoolMouv !

Vidéo

Pour mieux comprendre et t'en souvenir à coup sûr, regarde la vidéo. C'est parfois bien plus clair en images.

Vidéo **Mutations, patrimoine génétique et santé**
https://flashbelin.fr/focusbacschoolmouv/svt/1re/9

Contenu additionnel

Voici un bonus autour du même sujet. La curiosité n'est pas toujours un vilain défaut. Il suffit de créer ton compte pour avoir accès à plein de contenus supplémentaires.

Fiche **Mutations, patrimoine génétique et santé**
https://www.schoolmouv.fr/eleves/cours/mutations-patrimoine-genetique-et-sante/fiche-de-cours

Tchat avec un prof

Pour poser toutes tes questions à un prof particulier, découvre l'abonnement tchat. Tu peux le tester gratuitement pendant 7 jours : fini les questions sans réponses, tu vas devenir incollable.

https://focusbac.schoolmouv.fr/offre

Le Focus de SchoolMouv

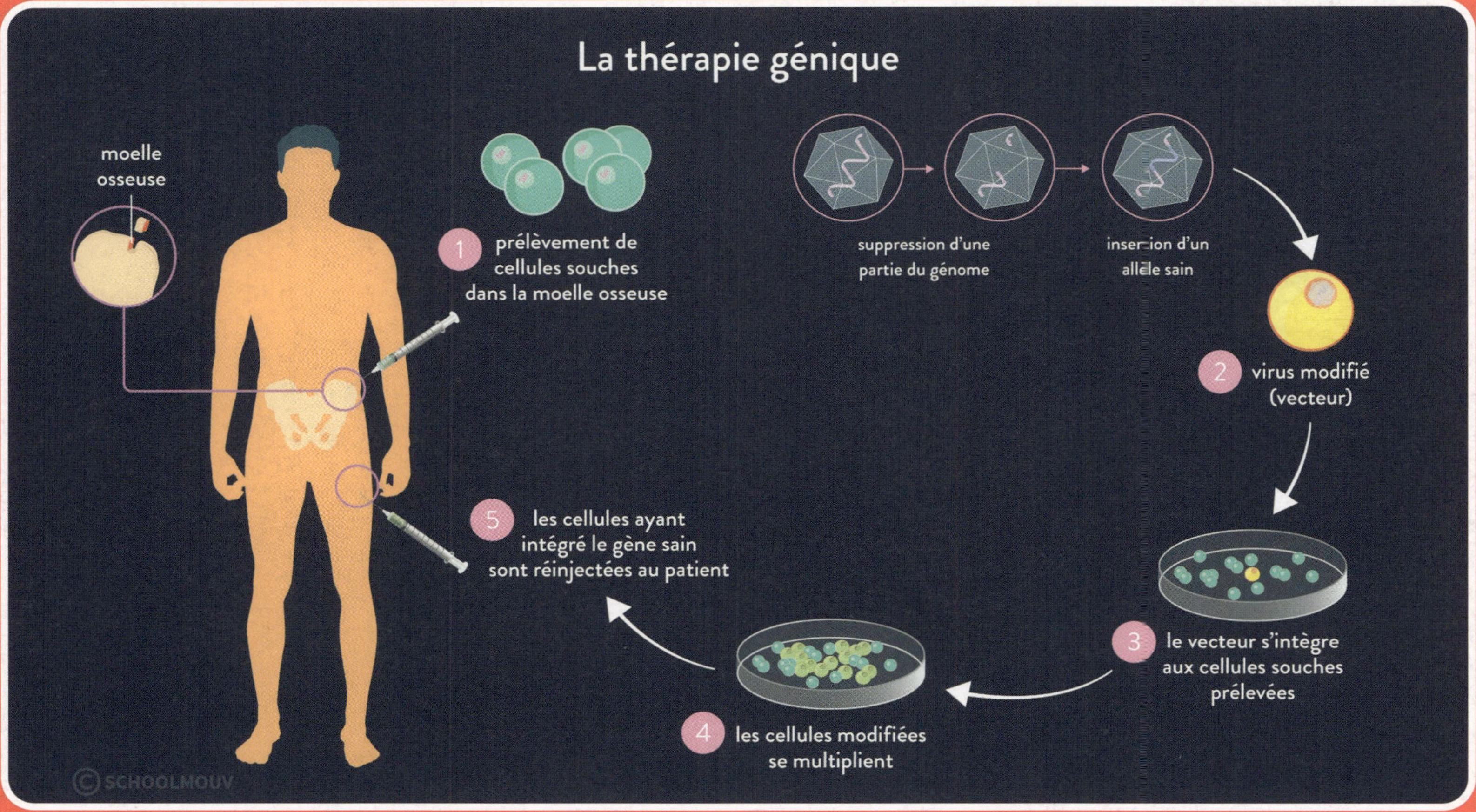

THÈME 4

10 Altération et cancer

RÉVISIONS 2de

Un quiz avant de commencer

1. Réponds aux questions suivantes.

1. Comment est appelé le phénomène de modification de la séquence de nucléotides d'un gène ?
2. Comment appelle-t-on un facteur de l'environnement qui augmente la fréquence d'apparition des mutations ?

2. Vrai ou faux ?

	Vrai	Faux
1 La mutation est un phénomène rare et aléatoire.	☐	☐
2 Les cellules somatiques correspondent aux cellules reproductrices.	☐	☐
3 La vaccination permet de se protéger individuellement d'une infection, mais ne limite pas la propagation de l'infection dans le reste de la population.	☐	☐
4 Un cancer est toujours une maladie liée à l'infection de l'organisme par un agent pathogène.	☐	☐
5 Le génome est l'ensemble de l'information génétique d'un organisme contenu dans ses cellules.	☐	☐
6 Le mode de vie peut influencer la probabilité de développer un cancer.	☐	☐
7 Le cancer est une maladie qui ne touche qu'un seul organe : le poumon.	☐	☐
8 Chez un individu, la mutation d'un des gènes entraîne toujours l'apparition d'une maladie.	☐	☐

Réponses : 1. 1. Une mutation – **2.** Un agent mutagène • **2. 1.** Vrai – **2.** Faux – **3.** Faux – **4.** Faux – **5.** Vrai – **6.** Vrai – **7.** Faux – **8.** Faux.

du génome

L'ESSENTIEL EN 2 POINTS

Comment des mutations de l'ADN peuvent-elles provoquer des cancers ?

1 L'origine du développement des cancers

Des **altérations du génome** dans les **cellules somatiques** peuvent donner naissance à une lignée cellulaire dont la **prolifération incontrôlée** est à l'origine de cancers. > p. 178

Comment envisager des mesures de protection des individus contre les cancers et des traitements efficaces ?

2 Des mesures de protection et de traitement des cancers

L'**évitement des mutations** de l'ADN, ainsi que la **surveillance** des individus porteurs de **gènes de prédisposition**, les protègent des cancers. Les **traitements** consistent à détruire de différentes manières les cellules cancéreuses. > p. 179

LE COURS en 2 fiches

1 L'origine du développement des cancers

Idées clés

→ Des **altérations du génome** dans les **cellules somatiques** peuvent donner naissance à une **lignée cellulaire** dont la **prolifération incontrôlée** est à l'origine de cancers.

→ Des **facteurs de l'environnement** et la présence d'**allèles à risque** peuvent augmenter le risque de développer un **cancer**.

Coup d'œil

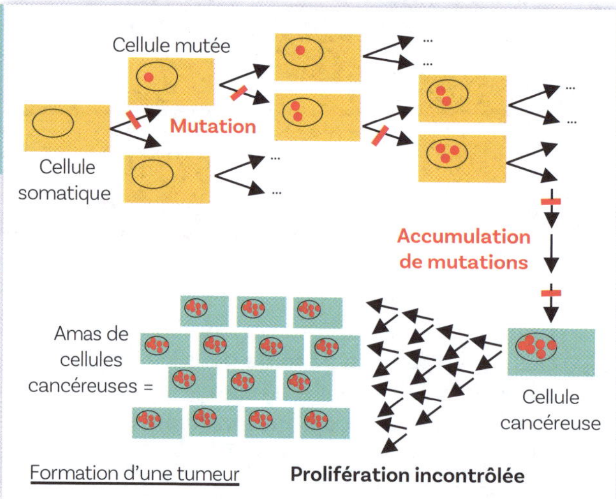

Des pistes pour argumenter

Des facteurs génétiques hérités qui modifient la susceptibilité des individus de développer différents types de cancers : présente un exemple de cancer dont la survenue est augmentée par la présence d'allèles hérités dans le génome.
> p. 185

À la loupe

- Les **cancers** sont dus à une **multiplication incontrôlée par mitoses de cellules** qui forment des **tumeurs**. Certaines de ces cellules peuvent **migrer** dans le sang et se multiplier dans **d'autres organes**, formant des **métastases**.
- Des **altérations du génome** (par de nombreuses mutations) dans les **cellules somatiques** peuvent donner naissance à une **lignée cellulaire cancéreuse**.
- Certains **gènes** peuvent **favoriser** l'apparition de tumeurs (**oncogènes**) ou **empêcher** leur apparition (gènes **suppresseurs** de tumeurs). Les **mutations** de ses gènes augmentent le risque de survenue d'un cancer, sans le déclencher systématiquement. Ces mutations sont **spontanées** ou peuvent être induites par un **agent mutagène** ou certaines infections virales, et elles sont **héréditaires**.
- Des **facteurs de l'environnement**, liés notamment aux modes de vie, augmentent les risques de cancer : c'est le cas de l'**exposition aux agents mutagènes**. Certains **agents infectieux** peuvent aussi être à l'origine de ces modifications du génome dans les cellules somatiques.

→ Voir lexique p. 284

2 Des mesures de protection et de traitement des cancers

Idées clés

→ Des **comportements** permettent d'éviter des mutations de l'ADN en **limitant l'exposition aux agents mutagènes**, et diminuent ainsi le risque de survenue des cancers.

→ La **surveillance** accrue des individus porteurs d'**allèles à risque** permet un **dépistage** et une prise en charge rapide.

→ Dans le cas où un cancer s'est développé, différents traitements consistent à éliminer les cellules cancéreuses par plusieurs moyens.

Coup d'œil

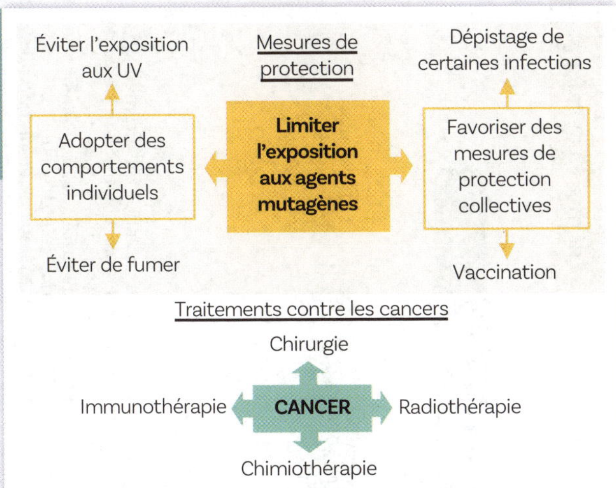

Des pistes pour argumenter

Des mesures préventives pour limiter la survenue de cancers liés à des infections virales : présente un exemple de cancer dont la survenue est augmentée par une infection virale et les mesures préventives qui permettent de limiter cette infection.

À la loupe

- Les **études épidémiologiques** ont montré l'influence de certains **facteurs de l'environnement** dans le développement des cancers, tels que des **agents mutagènes abiotiques** (ex. : UV, pollutions chimiques) et des **virus** (ex. : de l'hépatite B, papillomavirus), qui augmentent la fréquence de mutations. Au moins 40 % des cancers sont liés à des comportements que nous pouvons modifier.
- **Des mesures de prévention et de protection** sont mises en œuvre pour limiter l'incidence et prendre en charge rapidement les cancers : **évitement des agents mutagènes** (ex. : crème solaire, politique antitabac), **surveillance régulière** en fonction de l'âge (ex. : mammographie pour le cancer du sein) ou encore **vaccination**.
- Malgré ces mesures de protections, des cancers peuvent se développer. Dans ce cas, il existe plusieurs types de **traitement**, dont la **chirurgie** (ablation de la tumeur et des métastases), la **radiothérapie** (destruction locale des cellules cancéreuses par des radiations), la **chimiothérapie** (destruction des cellules cancéreuses à l'aide de molécules toxiques) et l'**immunothérapie** (stimulation du système immunitaire pour détruire les cellules anormales cancéreuses).
- Ces traitements visent à **éliminer les cellules à prolifération incontrôlée**. Le type de traitement appliqué dépend en partie du **type de cancer** et de son **stade de développement**.

→ Voir lexique p. 284

MÉMO VISUEL

- Altération du génome et cancer -

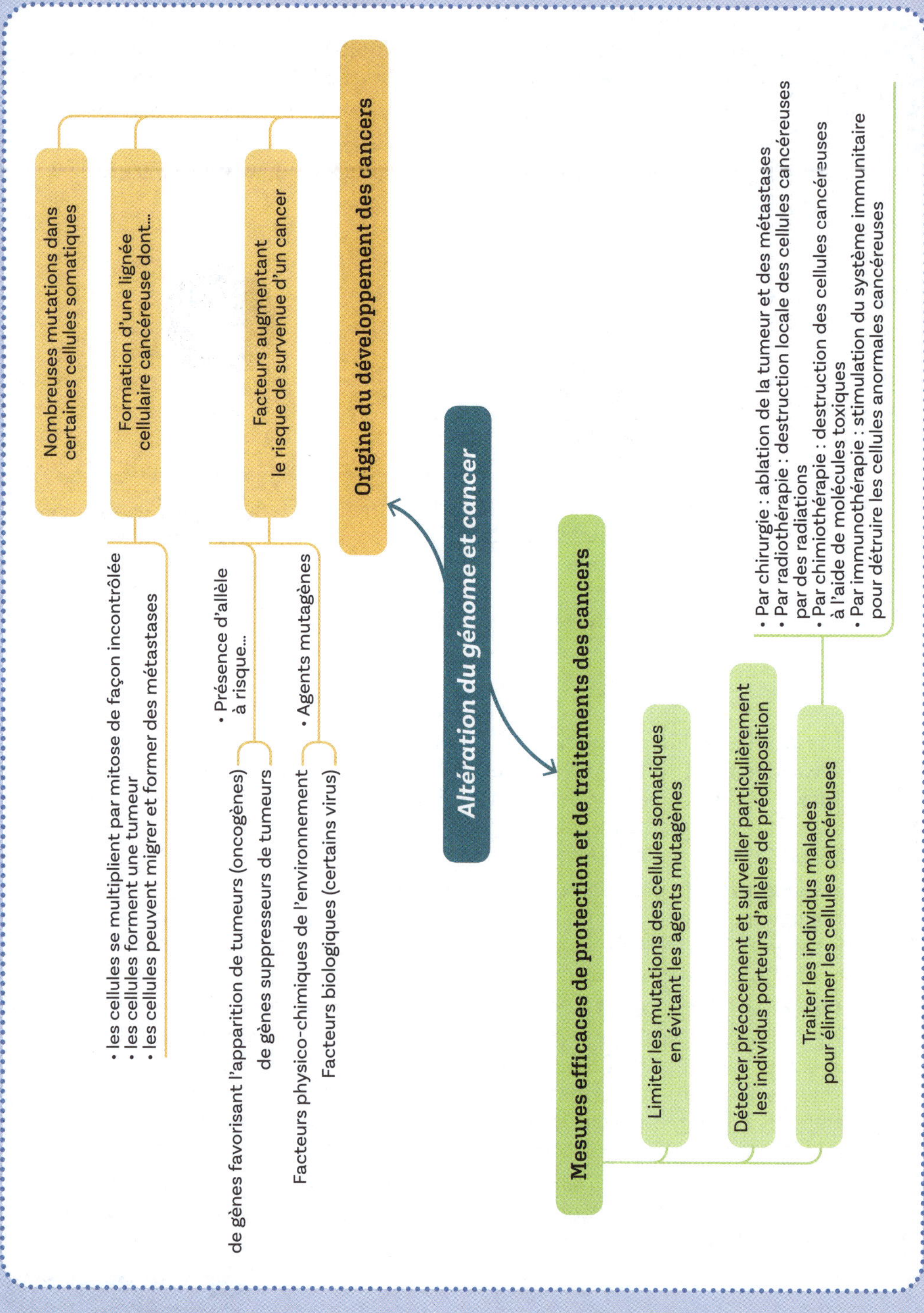

SE TESTER

1. Coche la ou les bonne(s) réponse(s).

1. L'origine d'un cancer :

- **a** peut être des mutations induites par des agents mutagènes. ☐
- **b** est toujours due à une modification du génome par des virus. ☐
- **c** ne necessite pas toujours de modifications génétiques des cellules. ☐
- **d** est toujours une transmission héréditaire d'allèles à risques. ☐

2. La présence d'allèle à risque dans le génome d'une personne :

- **a** entraîne forcément l'apparition d'un cancer à un moment de sa vie. ☐
- **b** augmente les risques d'être exposé à des agents mutagènes. ☐
- **c** augmente le risque de survenue d'un cancer. ☐
- **d** peut être supprimée grâce à la vaccination. ☐

3. Une cellule normale peut devenir cancéreuse après :

- **a** une seule mutation. ☐
- **b** une altération du génome par accumulation de mutations. ☐
- **c** la mort de la cellule. ☐
- **d** la réplication de l'ADN. ☐

2. Vrai ou faux ?

		Vrai	Faux
1	Des microorganismes peuvent être à l'origine d'une cancérisation des cellules.	☐	☐
2	Le développement des cancers n'a pas de causes génétiques.	☐	☐
3	Les cellules cancéreuses peuvent être transmises d'un individu à l'autre.	☐	☐
4	Il n'existe aucun traitement contre un cancer.	☐	☐
5	Certaines mesures de protection collectives peuvent limiter la survenue des cancers des individus.	☐	☐
6	Les allèles à risque portés par un individu peuvent être supprimés grâce à la vaccination.	☐	☐
7	Certains facteurs de l'environnement peuvent induire la prolifération incontrôlée de cellules somatiques.	☐	☐
8	La vaccination contre certains agents infectieux permet de détruire les cellules cancéreuses.	☐	☐
9	La radiothérapie est un moyen de lutter efficacement contre l'apparition de certains cancers.	☐	☐
10	Les gènes suppresseurs de tumeur ne s'expriment que dans les cellules cancéreuses.	☐	☐

3. Complète le schéma à l'aide des termes suivants.

a. *altération du génome de la cellule* – **b.** *cellule mutée* – **c.** *cellule somatique* – **d.** *vaisseau sanguin* – **e.** *tumeur* – **f.** *prolifération incontrôlée de cellules mutées* – **g.** *migration des cellules mutées.*

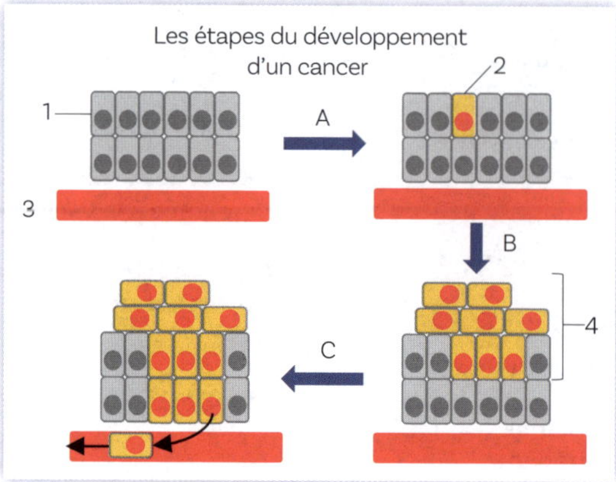

4. Réponds aux questions posées par ces mémo cartes.

1. L'origine du développement des cancers

- Pourquoi une cellule cancéreuse prolifère-t-elle ?
- Quelle est la cause d'apparition d'un cancer ?
- Quels sont les facteurs de risques d'apparition un cancer ?
- Qu'est-ce qu'un gène de prédisposition au cancer ?
- À quoi servent les études épidémiologiques dans la lutte contre les cancers ?

2. Des mesures de protection et de traitement des cancers

- Comment un individu peut-il limiter le risque de développer un cancer ?
- Pourquoi les mesures préventives pour limiter certaines infections virales permettent-elles une diminution du nombre de certains cancers ?
- La présence de mutations dans un gène de prédisposition au cancer est-il déterminant dans le développement de la maladie ?
- Comment traite-t-on un cancer ?

Réponses : 1. 1. a – **2.** c – **3.** b • **2. 1.** Vrai – **2.** Faux – **3.** Faux – **4.** Faux – **5.** Vrai – **6.** Faux – **7.** Vrai – **8.** Faux – **9.** Faux – **10.** Faux. • **3. 1.** c – **2.** b – **3.** d – **4.** e – **A.** a – **B.** f – **C.** g.

EXERCICES

SAVOIR-FAIRE

Méthode 1 Exploiter des observations microscopiques

SUJET Diagnostiquer un cancer de la peau

Lorsqu'un médecin suspecte le développement d'un cancer chez un patient, il lui prescrit une biopsie. Après avoir prélevé un fragment de tissu à étudier, on observe au microscope optique le pourcentage de cellules en division. Le comptage est répété sur d'autres zones du prélèvement, puis une moyenne du nombre de ces cellules est calculée par mm^2. On rappelle qu'un cancer est le résultat d'une prolifération incontrôlée de cellules.

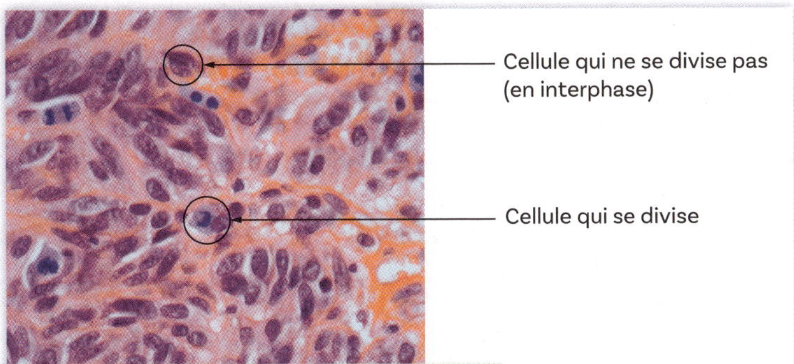

Tissu humain suspect observé au microscope optique

Consigne : Estime le pourcentage de cellules en division dans le tissu suspect.

CONSEILS

- Lis attentivement tous les commentaires associés aux données (légendes de l'image, informations du texte) pour trouver un moyen de distinguer les cellules en division des autres cellules.
- Le pourcentage de cellules en division se calcule en multipliant par 100 le nombre de cellules en division, puis en divisant par le nombre total de cellules dans le champ d'observation.

CORRIGÉ

On voit que lorsqu'une cellule se divise, les chromosomes sont visibles et l'enveloppe nucléaire a disparu, alors que dans une cellule qui ne se divise pas, les chromosomes ne sont pas visibles et le noyau est bien indentifiable.

> En interphase, l'ADN est décondensé, alors qu'en mitose, l'ADN se condense et les chromosomes sont visibles.

Le comptage des cellules sur l'image montre 5 cellules en division et 143 cellules en interphase, donc dans le tissu suspect il y a **3,4 %** de cellules en division $\left(= \frac{5 \times 100}{5 + 143}\right)$.

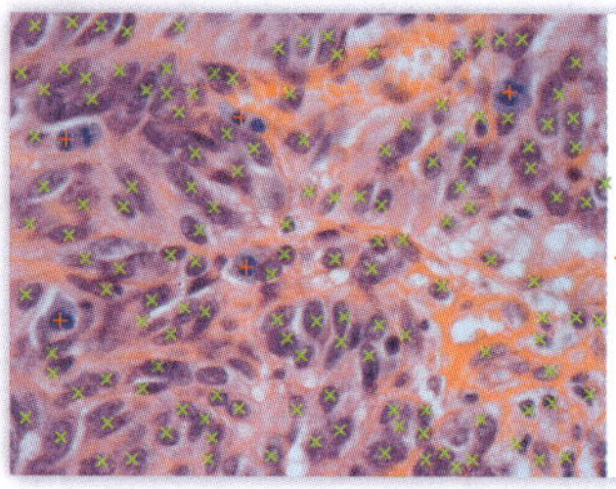

Comptage des cellules

+ Cellules en division = **5**
× Cellules en interphase = **143**

Lorsqu'une biopsie est réalisée, on effectue ce type de comptage sur plusieurs zones du prélèvement, afin d'en faire une moyenne et de la comparer avec le pourcentage de cellules en division dans un tissu de peau sain.

Méthode 2 Exploiter un graphique pour identifier un facteur de cancérisation

SUJET L'effet du benzopyrène sur l'organisme

Le benzopyrène est une molécule présente dans la fumée de cigarette. En contact avec les cellules pulmonaires, le benzopyrène va se transformer en benzopyrène diol époxyde (ou BDPE), qui se fixe à la molécule de guanine. Dès lors, la guanine s'associe à l'adénine. On a mesuré le pourcentage de souris présentant une tumeur après quatre mois d'exposition à différentes doses de benzopyrène.

Consigne : Montre que le benzopyrène est un facteur de cancérisation.

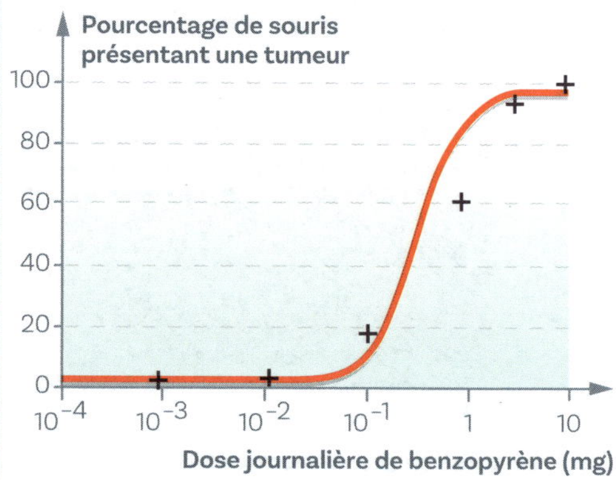

Pourcentage de souris présentant une tumeur en fonction de l'exposition à différentes doses de benzopyrène

CONSEILS

- Identifie la grandeur étudiée et la grandeur testée. Compare les pourcentages de souris présentant une tumeur dans deux conditions.
- Tires-en une déduction logique en lien avec la consigne.

+ d'aide ? Voir p. 178

CORRIGÉ

On voit que lorsque les souris sont exposées à 10 mg de benzopyrène par jour, 100 % des souris présentent une tumeur, alors que lorsqu'elles sont exposées à 10^{-1} mg de benzopyrène par jour, 20 % des souris présentent une tumeur.

Le pourcentage de souris présentant une tumeur correspond à la grandeur étudiée. La dose journalière de benzopyrène à laquelle sont soumises les souris correspond à la grandeur testée.

On en déduit que plus la dose d'exposition au benzopyrène dans un lot de souris est importante, plus le nombre de souris qui développent une tumeur est élevé : le benzopyrène augmente la fréquence d'apparition de tumeurs. C'est un facteur de cancérisation.

Méthode 3 Exploiter un graphique

SUJET Le rôle du gène p53 dans le développement des cancers

Dans la plupart des cas, lorsque les cellules sont lésées, elles meurent. Mais parfois elles peuvent au contraire proliférer de façon incontrôlée et engendrer un cancer. Cette prolifération peut pendre son origine dans la mutation de certains gènes qui entraîne un dérèglement du cycle cellulaire. Dans un cancer sur deux, le gène p53 est impliqué. Les chercheurs font l'hypothèse que le gène p53 est un gène suppresseur de tumeur, c'est-à-dire que son expression empêche l'apparition de tumeurs. Les chercheurs ont réalisé des manipulations génétiques sur des souris afin d'obtenir des souris avec des génotypes différents en ce qui concerne le gène p53. Ils ont ensuite suivi le devenir des souriceaux, et notamment le développement de tumeurs. Tous les animaux ont été élevés dans les mêmes conditions.

Des chercheurs ont introduit dans le génome de souris une copie supplémentaire du gène p53. Ils ont ensuite étudié la sensibilité de ces souris « super p53 » à un agent cancérigène (agent connu pour augmenter la fréquence de survenue d'un cancer).

Consigne : Montre que le gène p53 est un gène suppresseur de tumeur.

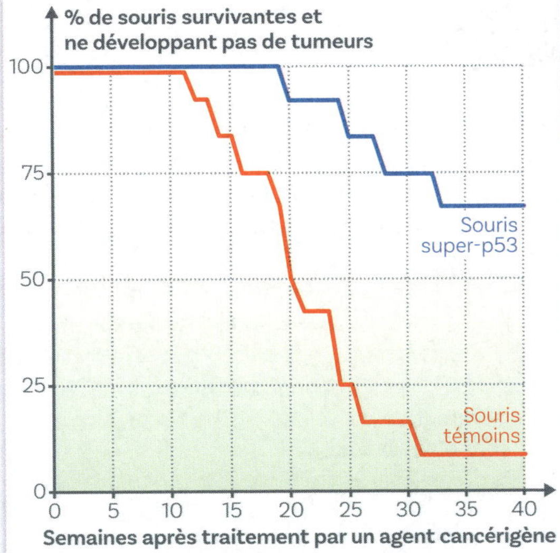

Suivi du développement de tumeurs chez des souris transgéniques exposées à un agent cancérogène

CONSEILS

- Lis attentivement les informations du texte pour trouver ce qui caractérise un gène suppresseur de tumeur.
- Identifie la grandeur étudiée et la grandeur testée dans l'expérience des chercheurs et choisis de comparer les résultats de la grandeur étudiée pour une seule condition expérimentale différente.
- Tires-en une déduction logique en lien avec la consigne.

CORRIGÉ

Un gène suppresseur de tumeur est un gène dont l'expression empêche l'apparition de tumeurs.

On observe qu'après 35 semaines de traitement par un agent cancérigène, dans le lot des souris super-p53, 65 % des souris survivantes ne développent pas de tumeurs, alors que dans le lot des souris témoins, 10 % des souris survivantes ne développent pas de tumeurs.

> La protéine p53 se lie à l'ADN et favorise l'expression de gènes qui doivent réparer les dommages cellulaires. Dans un cancer sur deux, le gène p 53 est concerné.

On en déduit que lorsque le gène p53 est surexprimé (lot de souris super-p53), la fréquence d'apparition des tumeurs est diminuée. Son expression empêche l'apparition de tumeurs : c'est un gène suppresseur de tumeurs.

Pour comparer les résultats de pourcentages de souris ne développant pas de tumeur, tu dois te placer dans des conditions d'obtention des résultats qui ne diffèrent que par un seul paramètre. Ici, tu peux comparer les résultats après 35 semaines.

Méthode 4 Lire un tableau et exercer son esprit critique

SUJET Consommation de lait et cancers

En 1954, Pierre Mendès France, président du Conseil, instituait le verre de lait à l'école, une potion pour la santé. Dans les années 1980, les producteurs chantaient « les produits laitiers sont nos amis pour la vie » sans être contredits. Mais quelques décennies plus tard, l'image du lait bénéfique pour la santé des adultes s'est troublée.

Résultats d'études épidémiologiques concernant différents facteurs et différents cancers chez l'être humain

	Cancers du foie	Cancer colorectal	Cancer de la prostate	Cancer du poumon	Cancer de la bouche
Consommation de boissons alcoolisées	+	++			++
Surpoids		++			
Consommation de viandes rouges	+	++		+	
Consommation de charcuteries		++			
Consommation de produits laitiers		-	+		
Activité physique		--		-	
Consommation de fruits et légumes		-		-	-
Consommation de fibres alimentaires		--			

Facteurs augmentant le risque
++ Niveau de preuve convaincant
+ Niveau de preuve probable à suggéré
Niveau de preuve non concluant ou non étudié

Facteurs diminuant le risque
-- Niveau de preuve convaincant
- Niveau de preuve probable à suggéré
Niveau de preuve non concluant ou non étudié

D'après Institut national du cancer.

Consigne : Discute de l'impact de la consommation du lait sur le développement de cancers au regard des données épidémiologiques.

CONSEILS

- Discuter exige de peser le pour et le contre d'une affirmation.
- Traduits les données du tableau concernant la consommation de produits laitiers en utilisant les légendes.

CORRIGÉ

Les résultats des études épidémiologiques indiquent que la consommation de lait augmente probablement le risque de développer un cancer de la prostate.

Les résultats indiquent également que la consommation de lait diminue probablement le risque de développer un cancer colorectal.

Pour les autres types de cancers, les études n'ont pas montré d'impact de la consommation de lait sur le développement de cancer, ou bien cela n'a pas été étudié.

Les données actuelles ne permettent pas de montrer l'impact de certains facteurs sur le développement de cancers, sans pour autant que le risque n'existe pas (pour l'instant, les études ne l'ont pas montré).

Ton **KIT DE SURVIE** pour le **BAC** avec SCHOOLMOUV

Chapitre 10 Altération du génome et cancer

Tu viens de voir les notions à connaître sur l'altération du génome et le cancer. Pour t'aider à retenir l'essentiel et t'entraîner pour le Bac, voici ton kit de révisions clé en mains conçu par SchoolMouv !

Vidéo

Pour mieux comprendre et t'en souvenir à coup sûr, regarde la vidéo. C'est parfois bien plus clair en images.

Vidéo **Origine et mécanismes de la cancérisation**

https://flashbelin.fr/focusbacschoolmouv/svt/1re/10

Contenu additionnel

Voici un bonus autour du même sujet. La curiosité n'est pas toujours un vilain défaut. Il suffit de créer ton compte pour avoir accès à plein de contenus supplémentaires.

Fiche **Origine et mécanismes de la cancérisation**

https://www.schoolmouv.fr/eleves/cours/origine-et-mecanismes-de-la-cancerisation/fiche-de-cours

Tchat avec un prof

Pour poser toutes tes questions à un prof particulier, découvre l'abonnement tchat. Tu peux le tester gratuitement pendant 7 jours : fini les questions sans réponses, tu vas devenir incollable.

https://focusbac.schoolmouv.fr/offre

Le Focus de SchoolMouv

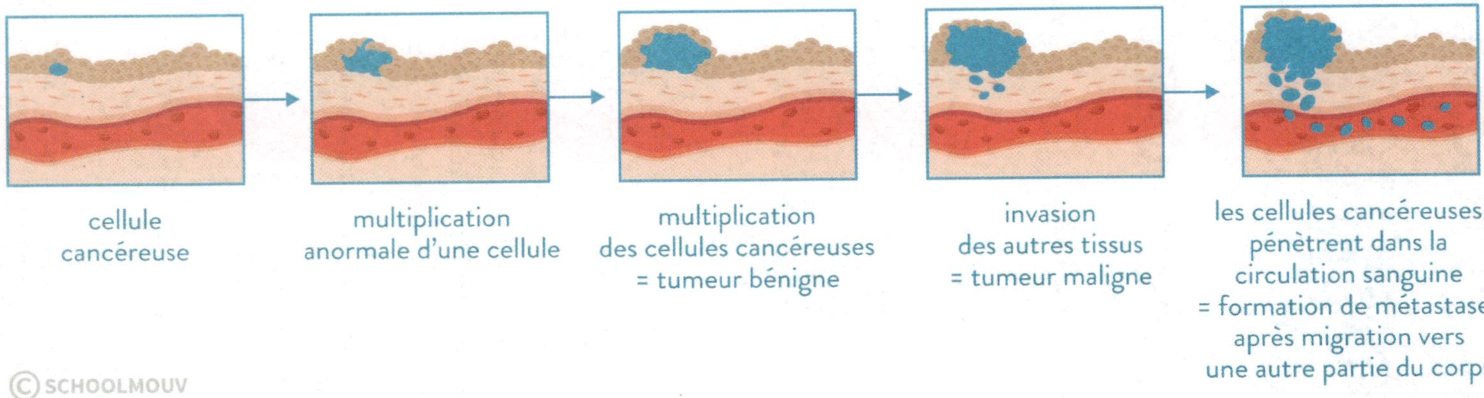

11

THÈME 4

Variations bactériennes aux

RÉVISIONS 2de

Un quiz avant de commencer

1. Réponds aux questions suivantes.

1. Quelles sont les origines possibles d'une maladie infectieuse ?
2. Que contiennent les médicaments qui permettent de soigner une infection bactérienne ?
3. Par quel mécanisme évolutif la fréquence des individus avantagés dans un environnement augmente-t-elle ?
4. Par quel mécanisme les bactéries peuvent-elles se multiplier ?

2. Vrai ou faux ?

	Vrai	Faux
1 Les maladies infectieuses sont dues à la contamination de l'organisme par des virus uniquement.	☐	☐
2 Les antibiotiques sont efficaces contre tous les agents pathogènes.	☐	☐
3 L'utilisation régulière des antibiotiques augmente leur efficacité.	☐	☐
4 Un individu peut muter afin d'être mieux adapté à son environnement.	☐	☐
5 Les mutations de l'ADN sont des événements rares qui se produisent aléatoirement.	☐	☐
6 Les bactéries sont des êtres vivants unicellulaires, donc elles ne peuvent pas subir de mutations.	☐	☐
7 Les bactéries pathogènes sont les bactéries qui composent le microbiote du corps humain.	☐	☐

Réponses : 1. 1. La contamination de l'organisme par un agent pathogène (bactéries, virus...) – **2.** Un antibiotique – **3.** La sélection naturelle – **4.** La mitose • **2. 1.** Faux – **2.** Faux – **3.** Faux – **4.** Faux – **5.** Vrai – **6.** Faux – **7.** Faux.

génétiques et résistances antibiotiques

L'ESSENTIEL EN 2 POINTS

Comment expliquer l'inefficacité des antibiotiques sur certaines souches bactériennes ?

1 **L'acquisition de la résistance aux antibiotiques**

Parmi les **mutations** spontanées ou induites qui se produisent **aléatoirement** dans les populations de bactéries, certaines **confèrent** des **résistances aux antibiotiques**. > p. 192

En quoi certaines pratiques sont-elles responsables d'une diminution de l'efficacité des antibiotiques ?

2 **La sélection des bactéries résistantes**

L'application d'un antibiotique sur une population bactérienne **sélectionne** les **mutants résistants** à cet antibiotique. L'**utilisation systématique** de traitements antibiotiques conduit à **augmenter la fréquence** des formes multi-résistantes. > p. 193

LE COURS en 2 fiches

1 L'acquisition de la résistance aux antibiotiques

Idées clés

→ Les **antibiotiques** détruisent les **bactéries** ou limitent leur prolifération.

→ Parmi les **mutations spontanées ou induites** qui se produisent **aléatoirement** dans les populations de bactéries, certaines confèrent des résistances aux antibiotiques.

→ Un antibiotique est **inefficace** sur une souche de **bactéries résistantes** à cet antibiotique.

Coup d'œil

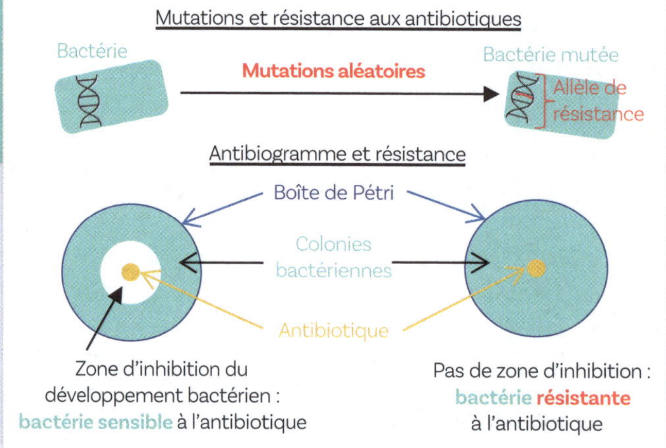

Des pistes pour argumenter

Certaines mutations confèrent aux bactéries des résistances aux antibiotiques : étudie l'apparition de mutants résistants à un antibiotique à partir d'une culture de bactéries sensibles. > p. 198

À la loupe

- La **prolifération de bactéries pathogènes** dans l'organisme peut être responsable de **maladies infectieuses**. La découverte des **antibiotiques**, au début du XXe siècle, fut une grande avancée en matière de santé : ces médicaments contiennent des **molécules qui détruisent des bactéries** ou **limitent leur prolifération**.
- Un antibiotique peut être **inefficace sur certaines bactéries**, qui sont alors qualifiées de **bactéries résistantes**.
- Comme chez tout être vivant, l'ADN d'une bactérie subit des **mutations aléatoires**, dont certaines peuvent faire apparaître un **nouvel allèle d'un gène** qui sera responsable de la **résistance de la bactérie** à des antibiotiques. Les allèles de résistance aux antibiotiques seront **transmis au clone** de la bactérie mutée.
- On peut déterminer l'**efficacité d'un antibiotique** grâce à la réalisation d'un **antibiogramme** : dans une boîte de culture de bactéries, l'étendue de la zone dans laquelle la prolifération bactérienne est inhibée autour d'une pastille imbibée d'un antibiotique renseigne sur le caractère **sensible** ou **résistant** de la souche bactérienne vis-à-vis de cet antibiotique.

→ Voir lexique p. 284

2 La sélection des bactéries résistantes

Idées clés

→ L'application d'un **antibiotique** sur une population bactérienne **sélectionne les bactéries résistantes** à cet antibiotique.

→ L'**utilisation systématique** de traitements antibiotiques conduit à augmenter la fréquence des **formes résistantes**, ce qui constitue un problème important de **santé publique**.

Des pistes pour argumenter

Utilisation de traitements antibiotiques et augmentation de la fréquence des bactéries résistantes : présente des exemples d'utilisation systématique de traitements antibiotiques dans différents domaines.

Coup d'œil

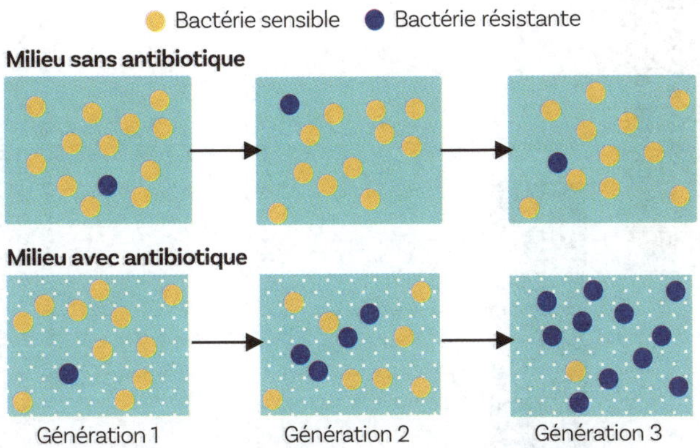

Effet des antibiotiques sur la fréquence des bactéries résistantes

À la loupe

- Lors de l'**utilisation d'un antibiotique**, il s'exerce une forme de **sélection naturelle** : de générations en générations, la **proportion** de bactéries sensibles dans la population diminue, alors que celle des **bactéries résistantes augmente**. Ces dernières, moins soumises à la compétition, peuvent exploiter davantage les ressources du milieu et se multiplier.
- Plus on utilise des antibiotiques, plus on favorise le développement des souches bactériennes résistantes. L'exposition aux antibiotiques entraîne donc une **augmentation de la fréquence des bactéries résistantes dans les populations naturelles de bactéries**.
- À cause de l'utilisation systématique de traitements antibiotiques en santé humaine, comme en usage agronomique ou vétérinaire, certaines bactéries sont devenues résistantes à la plupart des antibiotiques (**bactéries multirésistantes**). Cela constitue un important **problème de santé publique**, car le nombre de familles d'antibiotiques disponibles est limité.
- Il est devenu indispensable d'envisager de **nouvelles pratiques individuelles et collectives** plus responsables, afin de préserver l'efficacité des antibiotiques. En effet, la **diminution récente de l'utilisation d'antibiotiques** dans certains milieux agricoles a provoqué une diminution de la fréquence des bactéries résistantes.

→ Voir lexique p. 284

MÉMO VISUEL

– Variations génétiques bactériennes et résistances aux antibiotiques –

Variations génétiques bactériennes et résistances aux antibiotiques

- **Acquisition de la résistance aux antibiotiques par les bactéries**
  - Antibiotiques = médicaments qui luttent efficacement contre les infections bactériennes
    - Détruire les bactéries
    - Limiter la prolifération des bactéries
  - Certaines mutations aléatoires confèrent aux bactéries des résistances aux antibiotiques.
  - Antibiotique inefficace sur une souche de bactéries résistantes
- **Augmentation des formes de bactéries résistantes aux antibiotiques**
  - Application d'un antibiotique sur une population bactérienne = sélection des mutants résistants
    - Élimination des bactéries sensibles
    - Développement numérique des bactéries résistantes par diminution de la compétition
  - Utilisation massive d'antibiotiques
    - En santé humaine
    - En usage agronomique
    - En usage vétérinaire
  - Important problème de santé publique
    - Augmentation de la fréquence des formes de bactéries résistantes
    - Diminution du nombre de familles d'antibiotiques efficaces
    - Recherche de nouvelles pratiques plus responsables

QCM

SE TESTER

1. Coche la ou les bonne(s) réponse(s).

1. L'utilisation d'antibiotiques dans les élevages d'animaux :

- **a** contribue à augmenter la résistance aux antibiotiques des populations bactériennes. ☐
- **b** est très rare. ☐
- **c** ne présente aucun risque sanitaire. ☐
- **d** contribue à la bonne santé des consommateurs. ☐

2. Plus on augmente la prescription d'antibiotiques :

- **a** plus on augmente le risque de survenue de résistances aux antibiotiques. ☐
- **b** plus on diminue le risque de survenue de résistance aux antibiotiques. ☐
- **c** plus on renforce la protection de la population contre les infections bactériennes. ☐
- **d** plus on renforce la protection de la population contre les infections virales. ☐

3. Les antibiotiques sont :

- **a** des agents mutagènes. ☐
- **b** des agents de sélection génétique chez les bactéries. ☐
- **c** efficaces contre tous les types de microorganismes. ☐
- **d** efficaces contre toutes les souches de bactéries. ☐

4. Une souche bactérienne devient résistante à un antibiotique :

- **a** après avoir été exposée à une forte dose d'antibiotique. ☐
- **b** avant d'être en contact avec l'antibiotique. ☐
- **c** suite à l'action d'un agent mutagène tel que l'antibiotique. ☐
- **d** lorsque l'on effectue un antibiogramme. ☐

2. Vrai ou faux ?

		Vrai	Faux
1	L'utilisation fréquente d'antibiotiques favorise l'apparition de mutations chez les bactéries, qui leur permettent de survivre à l'antibiotique.	☐	☐
2	Les antibiotiques favorisent la survie des bactéries résistances par un processus de sélection naturelle.	☐	☐
3	Les antibiotiques sont efficaces sur certains virus et sur certaines bactéries.	☐	☐
4	Certaines bactéries peuvent être résistantes à plusieurs antibiotiques.	☐	☐
5	Les antibiotiques font apparaître des mutations chez certaines bactéries.	☐	☐
6	La résistance des bactéries à un antibiotique est due à une ou des mutations spontanées.	☐	☐
7	Chez une bactérie, une mutation peut être spontanée ou induite par des agents mutagènes.	☐	☐

3. a. Légende le schéma suivant.

b. Rappelle l'intérêt d'un antibiogramme.

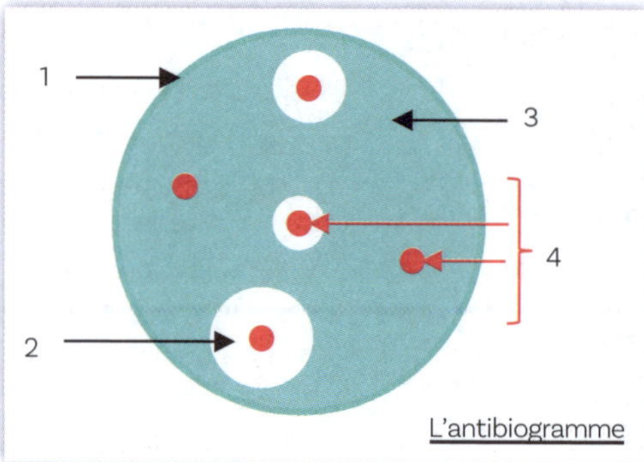

L'antibiogramme

4. Réponds aux questions posées par ces mémo cartes.

1. L'acquisition de la résistance

- Qu'est-ce qu'une souche de bactérie pathogène ?
- Qu'est-ce qu'un antibiotique ?
- Pourquoi qualifie-t-on certaines bactéries de résistantes à un antibiotique ?
- Quelle est l'origine de la résistance d'une souche bactérienne à un antibiotique ?
- Comment déterminer l'efficacité d'un antibiotique sur une souche bactérienne ?

2. La sélection des bactéries par l'utilisation des antibiotiques

- Comment la fréquence des bactéries résistantes évolue-t-elle ces dernières années ?
- Comment expliquer la diminution inquiétante des chances de succès thérapeutiques des antibiotiques ?
- Comment pouvons-nous agir individuellement pour limiter l'antibiorésistance ?
- Pourquoi l'augmentation de l'antibiorésistance est-elle un problème majeur de santé publique ?

Réponses : 1. 1. a – **2.** a – **3.** b – **4.** b • **2. 1.** Faux – **2.** Vrai – **3.** Faux – **4.** Vrai – **5.** Faux – **6.** Vrai – **7.** Vrai • **3. 1.** Boîte de Pétri – **2.** Zone dans laquelle la prolifération bactérienne est inhibée = zone d'inhibition – **3.** Développement d'une souche de bactéries – **4.** Pastille imbibée d'antibiotique – Un prélèvement contenant de bactéries est étalé sur une boîte de Pétri, sur laquelle on a déposé des pastilles de différents antibiotiques. Des zones limpides apparaissent où les bactéries ne se développent pas. On peut ainsi déterminer l'efficacité d'un antibiotique grâce à la réalisation d'un antibiogramme.

SAVOIR-FAIRE

Méthode 1 Exploiter les résultats d'un antibiogramme

SUJET Le choix d'un traitement antibiotique adapté

Une souche bactérienne a été isolée d'un patient présentant une infection urinaire. Un antibiogramme de cette souche est aussitôt réalisé. Le résultat obtenu est présenté dans la figure ci-dessous.

Les abaques de lecture précisent, pour chaque antibiotique (ATB), le diamètre maximal de la zone d'inhibition qui indiquerait que la bactérie est résistante à l'antibiotique (R), et le diamètre minimal qui indiquerait que la bactérie est sensible à l'antibiotique (S). Entre les deux, la bactérie serait considérée comme modérément sensible à l'antibiotique (I) et le succès thérapeutique serait imprévisible.

Consigne : En t'appuyant sur l'interprétation de l'antibiogramme, propose un traitement au patient.

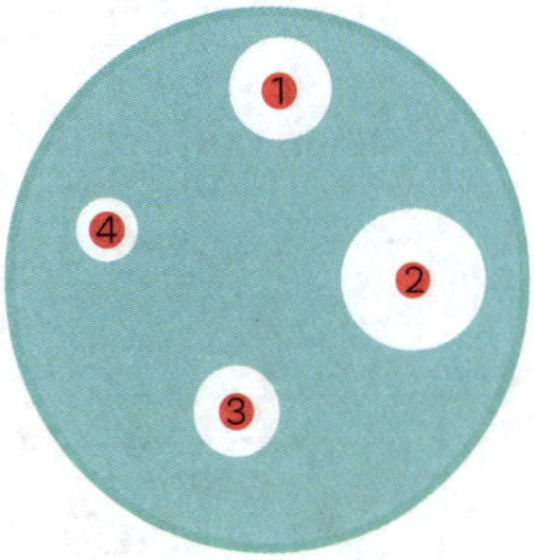

Diamètre ATB 1 : 32 mm
Diamètre ATB 2 : 40 mm
Diamètre ATB 3 : 13 mm
Diamètre ATB 4 : 7 mm

Antibiogramme

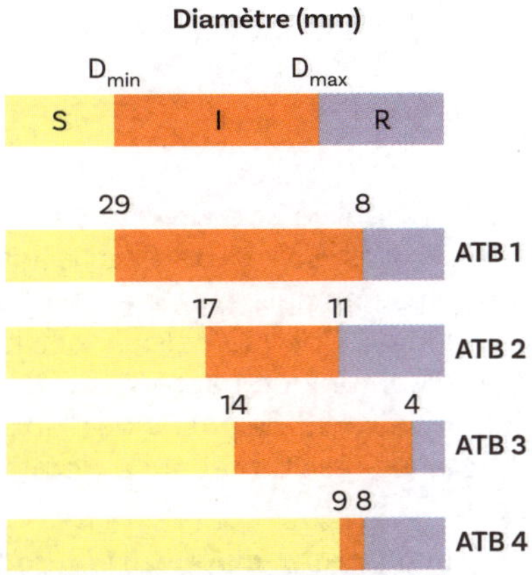

Abaque de lecture pour chaque antibiotique

CONSEILS

- Reporte le diamètre de la zone d'inhibition sur les abaques de lecture correspondant à chaque antibiotique.
- Détermine si la souche bactérienne est sensible, modérément sensible ou résistante à chaque antibiotique.
- Choisis un antibiotique efficace à prescrire pour lequel la souche de bactérie est sensible.

CORRIGÉ

En reportant le diamètre des zones d'inhibition (en mm) sur les abaques de lecture correspondantes, on peut déduire que :

• pour l'antibiotique ATB1, le diamètre de la zone d'inhibition est égal à 32 mm, il se situe dans la zone S. La souche de bactérie est donc sensible à l'antibiotique, **l'ATB1 sera efficace et pourra être prescrit** ;

• pour l'antibiotique ATB2, le diamètre de la zone d'inhibition est égal à 40 mm, il se situe dans la zone S. La souche de bactérie est donc sensible à l'antibiotique, **l'ATB2 sera efficace et pourra être prescrit** ;

• pour l'antibiotique ATB3, le diamètre de la zone d'inhibition est égal à 13 mm, il se situe dans la zone I. La souche de bactérie est donc modérément sensible à l'antibiotique, **l'efficacité de l'ATB3 n'est pas certaine, il ne sera pas prescrit** ;

• pour l'antibiotique ATB4, le diamètre de la zone d'inhibition est égal à 7 mm, il se situe dans la zone R. La souche de bactérie est donc résistante à l'antibiotique, **l'ATB4 n'est pas efficace, il ne sera pas prescrit.**

Méthode 2 Calculer le taux d'apparition de bactéries résistantes dans une population

SUJET L'acquisition de la résistance chez des bactéries en culture

En laboratoire, on réalise une expérience où on étale 10^9 bactéries sur des boîtes de Pétri contenant un antibiotique. Après une nuit à l'étuve, on observe l'apparition de colonies. Chaque colonie est issue de la multiplication d'une unique bactérie sur un milieu de culture solide. En raison de la présence d'antibiotiques, seules les bactéries résistantes à ce dernier peuvent se développer.

Consigne : Estime le taux d'apparition de bactéries résistantes dans cette culture.

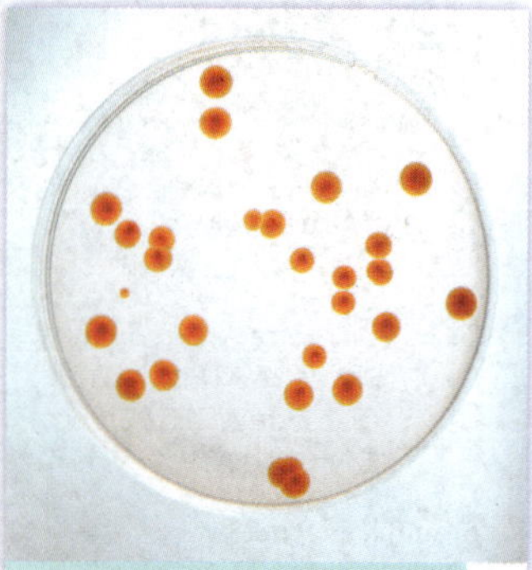

Boîte de Pétri avec des colonies bactériennes

CONSEILS

• Le taux d'apparition de bactéries résistantes correspond au pourcentage de bactéries résistantes à l'antibiotique par rapport au nombre total de bactéries déposées dans le milieu de culture.
• Saisis dans le texte le nombre total de bactéries déposées dans le milieu de culture.
• Compte le nombre de colonies dans le milieu de culture pour estimer le nombre de bactéries résistantes déposées dans la boîte de Pétri.

+ d'aide ?
Voir p. 192

CORRIGÉ

On sait qu'initialement, 10^9 bactéries ont été étalées dans la boîte.

Chaque colonie qui s'est développée dans la boîte de Pétri est issue d'une bactérie résistante à l'antibiotique. Ainsi, le nombre de colonies est égale au nombre de bactéries résistantes à l'antibiotique dans la culture initiale. On dénombre 29 colonies dans la boîte de Pétri. Il y avait donc 29 bactéries résistantes à l'antibiotique qui ont été déposées dans la boite.

On en déduit donc que $2{,}9.10^{-6}$ % (= $29 \times 100/10^9$) des bactéries initiales ont pu se développer car elles étaient résistantes. **Le taux d'apparition de bactéries résistantes dans cette culture est donc de $2{,}9.10^{-6}$ %.**

Méthode 3 Exercer son esprit critique afin de corréler des pratiques à l'augmentation des résistances aux antibiotiques

SUJET Consommation d'antibiotiques et augmentation des résistances bactériennes

Des mutations au sein du génome bactérien peuvent être à l'origine de résistances aux antibiotiques. On observe aujourd'hui une diffusion mondiale de ces résistances.

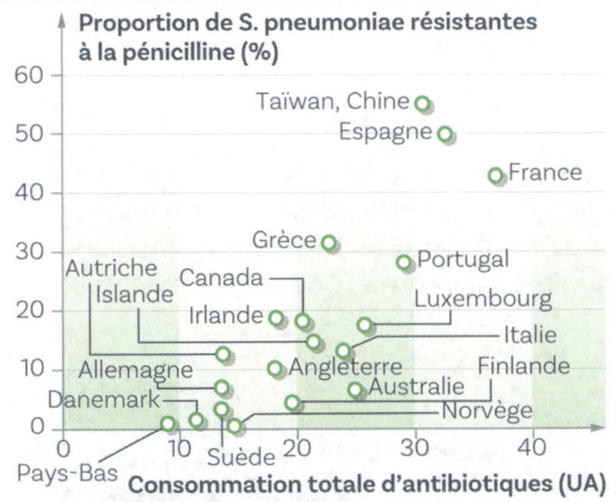

Doc 1 Pourcentage de *Streptococcus pneumoniae* résistants à la pénicilline en fonction de la consommation d'antibiotiques dans différents pays du monde

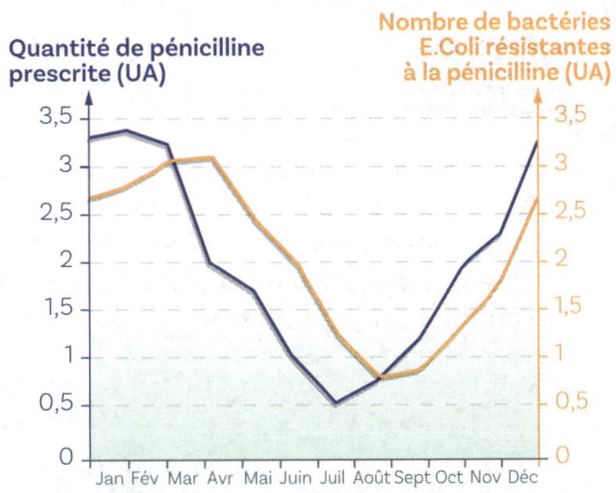

Doc 2 Corrélation entre les prescriptions d'une pénicilline et la proportion de bactéries résistantes à cet antibiotique au cours d'une année

Consigne : Trouve des arguments dans les documents pour justifier l'affirmation suivante : « L'utilisation de traitements antibiotiques conduit à augmenter la fréquence des bactéries résistantes ».

CONSEILS

- À partir de données chiffrées extraites de ces deux documents, précise le lien entre consommation d'antibiotiques et résistance bactérienne aux antibiotiques.
- Pour construire deux arguments distincts, repère à quelles échelles correspondent les données.

+ d'aide ?
Voir p. 193

CORRIGÉ

À l'échelle de la consommation annuelle, on observe que plus la consommation totale d'antibiotique dans un pays est importante, plus la proportion de bactéries résistantes à cet antibiotique est élevée, puisque pour la France et l'Espagne, la consommation totale d'antibiotiques est supérieure à 30 UA et plus de 40 % des bactéries sont résistantes à l'antibiotique, alors que pour le Danemark et les Pays-Bas, la consommation totale d'antibiotiques est inférieure à 15 UA et moins de 2 % des bactéries sont résistantes à l'antibiotique. Donc **la forte proportion de bactéries résistantes à un antibiotique dans un pays est liée à une forte consommation d'antibiotiques dans ce pays.**

À l'échelle de la consommation mensuelle, on observe que de septembre à avril, le nombre de bactéries résistantes à la pénicilline augmente (il passe de 0,7 UA à 3,0 UA), alors que d'avril à septembre, le nombre de bactéries résistantes diminue (il passe de 3,0 UA à 0,7 UA). Par ailleurs, on observe que de juillet à février, la quantité de pénicilline prescrite augmente (elle passe de 0,5 UA à 3,4 UA), alors que de février à juillet, elle diminue (elle passe de 3,4 UA à 0,5 UA). Donc **on observe que la variation de la consommation d'antibiotique est suivie dans le temps par la même variation du nombre de bactéries résistantes à cet antibiotique**.

Méthode 4 Traduire un schéma par un texte pour appliquer un raisonnement évolutionniste en matière médicale

SUJET L'augmentation des résistances des bactéries responsables des pneumonies

Streptococcus pneumoniae (ou pneumocoque) est une bactérie constituant un important agent pathogène impliqué dans les pneumonies chez l'être humain. Cette espèce bactérienne présente un taux de résistance aux antibiotiques très important dans certains pays, comme la France. Pourtant la France est le premier pays consommateur d'antibiotiques en Europe.

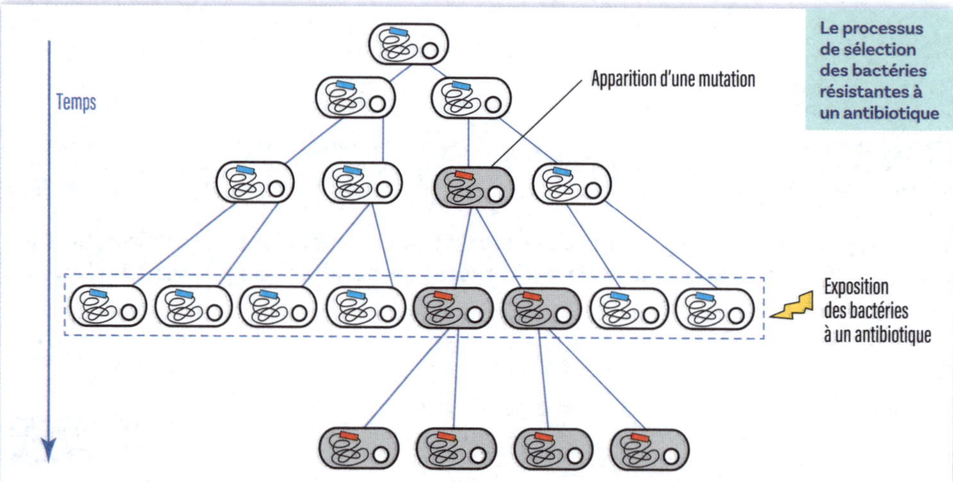

D'après A. Gallien, *Antibiotique : clone, bactérie, résistance*, 2012.

Consigne : Explique comment une consommation excessive d'antibiotiques peut augmenter la fréquence des formes bactériennes résistantes aux antibiotiques dans les populations naturelles de bactéries.

CONSEILS

- Repère la chronologie des étapes à détailler.
- Liste les principales étapes qui sont décrites dans le schéma.
- Utilise tes connaissances pour relier les étapes du schéma aux pratiques humaines en matière de santé.

CORRIGÉ

Au cours de sa multiplication, l'ADN d'une bactérie peut subir une mutation qui lui confère un nouveau caractère : la résistance à un antibiotique.

Lors des multiplications successives, ce caractère est transmis au clone de la bactérie mutée.

La prescription de l'antibiotique pour un traitement médical va exposer toutes les bactéries à cet antibiotique. Les bactéries non mutées et sensibles vont être détruites, alors que les bactéries mutées et résistantes vont survivre. Ainsi, par sélection naturelle, la consommation d'antibiotiques augmente la fréquence des bactéries résistantes dans les populations de bactéries au cours du temps.

Ton **KIT DE SURVIE** pour le **BAC** avec SCHOOLMOUV

Chapitre 11

Variations génétiques bactériennes et résistances aux antibiotiques

Tu viens de voir les notions à connaître sur les variations génétiques bactériennes. Pour t'aider à retenir l'essentiel et t'entraîner pour le Bac, voici ton kit de révisions clé en mains conçu par SchoolMouv !

Vidéo

Pour mieux comprendre et t'en souvenir à coup sûr, regarde la vidéo. C'est parfois bien plus clair en images.

Vidéo **Variation génétique des bactéries et résistance aux antibiotiques**

https://flashbelin.fr/focusbacschoolmouv/svt/1re/11

Contenu additionnel

Voici un bonus autour du même sujet. La curiosité n'est pas toujours un vilain défaut. Il suffit de créer ton compte pour avoir accès à plein de contenus supplémentaires.

Fiche **Variation génétique des bactéries et résistance aux antibiotiques**

https://www.schoolmouv.fr/eleves/cours/variations-genetiques-des-bacteries-et-resistances-aux-antibiotiques/fiche-de-cours

Tchat avec un prof

Pour poser toutes tes questions à un prof particulier, découvre l'abonnement tchat. Tu peux le tester gratuitement pendant 7 jours : fini les questions sans réponses, tu vas devenir incollable.

https://focusbac.schoolmouv.fr/offre

Résistance bactérienne

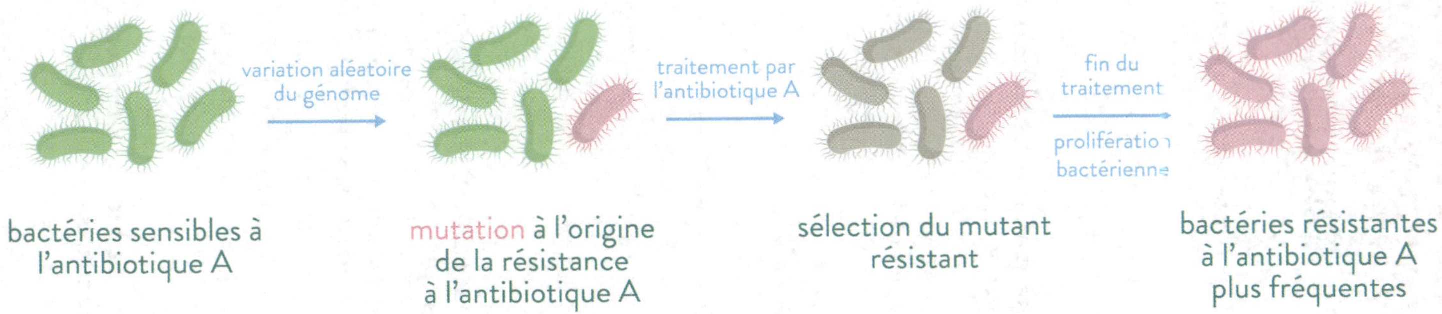

SE PRÉPARER POUR L'EXAMEN

Synthèse argumentée

SUJET 1 Prévention et traitements des cancers

Les cancers représentent une des deux premières causes de mortalité en France.

Question

Montrer comment la prévention et les traitements actuels permettent de lutter contre le développement des cancers.

Vous rédigerez un exposé structuré. Vous pouvez vous appuyer sur des représentations graphiques judicieusement choisies. On attend des arguments pour illustrer l'exposé comme des expériences, des observations, des exemples...

Les clés pour réussir

Analyser le sujet

- Repère les mots clés du sujet : « cancers », « prévention » et « traitements ».
- Il est question de traiter les méthodes de prévention, donc les méthodes qui permettent de limiter la survenue des cancers. Puis, il faudra présenter les méthodes de traitements qui consistent à éliminer les cellules cancéreuses d'un organisme malade.
- Définis succinctement le termes de « cancer » et de « mutation » en introduction.

Recenser et organiser les idées et arguments pour répondre au sujet

- **Idée clé 1. Des comportements permettant d'éviter des mutations de l'ADN permettent de diminuer le risque de survenue des cancers.**
  - Altérations du génome dans les cellules somatiques.
  - Exposition aux agents mutagènes qui augmente le risque d'apparition d'un cancer.
  - Limiter l'exposition aux agents mutagènes par des comportements personnels et collectifs.
  - Dépistage et surveillance des individus porteurs d'allèles à risques qui augmentent le risque d'altération du génome.
- **Idée clé 2. Différents traitements permettent d'empêcher la multiplication et la migration des cellules cancéreuses.**
  - Éliminer les cellules cancéreuses.
  - Plusieurs types de traitements possibles qui dépendent du type du cancer et du stade de développement.

SE PRÉPARER POUR L'EXAMEN

Résolution de problème

SUJET 2 La neurofibromatose 1

La neurofibromatose 1 (NF1) est une maladie qui se manifeste notamment par des taches de couleur café au lait sur la peau et des tumeurs bénignes situées le long des nerfs, appelés neurofibromes. Les manifestations de cette maladie sont variables, allant de formes mineures pouvant passer presque inaperçues, à des formes sévères. En France, la neurofibromatose 1 affecte environ 20 000 personnes ; un enfant sur 3 000 à 4 000 développe une neurofibromatose 1, sans distinction d'origine ni de sexe.

Encyclopédie Orphanet Grand public, novembre 2006.

Question

Expliquer comment un individu peut développer une neurofibromatose 1.
Vous organiserez votre réponse selon une démarche de votre choix intégrant des données issues des documents et les connaissances complémentaires nécessaires.

Document 1 > Localisation et caractéristiques du gène NF1

Le gène NF1 est mis en cause dans différentes formes de la neurofibromatose 1.
C'est un gène de très grande taille ; son transcrit code une protéine de 2 818 acides aminés, la neurofibromine.
Les mutations connues du gène NF1 sont très nombreuses

D'après biotop.net et genetique-medicale.fr.

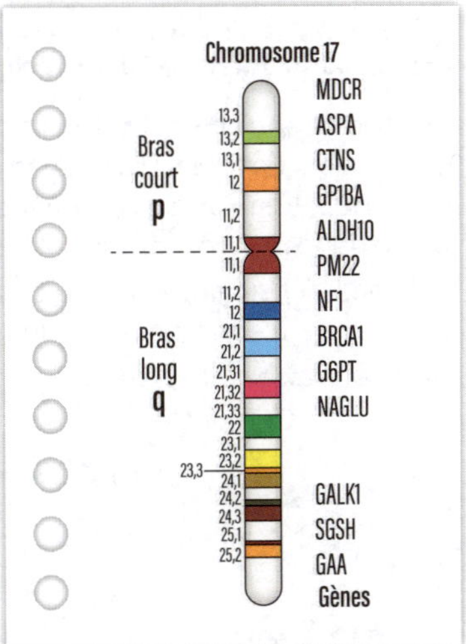

Document 2 > Arbres généalogiques de deux familles touchées par la neurofibromatose 1

Il existe un taux élevé d'apparitions spontanées de la maladie : ainsi, dans la moitié des cas, la neurofibromatose de type 1 apparaît sans aucun antécédent familial.

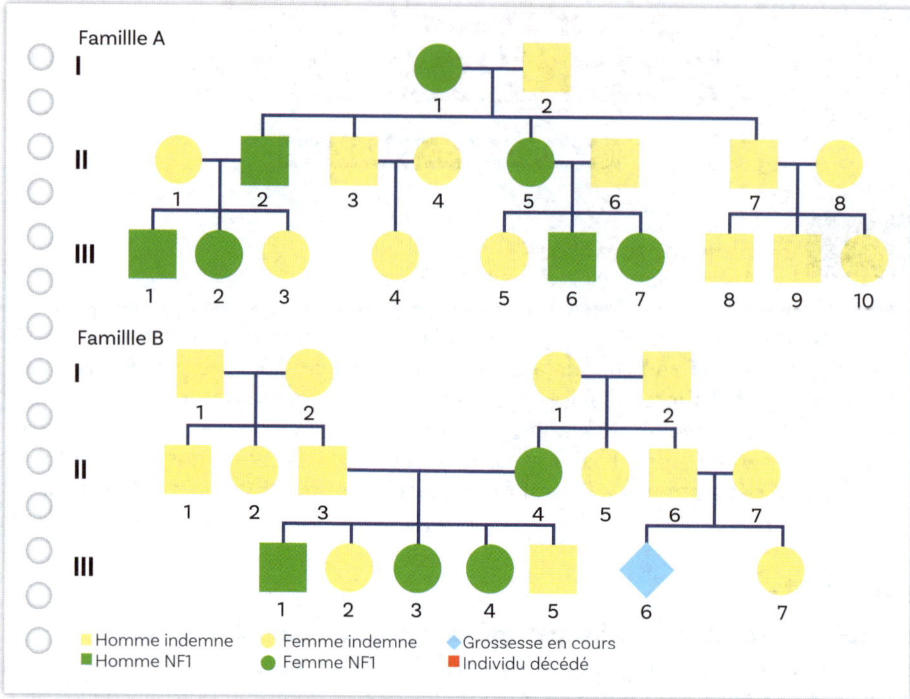

D'après S. Pinson, P. Wolkenstein, *La Revue de médecine Interne*, 2005.

Document 3 > Résultats d'électrophorèses sur gel d'échantillons d'ADN du gène NF1 provenant de membres des familles A et B

L'ADN du gène NF1 de différents individus est prélevé puis fragmenté sous l'action d'une enzyme qui catalyse l'hydrolyse de l'ADN au niveau d'une séquence de nucléotides caractéristique. La mutation du gène entraîne la formation d'un plus petit fragment d'ADN qu'un gène non muté. Selon les mutations, la taille du fragment d'ADN formé peut varier. Puis des électrophorèses de ces fragments d'ADN et de fragments d'ADN marqueurs de taille connue sont réalisées ; les fragments d'ADN migrent différemment selon leur taille. Une coloration de l'ADN est ensuite effectuée.

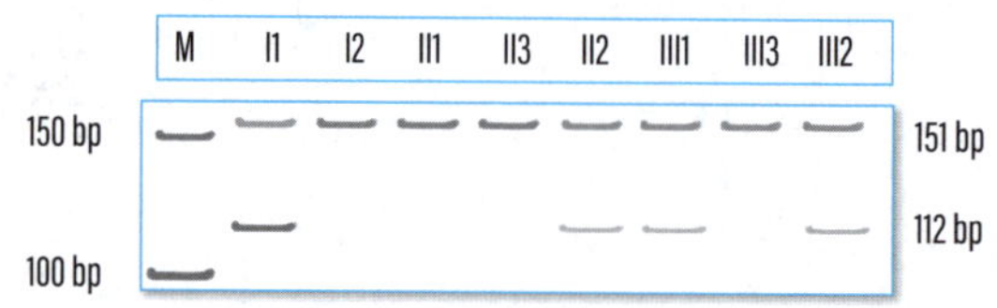

Électrophorèse d'ADN de membres de la famille A

Électrophorèse d'ADN de membres de la famille B

La taille des fragments d'ADN est exprimée en nombre de paires de bases (pb). Les nombres à gauche représentent la taille des marqueurs M et à droite la taille des fragments d'ADN du gène NF1 des différents individus.

D'après Bin Mao *et al.*, *Clinical characteristics and spectrum of NF1 mutations in 12 unrelated Chinese families*, 2018.

Les clés pour réussir

Analyser le sujet

→ Le sujet propose d'expliquer l'origine d'une neurofibromatose 1. La lecture rapide des documents indique qu'il est question d'une maladie génétique (présentation d'un gène, arbres généalogiques).

→ Il va donc falloir comprendre quel génotype est responsable du développement de cette maladie et comment l'individu malade acquiert ce génotype.

Mobiliser ses connaissances en lien avec le sujet

→ Connaissances en lien avec les maladies monogénétiques.

Recenser les idées issues des documents

→ **Doc 1** : note le rôle du gène NF1 dans le développement de la maladie.

→ **Doc 2** : détermine le mode de transmission de cette maladie en t'appuyant sur l'arbre généalogique de différentes familles.

→ **Doc 3** : détermine le génotype des individus sains et des individus malades.

Mettre en relation les informations issues des documents et/ou des connaissances

→ Relie les **documents 1, 2 et 3** pour montrer que la neurofibromatose 1 peut apparaître suite à une mutation spontanée et aléatoire du gène NF1 dans une famille.

→ Relie le **document 2 et tes connaissances** pour montrer que pour développer la neurofibromatose 1, il faut hériter d'un seul allèle muté du gène NF1.

SE PRÉPARER POUR L'EXAMEN

Résolution de problème

SUJET 3 Des plantes comme agents anticancéreux

Depuis 1960, des molécules extraites de certaines espèces végétales sont utilisées couramment comme traitement anticancers, en bloquant les divisions des cellules. Ainsi la vincristine, molécule extraite de la pervenche de Madagascar, est utilisée depuis les années 1970 pour lutter contre certains cancers tels que le cancer des testicules.

Question

Expliquer comment la vincristine peut avoir un effet anti-cancéreux.
Vous organiserez votre réponse selon une démarche de votre choix intégrant des données issues des documents et les connaissances complémentaires nécessaires.

Document 1 > Fonctionnement du fuseau mitotique

Le fuseau mitotique est formé de microtubules constitués d'assemblages de nombreuses protéines globuleuses appelées α-*tubuline* et β-*tubuline*. Ces protéines peuvent s'assembler ou se dissocier, ce qui permet au fuseau mitotique de croître ou de se raccourcir.

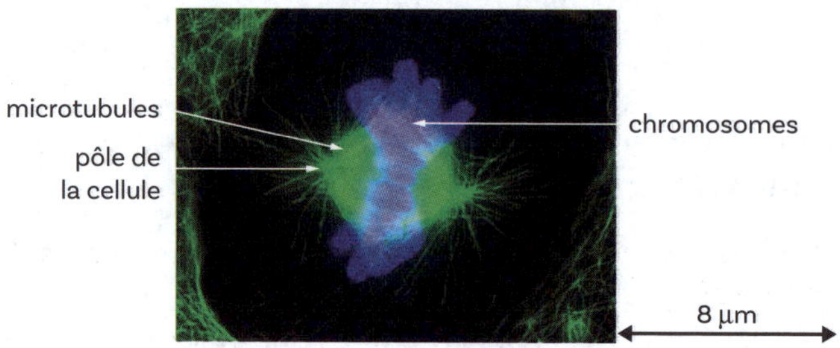

Document 2 > Mécanisme moléculaire de la formation et du raccourcissement d'un microtubule

L'assemblage des tubulines entraîne, à une extrémité, la formation d'un microtubule constituant le fuseau mitotique.
À l'autre extrémité du microtubule, la dissociation des tubulines entraîne le raccourcissement de celui-ci.

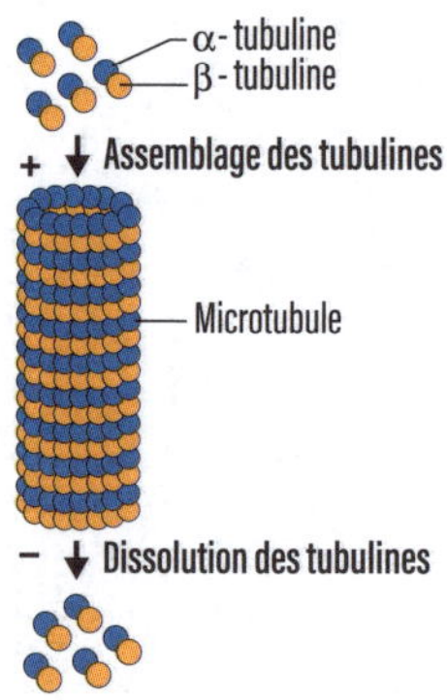

Document 3 > Étude *in vitro* de l'assemblage de la tubuline extraite d'un cerveau de mouton en présence de vincristine à la température de 37 °C

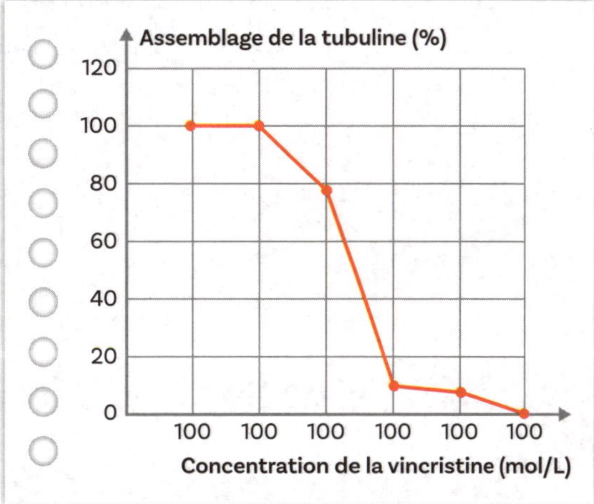

Les clés pour réussir

Analyser le sujet

- Le sujet aborde le rôle d'un anticancéreux. On comprend donc que cette substance empêche le développement des cancers. Il va donc falloir trouver comment agit la vincristine au niveau des cellules et quel lien on peut faire avec un rôle anticancéreux.
- À la première lecture des documents, il semble être question de mécanismes en lien avec la mitose. Il va donc falloir mobiliser tes connaissances sur le chapitre 1 pour répondre au problème.

Mobiliser ses connaissances en lien avec le sujet

- Connaissances en lien avec la prolifération des cellules par mitose.
- Connaissances en lien avec les cancers.

Recenser les idées issues des documents

- **Doc 1** : relève le rôle des microtubules dans la mitose.
- **Doc 2** : relève le rôle de l'assemblage des tubulines dans la dynamique d'un microtubule.
- **Doc 3** : exploite le graphique avec rigueur pour montrer l'influence de la vincristine sur l'assemblage des tubulines.

Mettre en relation les informations issues des documents et/ou des connaissances

- Relie les **documents 1, 2 et tes connaissances** pour montrer que l'assemblage des microtubules participe à la prolifération des cellules cancéreuses.
- Relie le **document 3 et tes connaissances** pour montrer que la vincristine peut avoir un effet anti-cancéreux en bloquant les divisions cellulaires.

12

THÈME 5

L'immunité

RÉVISIONS 2de

Un quiz avant de commencer

1. Vrai ou faux ?

	Vrai	Faux
1 Tous les micro-organismes sont pathogènes pour l'homme.	☐	☐
2 Les agents pathogènes (virus, certaines bactéries ou certains eucaryotes) vivent aux dépens d'un autre organisme.	☐	☐
3 La réaction immunitaire est un mécanisme de défense contre l'organisme.	☐	☐
4 La réaction immunitaire fait intervenir des cellules et des molécules.	☐	☐
5 La peau constitue une barrière physique aux agents infectieux.	☐	☐
6 Un antiseptique favorise la multiplication des micro-organismes.	☐	☐

2. Coche la ou les bonne(s) réponse(s).

1. Les leucocytes sont :

- a des cellules qui transportent le dioxygène dans le sang. ☐
- b des cellules qui protègent l'organisme. ☐
- c des molécules qui protègent l'organisme. ☐
- d des bactéries pathogènes. ☐

2. La réaction inflammatoire locale :

- a se caractérise par une rougeur, une douleur et un gonflement. ☐
- b protège l'organisme contre les micro-organismes symbiotiques. ☐
- c est la première ligne de défense de l'organisme. ☐
- d se met en place en deux à trois jours. ☐

3. La phagocytose :

- a est réalisée par certains leucocytes. ☐
- b consiste en la sécrétion de toxique. ☐
- c est l'absorption et la digestion d'éléments étrangers par une cellule. ☐
- d permet l'élimination d'agent infectieux. ☐

Réponses : 1. 1. Faux - **2.** Vrai - **3.** Faux - **4.** Vrai - **5.** Vrai - **6.** Faux • **2. 1.** b - **2.** a, c - **3.** a, c, d.

innée

L'ESSENTIEL EN 3 POINTS

Qu'est-ce que l'immunité innée ?

1 Les caractéristiques générales de l'immunité innée

L'**immunité innée** désigne les **mécanismes de défense** d'un organisme **mis en œuvre en premier** dans une **réponse immunitaire** face à une situation de **danger**. > p. 212

Comment l'immunité innée est-elle activée ?

2 Le déclenchement de l'immunité innée

Le déclenchement de l'immunité innée repose sur la **reconnaissance de motifs moléculaires étrangers** par les cellules immunitaires grâce à une **diversité des récepteurs de surface**. En réponse, les cellules modifient leurs activités en sécrétant des **molécules circulantes** ayant diverses fonctions et en réalisant la **phagocytose**. > p. 213

Comment la réaction inflammatoire contribue-t-elle au maintien de l'intégrité de l'organisme ?

3 La réaction inflammatoire

La **réaction inflammatoire** permet à l'organisme d'**éliminer** ou d'**isoler un corps étranger** et prépare le **déclenchement de l'immunité adaptative**. Elle repose sur des acteurs de l'immunité innée et se caractérise par des **symptômes stéréotypés**. > p. 214

LE COURS en 3 fiches

1 Caractéristiques générales

Idées clés

→ L'immunité innée est une **première ligne de défense** dans des situations variées perçues comme **dangereuses**.

→ Elle repose sur des **mécanismes** présents chez tous animaux, **déterminés génétiquement** et fonctionnant **sans apprentissage** préalable **dès la naissance**.

→ Elle active l'**immunité adaptative** et se prolonge dans la **réponse immunitaire**.

Coup d'œil

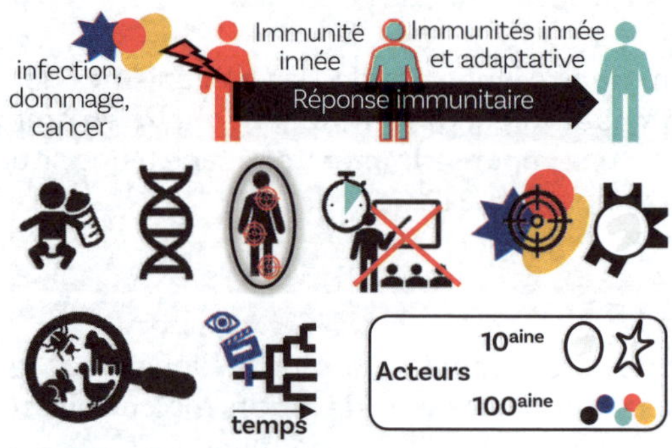

Caractéristiques générales de l'immunité innée

Des pistes pour argumenter

• **La diversité des acteurs :** cite quelques cellules.
> p. 219

À la loupe

• L'**immunité** est un ensemble de **mécanismes** intégrés visant à **protéger l'organisme de dangers** (**agents infectieux**, **cellules cancéreuses** ou **dommages tissulaires**). Elle repose sur le **système immunitaire** : organes, cellules et molécules qui coopèrent au maintien de l'intégrité de l'organisme et contribue ainsi à la santé.

• Lorsque l'organisme reconnaît une situation de danger, l'**ensemble des mécanismes de défense** mis en jeu, qui permet d'éliminer un danger, constitue une **réponse immunitaire** (ou réaction immunitaire).

• L'**immunité innée** regroupe les **mécanismes de défense** mis en œuvre **très rapidement**, produits de l'**expression de gènes**, présents **dès la naissance** et ne nécessitant **pas d'apprentissage**.

• Présente chez tous les animaux, l'immunité innée est constituée de **mécanismes de reconnaissance et d'action** très **conservés au cours de l'évolution**. Elle implique une dizaine de types de **cellules immunitaires** et une centaine de types de **molécules circulantes** (dont les **interleukines**, qui permettent aux cellules **immunitaires** de communiquer entre elles).

• Elle est présente **en tout point de l'organisme**, *via* les **cellules résidentes des tissus** (**macrophages**, **cellules dendritiques**, **mastocytes**) et les **cellules immunitaires qui patrouillent** par le sang (**granulocytes**, **monocytes** et **cellules NK**).

→ Voir lexique p. 285

2 Le déclenchement de l'immunité innée

Idées clés

→ La reconnaissance dans l'immunité innée repose sur l'**interaction** entre des **récepteurs de surface** présents à la surface de cellules immunitaires et des **motifs moléculaires étrangers** qui traduisent l'existence d'un danger.

→ Chaque type de cellule peut **reconnaître** et **agir** contre une **diversité de cibles**.

→ Des **cellules immunitaires** activées libèrent des **molécules circulantes** et réalisent la **phagocytose**.

Des pistes pour argumenter

- **L'action de motifs moléculaires étrangers sur l'activité des cellules immunitaires :** résume une expérience testant l'effet des LPS sur l'activité de macrophages. > **p. 220**
- **La phagocytose :** décris l'observation d'un phagocyte en train de phagocyter une bactérie. > **p. 223**

Coup d'œil

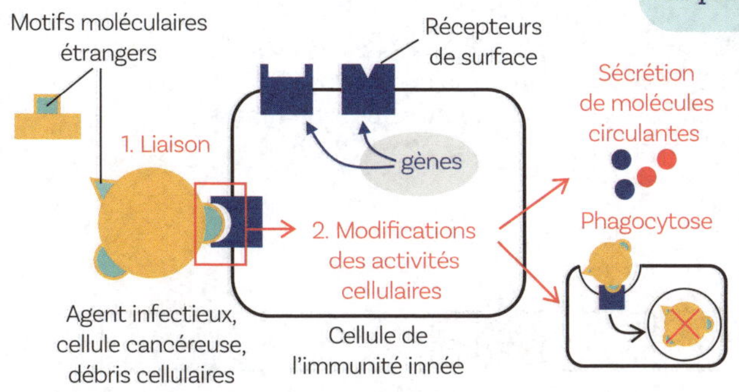

Mécanismes de reconnaissance et d'action

À la loupe

- Les **agents infectieux** (bactéries, virus, champignons, etc.), les **cellules endommagées** ou encore les **cellules cancéreuses**, présentent et libèrent des structures moléculaires qui leur sont propres (ADN, ARN, de paroi cellulaire...). On parle de **motifs moléculaires étrangers** (associés aux **pathogènes** ou associés aux **dégâts**).
- Les **cellules de l'immunité innée** expriment au niveau de leur **membrane cytoplasmique** des **récepteurs de surface** de reconnaissance de motifs moléculaires. La **liaison** entre ces récepteurs et les motifs moléculaires étrangers active les **cellules immunitaires** qui modifient leur activité. Elles sécrètent notamment une diversité de **molécules circulantes**, et certaines sont capables de **détruire des corps étrangers** (**agent pathogène**, **cellules endommagée** ou **cancéreuse**) en réalisant la **phagocytose** : adhésion et reconnaissance du corps étranger, ingestion dans une vésicule cytoplasmique, digestion par des substances toxiques et, enfin, élimination des déchets.
- **Chaque récepteur** de l'immunité innée a une **spécificité particulière à un motif moléculaire** qui est **déterminée génétiquement**. Les cellules possèdent plusieurs récepteurs de spécificité différentes ; elles sont ainsi capables de reconnaître une **diversité de cibles** et d'agir face à elles.

→ Voir lexique p. 285

3 La réaction inflammatoire

Idées clés

→ La réaction inflammatoire un processus essentiel de l'immunité innée, qui permet d'**éliminer** ou d'**isoler un corps étranger** et qui prépare le **déclenchement de l'immunité adaptative**.

→ Elle traduit l'**accumulation de molécules et de cellules** immunitaires au lieu d'**infection** ou de lésion.

→ **Aigüe**, elle présente des **symptômes stéréotypés** (rougeur, chaleur, gonflement, douleur). **Chronique** ou **hyperdéveloppée**, l'inflammation est responsable de **maladies**.

Des pistes pour argumenter

Les symptômes de la RIA : présente une expérience testant l'effet de médiateurs chimiques de l'inflammation sur un paramètre physiologique. > **p. 223**

Coup d'œil

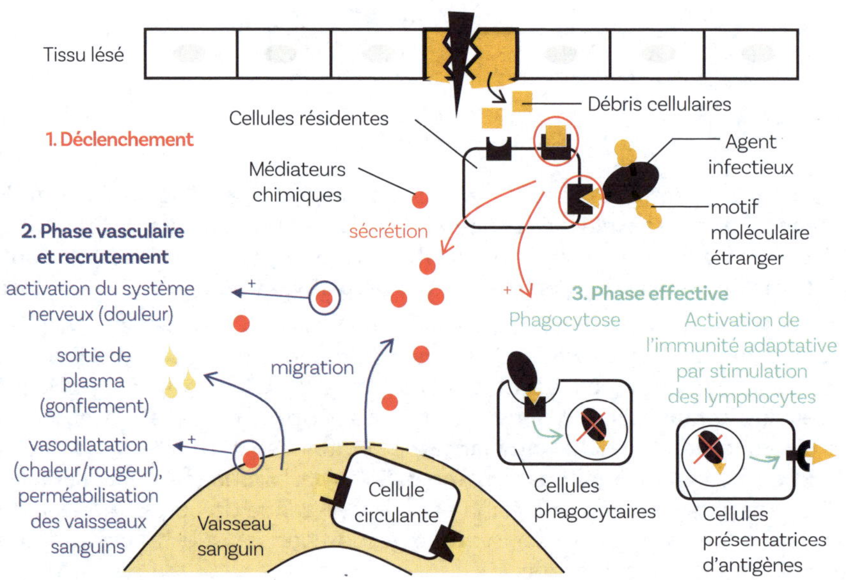

La réaction inflammatoire

• La **réaction inflammatoire aiguë (RIA)** présente **quatre symptômes stéréotypés** (rougeur, chaleur, gonflement et douleur) qui se rapportent aux **modifications tissulaires** associées.

• Elle s'articule en **plusieurs phases**, qui se terminent par la réparation du tissu lésé.

1. Le déclenchement de la réaction. Les **cellules immunitaires** du tissu infecté ou lésé **reconnaissent des motifs moléculaires étrangers**. Elles libèrent des « **médiateurs chimiques de l'inflammation** », qui permettent le **recrutement de cellules circulantes**, l'**élimination du corps étranger** et favorisent la **réparation de la lésion**.

2. La phase vasculaire et le recrutement de cellules immunitaires innées sur le site de l'inflammation. Différents **médiateurs chimiques** de l'inflammation provoquent :
- un **afflux de sang** par **vasodilatation** des vaisseaux sanguins (expliquant la rougeur et la chaleur) ;
- une **migration de cellules immunitaires** vers le site de l'inflammation depuis les tissus alentours et le **recrutement des cellules circulantes** dans le sang ;
- une **augmentation de la perméabilité** des vaisseaux sanguins, qui facilite l'**entrée des cellules circulantes**, mais aussi la **sortie de plasma sanguin** dans les tissus (expliquant le gonflement) ;
- une phase d'activation du **système nerveux de la douleur** (expliquant la douleur).

3. La phase effectrice. Les **macrophages** et les **granulocytes** contribuent à l'élimination des corps étrangers par la **phagocytose**. Des **cellules dendritiques**, devenues des **cellules présentatrices d'antigène (CPA)**, après avoir phagocyté un corps étranger et exposé une partie de ce dernier à leur surface, migrent vers les **ganglions lymphatiques**. Dans ces **organes lymphoïdes secondaires**, les CPA entrent en contact et activent des **lymphocytes** : c'est le point de départ de la **réponse immunitaire adaptative**.

• La réaction inflammatoire permet à l'organisme de **retrouver son intégrité physiologique**. Cependant, lorsqu'elle devient **chronique**, la réaction inflammatoire est **défavorable**, comme en témoignent des maladies directement liées à cette réaction (ex. : maladie de Crohn) et/ou que cette réaction favoris (ex. : certaines maladies cardiovasculaires, cancers, diabètes...).

• La réaction inflammatoire peut être contrô**lée** par des **médicaments anti-inflammatoires** (ex. : aspirine, ibuprofène, corticoïdes). Ces molécules **agissent sur les enzymes** nécessaires à la production de certains médiateurs chimiques de l'inflammation par les cellules immunitaires **empêchant leur synthèse** et, par conséquent, leurs effets. Elles permettent ainsi de **contrôler** la douleur, la fièvre et la vasodilatation, **sans pour autant empêcher** sa phase effectrice.

→ Voir lexique p. 285

BILAN

MÉMO VISUEL

- L'immunité innée -

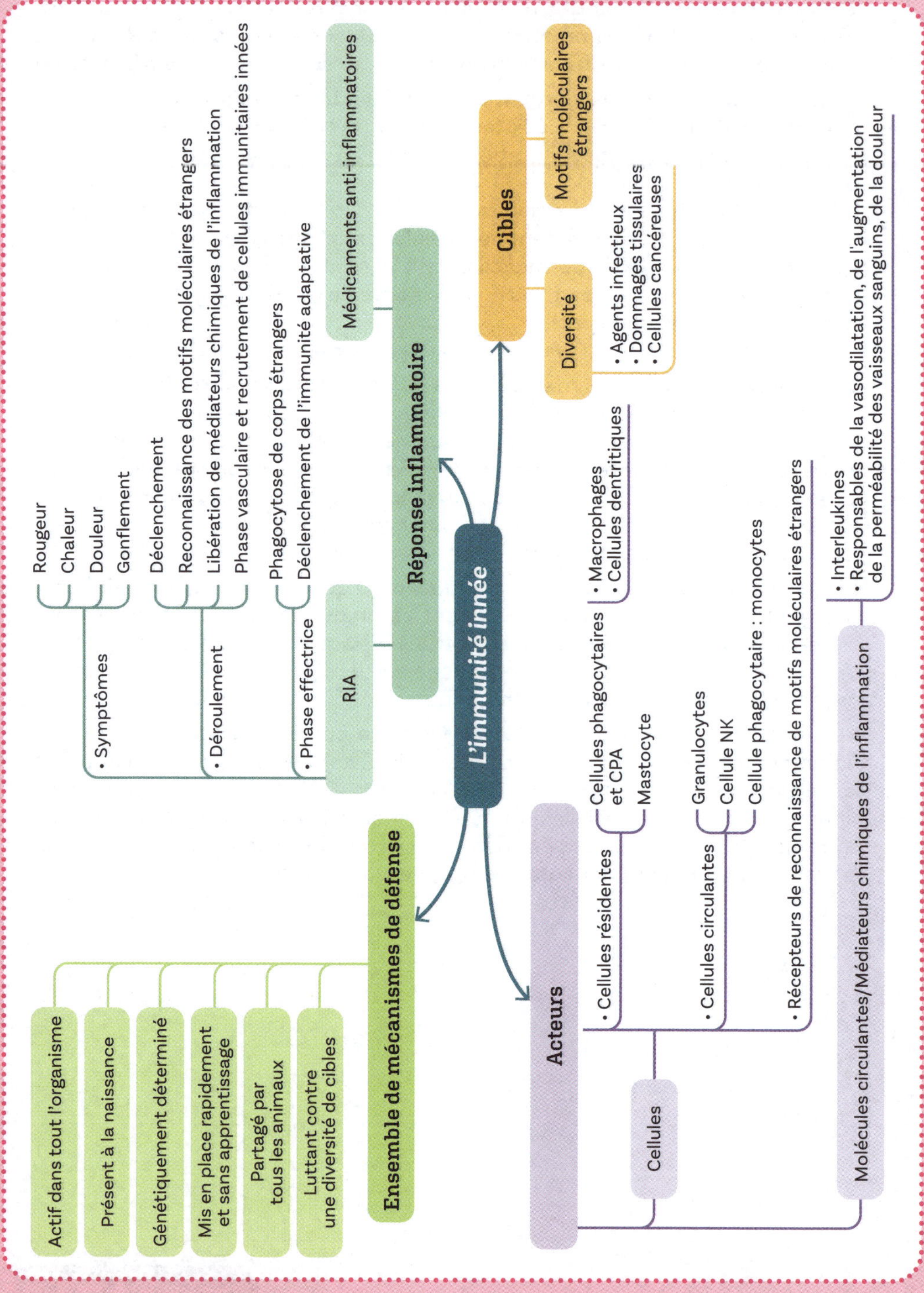

QCM

SE TESTER

1. Coche la ou les bonne(s) réponse(s).

1. L'immunité innée :

- **a** existe chez les nouveau-nés après la période de l'allaitement. ☐
- **b** existe chez tous les animaux. ☐
- **c** repose uniquement sur des interactions cellulaires. ☐
- **d** repose sur des interactions cellulaires et des molécules circulantes. ☐

2. La réaction inflammatoire aiguë :

- **a** se caractérise par quatre symptômes stéréotypés. ☐
- **b** permet d'éliminer les agents pathogènes grâce à l'action d'anticorps. ☐
- **c** déclenche l'immunité innée. ☐
- **d** implique des cellules phagocytaires. ☐

3. La réaction inflammatoire met en jeu des molécules capables d'activer d'autres cellules immunitaires :

- **a** les anti-inflammatoires. ☐
- **b** les anticorps ☐
- **c** les médiateurs chimiques de l'inflammation. ☐
- **d** les antigènes. ☐

4. Les anti-inflammatoires sont utilisés :

- **a** en prévention, pour empêcher une réaction inflammatoire. ☐
- **b** pour diminuer la réaction inflammatoire. ☐
- **c** pour guérir les maladies inflammatoires chroniques. ☐
- **d** pour augmenter l'activité des enzymes intervenant dans la production de médiateurs chimiques. ☐

2. Vrai ou faux ?

		Vrai	Faux
1	L'immunité innée implique une centaine de types de cellules immunitaires et une dizaine de types de molécules circulantes (dont les interleukines).	☐	☐
2	L'immunité innée est assurée par des mécanismes de reconnaissance et d'action peu conservés au cours de l'évolution.	☐	☐
3	L'immunité innée est une première ligne de défense dans des situations variées perçues comme dangereuses.	☐	☐
4	L'interaction entre des récepteurs présents à la surface de cellules immunitaires et de motifs moléculaires étrangers permet la reconnaissance d'un danger dans l'immunité innée.	☐	☐
5	Chaque cellule de l'immunité innée possède plusieurs types de récepteurs de reconnaissance de motifs moléculaires étrangers.	☐	☐
6	Des cellules immunitaires activées libèrent des cellules circulantes et réalisent la phagocytose.	☐	☐
7	La réaction inflammatoire permet d'éliminer ou d'isoler un corps étranger et prépare le déclenchement de l'immunité adaptative.	☐	☐
8	Les interleukines sont des molécules qui perforent les agents pathogènes.	☐	☐
9	Les macrophages deviennent des cellules phagocytaires après avoir été des cellules présentatrices d'antigènes.	☐	☐
10	Le lieu où se déroule la réaction inflammatoire aiguë se caractérise par une rougeur, une sensation de chaleur et de douleur, ainsi qu'un gonflement.	☐	☐

3. **Complète le schéma avec les termes suivants.**

a. *cellules circulantes* – **b.** *débris cellulaires* – **c.** *cellules phagocytaires* – **d.** *médiateurs chimiques* – **e.** *motif moléculaire étranger* – **f.** *cellules résidentes* – **g.** *agent infectieux* – **h.** *cellules présentatrices d'antigènes* – **i.** *migration* – **j.** *sécrétion* – **k.** *activation du système nerveux* – **l.** *phagocytose* – **m.** *sortie de plasma* – **n.** *vasodilatation et perméabilisation* – **o.** *activation de l'immunité adaptative.*

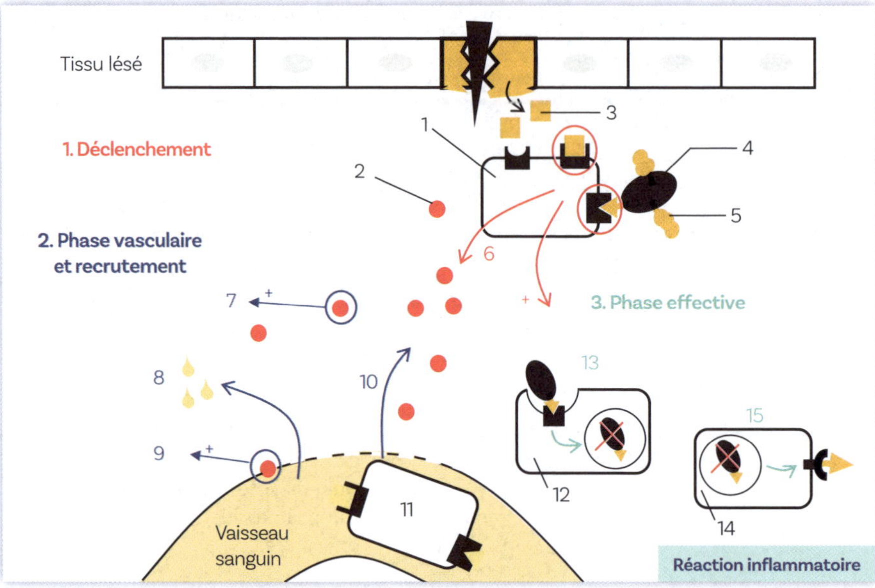

4. **Réponds aux questions posées par ces mémo cartes.**

1. Les caractéristiques générales de l'immunité innée

- Qu'est-ce que l'immunité ? et l'immunité innée ?
- Quelles sont les caractéristiques des mécanismes de défense de l'immunité innée ?
- Quels sont les acteurs de l'immunité innée ?

2. Le déclenchement de l'immunité innée

- Comment l'immunité innée est-elle activée ?
- Comment l'immunité innée permet-elle de lutter contre une diversité de dangers ?
- Qu'est-ce que la phagocytose ?

3. La réaction inflammatoire

- Quelles sont les fonctions de la réaction inflammatoire aiguë ?
- Quels sont les symptômes de la réaction inflammatoire aiguë ?
- Comment la réaction inflammatoire aiguë se déroule-t-elle ?
- Comment contrôler la réaction inflammatoire ?

Réponses : **1.** **1.** b, d – **2.** a, d – **3.** C – **4.** b • **2.** **1.** Faux – **2.** Faux – **3.** Vrai – **4.** Vrai – **5.** Vrai – **6.** Faux – **7.** Vrai – **8.** Faux – **9.** Faux – **10.** Vrai • **3.** **1.** f – **2.** d – **3.** b – **4.** g – **5.** e – **6.** j – **7.** k – **8.** m – **9.** n – **10.** l – **11.** a – **12.** c – **13.** l – **14.** h – **15.** o.

SAVOIR-FAIRE

Méthode 1 Utiliser une clé d'identification

SUJET Les cellules du sang

Le cytoplasme apparaît en rose et les noyaux en violet.

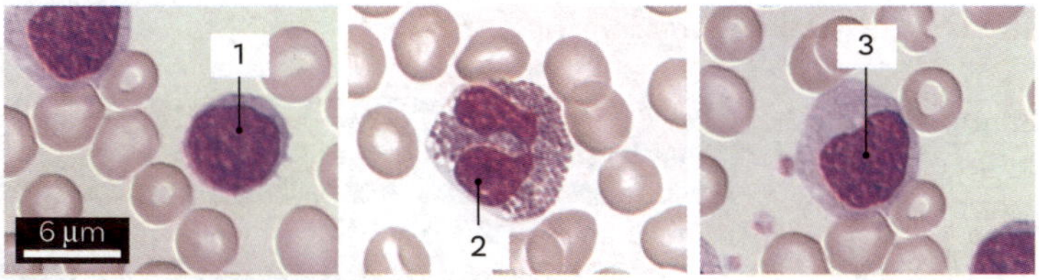

Frottis sanguin observé au microscope optique

Caractéristiques \ Cellules	Hématie	Cellules de l'immunité innée		Cellule de l'immunité adaptative
		Granulocyte	Monocyte	Lymphocyte
Noyau	Absent	Plusieurs lobes (2 à 5 lobes)	Forme de fer à cheval	Forme ronde
Cytoplasme	Aucune granulation	Nombreuses granulations	Aucune granulation	

Clés d'identification de quelques cellules de l'immunité

Consigne : Identifie les cellules 1 à 4 à l'aide de la clé d'identification.

CONSEILS

- Identifie les caractéristiques utilisées dans la clé d'identification des cellules pour savoir sur quoi porter ton attention dans l'observation des photographies.
- Décris les caractéristiques utiles d'une cellule.
- Compare ces caractéristiques à celles données dans la clé pour déduire le type de cellule dont il s'agit.

\+ d'aide ?

Voir p. 212

CORRIGÉ

On observe que la cellule 1 présente un noyau de forme ronde et un cytoplasme sans granulation. D'après les informations de la clé d'identification, seuls les lymphocytes présentent ces caractéristiques. On en déduit que la cellule 1 est un lymphocyte.

1. Explicite l'objet observé.
2. Décris avec des mots simples et objectifs les caractéristiques pertinentes (noyau et cytoplasme).
3. Compare ces observations avec les critères de la clé d'identification.
4. Tire une conclusion.

On observe que la cellule 2 présente un noyau avec deux circonvolutions et un cytoplasme avec de nombreux petits grains roses. D'après la clé d'identification, les granulocytes sont les seules cellules avec un noyau plurilobé et de nombreuses granulations dans le cytoplasme. On en déduit que la cellule 2 est un granulocyte.

On observe que la cellule 3 possède un noyau en forme de fer à cheval et un cytoplasme sans granulation. Ces caractéristiques sont celles d'un monocyte d'après la clé d'identification. On en déduit que la cellule 3 est un monocyte.

Méthode 2 Exploiter les résultats d'un northern blot

SUJET Le traitement de la douleur par l'APR

Conditions du traitement	Témoin : absence de LPS	LPS (1 µg.mL-1)
Présence d'ARNm COX-2 12 h après traitement		

D'après Choi et Coll, *Molecular Medicine Reports*, vol. 9, n° 5, 2014.

Les prostaglandines sont des médiateurs chimiques de l'inflammation qui facilitent l'apparition de la douleur. Dans les cellules de l'immunité innée, l'enzyme Cyclo-OXygénase 2 (COX-2) permet leur synthèse à partir de l'acide arachidonique. On cherche à savoir si les LPS (lipopolysaccharides), composants majeurs de la membrane externe des bactéries, sont des motifs moléculaires étrangers associés aux pathogènes à l'origine d'une réaction inflammatoire. Des macrophages sont incubés pendant 12 h en présence ou l'absence de LPS. Puis, leurs ARN sont extraits et traités avec une technique de northern blot pour quantifier des ARNm issus de l'expression du gène codant la COX-2. Cette méthode permet de déduire des observations l'expression plus ou moins importante du gène COX-2, la quantité d'ARN étant d'autant plus élevée que le gène est exprimé. La quantité d'enzyme COX-2 est positivement corrélée à celle de l'ARNm. Les résultats sont présentés dans le tableau ci-dessus. L'intensité de la bande noire est proportionnelle à la quantité de molécules présentes.

Consigne : Détermine si les LPS induisent une réaction inflammatoire.

CONSEILS

- Compare les quantités d'ARNm COX-2 entre les conditions expérimentales témoin et avec LPS.
- Mets en relation la nature des LPS, leur effet sur l'activité cellulaire et la production de prostaglandines, qui sont des médiateurs chimiques de l'inflammation.

+ d'aide ?
Voir p. 213

CORRIGÉ

On observe que la quantité d'ARNm COX-2 des macrophages après 12 h de la condition expérimentale témoin est inférieure à celle de la condition expérimentale avec LPS, puisque la bande est moins foncée pour le témoin que pour la seconde condition expérimentale.

Explicite la condition expérimentale correspondant à chaque résultat.

Les deux résultats expérimentaux sont différents. On en déduit que la quantité de LPS **a un effet sur** la quantité d'ARNm COX-2 des macrophages après 12 h : **elle l'augmente**.

La quantité d'ARNm COX-2 des macrophages est un indicateur corrélé positivement à l'intensité de l'expression du gène COX-2. Ainsi, on en déduit que la quantité de LPS **augmente** l'intensité de l'expression du gène COX-2.

On lit que les LPS sont des composants de la membrane externe des bactéries, ce sont donc des motifs moléculaires étrangers associés aux pathogènes. On a conclu précédemment qu'ils modifient l'activité des macrophages en augmentant l'expression du gène COX-2. Il en résulte une quantité plus importante d'ARNm et d'enzyme COX-2, puisqu'il est écrit que la quantité d'enzyme Cox-2 est positivement corrélée à celle de l'ARNm. Or, l'enzyme COX-2 catalyse la synthèse de prostaglandines qui sont des médiateurs chimiques de l'inflammation. Ainsi, les LPS sont bien impliqués dans l'activation du processus inflammatoire, puisqu'ils favorisent la synthèse des médiateurs chimiques de l'inflammation.

Comparaison relative : pense à préciser la référence.

Précise la **nature de l'effet** de la variable testée sur la variable étudiée.

Mets en relation l'indicateur et la variable qu'il représente.

Méthode 3 Exploiter des observations microscopiques

SUJET Une expérience d'inflammation stérile

Lors d'une blessure, des bactéries peuvent pénétrer dans les tissus et provoquer une réaction inflammatoire aiguë qui se traduit par différents symptômes. Toutefois, une réaction inflammatoire n'est pas toujours associée à des micro-organismes pathogènes : on parle dans ce cas-là d'inflammation stérile.

Une forte chaleur a été appliquée sur une petite surface du foie de souris anesthésiées. Après l'induction de la lésion par la chaleur, le foie des souris est étudié en microscopie optique à fluorescence. Les photographies montrent l'aspect du foie 0 h et 4 h après le traitement. Les cellules lésées se situent au centre des photographies (en rouge) et les phagocytes apparaissent sous forme de points verts. Les zones non lésées servent de zones témoins.

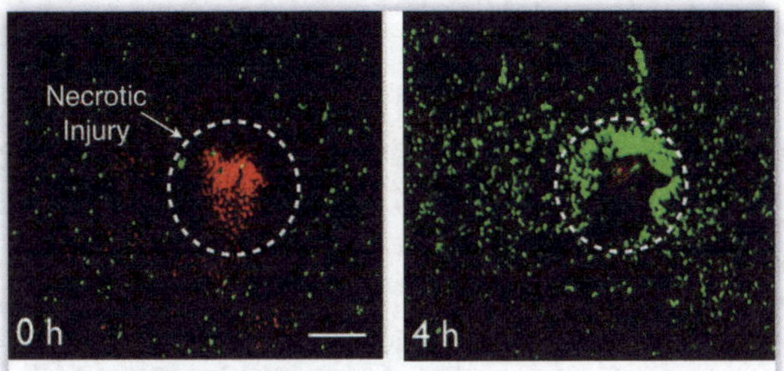

Doc 1 Expérience d'inflammation stérile

D'après McDonald et coll., *Science*, 2010.

Des médiateurs chimiques sont présents dans le liquide extracellulaire à proximité des cellules lésées par la chaleur. Ce liquide extracellulaire est prélevé et introduit grâce à une micropipette dans une culture contenant des phagocytes. Le document ci-contre montre le comportement d'un de ces phagocytes immédiatement après l'introduction de la micropipette (photographie du haut) puis quelques instants plus tard (photographie du bas). Ce phénomène n'est pas observé dans l'expérience témoin (liquide extracellulaire prélevé dans une zone non lésée).

D'après www.freesciencelectures.com, 2007.

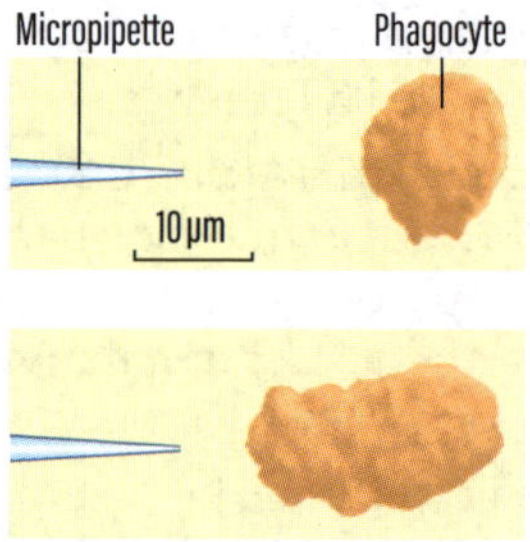

Doc 2 Rôle des médiateurs produits lors de l'inflammation stérile

Consigne : Choisis la bonne réponse pour chacune des questions ci-dessous.

1. L'expérience présentée dans le document 1 prouve que :

a. les micro-organismes pathogènes peuvent attirer des phagocytes.

b. les micro-organismes pathogènes et des lésions tissulaires effectuées par la chaleur peuvent attirer des phagocytes.

c. des cellules lésées par la chaleur peuvent attirer des phagocytes.

d. les phagocytes sont repoussés par les lésions tissulaires effectuées par la chaleur.

2. L'expérience présentée dans le document 2 montre que les phagocytes :

a. ne sont pas sensibles aux médiateurs chimiques.

b. sont repoussés par la chaleur.

c. sont attirés par la chaleur.

d. sont attirés par les médiateurs chimiques récupérés à proximité des cellules lésées.

3. D'après les résultats observés, on peut supposer que :

a. les phagocytes ont un déplacement aléatoire.

b. des cellules lésées entraînent la libération de médiateurs chimiques capables d'attirer les phagocytes.

c. des cellules lésées entraînent la libération de médiateurs chimiques capables de repousser les phagocytes.

d. des cellules saines entraînent la libération de médiateurs chimiques capables d'attirer les phagocytes.

CONSEILS

- Compare les conditions expérimentales pour identifier la variable testée, la seule grandeur dont on peut tirer une conclusion sur un éventuel effet en comparant les résultats.
- Compare les photographies pour décrire la localisation et/ou le nombre de phagocytes au cours du temps.
- Identifie la condition témoin et son résultat.
- Pour la question 3, confronte les affirmations avec les modalités et résultats des deux expériences.

CORRIGÉ

Variable testée : seule grandeur ayant des modalités entre les deux conditions expérimentales.

1. a. et b. Faux : les micro-organismes sont absents des conditions expérimentales, il n'est donc pas possible de tirer une conclusion sur l'effet des microorganismes. On teste l'effet de la lésion par la chaleur. **c.** Vrai et **d.** Faux : on observe que le nombre de phagocytes augmente puisque la coloration noire sur l'image s'intensifie au cours du temps, et que les phagocytes se concentrent autour du point de brûlure puisqu'un halo noir apparait autour de celui-ci. On n'observe pas de changement particulier dans les zones non brûlées. On en déduit que les cellules lésées par la chaleur peuvent attirer des phagocytes.

2. b. et c. Faux : il n'y a pas de source de chaleur dans les conditions expérimentales, il n'est donc pas possible de tirer une conclusion sur l'effet de la chaleur. On teste l'effet des médiateurs chimiques. **a.** Faux et **d.** Vrai : on observe que le phagocyte s'est rapproché de la micropipette en présence de médiateurs chimiques récupérés à proximité des cellules lésées puisque la distance les séparant est passée de 20 μm à 10 μm. Par ailleurs, il est écrit que ce phénomène n'est pas observé en l'absence de médiateur chimique. On en déduit que les médiateurs chimiques ont un effet sur les phagocytes : ils les attirent.

3. a. Faux : contradictoire avec les résultats des expériences 1 et 2, les phagocytes semblent se déplacer vers la lésion et vers la micropipette contenant des médiateurs chimiques. **c.** Faux : l'effet des médiateurs chimiques sur les phagocytes décrit est contradictoire avec le résultat de l'expérience 2. **d.** Faux : Les médiateurs chimiques dans l'expérience 2 ayant été récupérés à proximité des cellules lésées, on peut supposer que ce sont elles qui les ont libérés. **b.** Vrai : cohérent avec les expériences.

Méthode 4 Réaliser un schéma fonctionnel

SUJET La phagocytose d'une bactérie

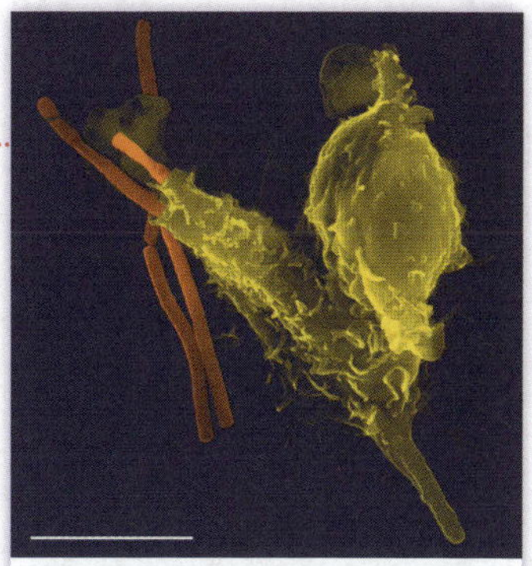

Phagocytose de bactéries par une cellule de l'immunité innée

Observation au microscope électronique à balayage recoloré : granulocyte en jaune ; bacilles du charbon en orange.

Le phagocyte adhère aux bactéries et les reconnait comme des corps étrangers grâce à des récepteurs de surface. Puis, il déforme sa membrane cytoplasmique de façon à encercler une bactérie qui finit par se retrouver piégée dans une vésicule (un compartiment limité par une membrane) à l'intérieur du cytoplasme. On parle d'ingestion en référence à l'alimentation d'un organisme pluricellulaire, mais le terme plus exact à l'échelle cellulaire est l'endocytose. Les lysosomes sont des organites présents dans le cytoplasme qui contiennent des enzymes capables de digérer des agents infectieux. Ils fusionnent avec la vésicule contenant la bactérie et y déversent leurs enzymes. La digestion des bactéries se déroule alors.

Consigne : Réalise un schéma fonctionnel de la phagocytose d'une bactérie par un phagocyte.

CONSEILS

- Décompose le processus à représenter en plusieurs phases, cinq par exemple.
- Identifie les éléments nécessaires pour représenter chaque phase : objets et liens.
- Choisis un code : un symbole simple (carré, rond...) et une couleur pour chaque objet et lien différents à représenter.
- Mets en page les éléments du schéma pour qu'ils ne se chevauchent pas et en respectant une logique de lecture (haut en bas ou gauche à droite).
- Respecte les relations entre objets, mais pas nécessairement les formes et échelles.

+ d'aide ? Voir p. 213

Titre informatif et indications de la légende permettant de comprendre chaque symbolique.

CORRIGÉ

La phagocytose d'une bactérie par un phagocyte

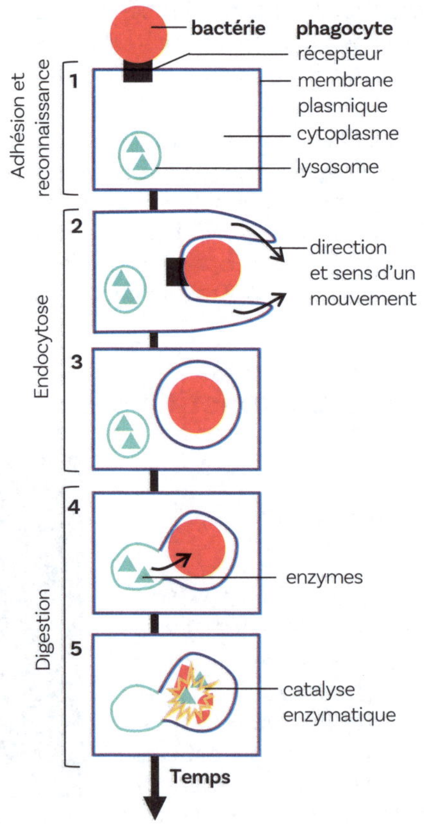

Qualité technique : tracé soigné, taille suffisamment grande pour distinguer clairement les éléments, code forme simple / couleur unique (1 code : 1 signification), mise en page sans chevauchement des éléments.

Choix d'organisation réfléchi : organisation verticale avec lecture de haut en bas. Représentation simplifiée, sans multiplication du nombre d'éléments (ex. : 1 seul lysosome). Légendes rassemblées par thématiques et séparées dans l'espace.

D'autres représentations respectant les critères sont tout à fait envisageables. Il n'y a pas qu'un seul schéma possible.

Ton **KIT DE SURVIE** pour le **BAC** avec SCHOOLMOUV

Chapitre 12 L'immunité innée

Tu viens de voir les notions à connaître sur l'immunité innée. Pour t'aider à retenir l'essentiel et t'entraîner pour le Bac, voici ton kit de révisions clé en mains conçu par SchoolMouv !

Vidéo

Pour mieux comprendre et t'en souvenir à coup sûr, regarde la vidéo. C'est parfois bien plus clair en images.

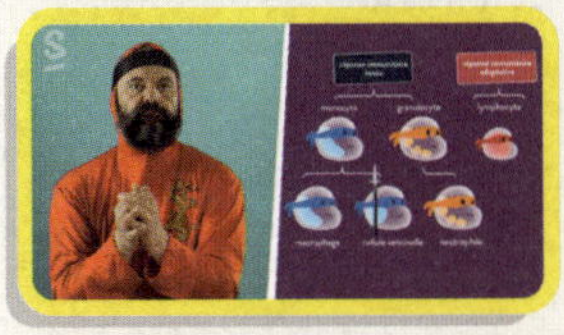

Vidéo **L'immunité innée**
https://flashbelin.fr/focusbacschoolmouv/svt/1re/12

Contenu additionnel

Voici un bonus autour du même sujet. La curiosité n'est pas toujours un vilain défaut. Il suffit de créer ton compte pour avoir accès à plein de contenus supplémentaires.

Fiche **L'immunité innée**
https://www.schoolmouv.fr/eleves/cours/l-immunite-innee/fiche-de-cours

Tchat avec un prof

Pour poser toutes tes questions à un prof particulier, découvre l'abonnement tchat. Tu peux le tester gratuitement pendant 7 jours : fini les questions sans réponses, tu vas devenir incollable.

https://focusbac.schoolmouv.fr/offre

13

THÈME 5

L'immunité

RÉVISIONS 2de

Un quiz avant de commencer

1. Vrai ou faux ?

	Vrai	Faux
1 Les lymphocytes se multiplient lorsqu'ils reconnaissent un agent infectieux.	☐	☐
2 La réaction immunitaire impliquant les lymphocytes et les anticorps apparaît quelques minutes après l'infection.	☐	☐
3 Les lymphocytes T reconnaissent et détruisent les cellules infectées par des virus.	☐	☐
4 Un antigène désigne un agent pathogène.	☐	☐
5 Suite à la rencontre avec un agent infectieux, des lymphocytes T et B mémoires à longue durée de vie se forment.	☐	☐
6 La réaction immunitaire est moins rapide et moins forte la deuxième fois que l'organisme rencontre un agent pathogène.	☐	☐

2. Coche la ou les bonne(s) réponse(s).

1. Les anticorps :

- a sont des cellules. ☐
- b sont des molécules. ☐
- c neutralisent un antigène. ☐
- d favorisent la phagocytose. ☐

2. Les cellules qui produisent les anticorps sont :

- a les lymphocytes T. ☐
- b les lymphocytes B. ☐
- c les cellules phagocytaires. ☐
- d tous les leucocytes. ☐

3. Un lymphocyte :

- a agit contre tous les agents infectieux. ☐
- b déclenche la réaction inflammatoire locale. ☐
- c possède des récepteurs de reconnaissance spécifique à un seul antigène. ☐
- d peut réaliser la phagocytose. ☐

Réponses : 1. 1. Vrai – 2. Faux – 3. Vrai – 4. Vrai – 5. Vrai – 6. Faux • 2. 1. b, c, d – 2. b – 3. c.

adaptative

L'ESSENTIEL EN 3 POINTS

Qu'est-ce que l'immunité adaptative ?

1 Les caractéristiques générales de l'immunité adaptative

L'**immunité adaptative** désigne les mécanismes de défense d'un organisme **hautement spécifiques,** qui **complètent et coopèrent** avec l'immunité innée dans la réponse immunitaire. > p. 228

Comment l'organisme produit-il une immense diversité d'anticorps et de récepteurs ?

2 L'origine de la diversité des anticorps et des récepteurs

L'immunité adaptative peut agir contre une **immense diversité de cibles**, car l'organisme est capable de produire, par des **recombinaisons génétiques et des associations protéiques**, une **immense diversité d'acteurs** ayant une action spécifique. > p. 229

Comment l'immunité adaptative se met-elle en œuvre ?

3 La mise en œuvre de l'immunité adaptative

L'immunité innée contribue à activer l'**immunité adaptative**. Les cellules immunitaires **se différencient en cellules effectrices** ayant chacune un rôle dans **l'élimination des antigènes**. > p. 230

LE COURS *en 3 fiches*

1 Caractéristiques générales

Idées clés

→ L'immunité adaptative complète et coopère avec l'**immunité innée** chez les vertébrés. Elle permet le plus souvent d'éliminer la cause du déclenchement de la **réaction immunitaire** et construit une **mémoire immunitaire**.

→ Elle agit dans des **situations variées**, mais chaque acteur (cellules, **anticorps**) présente une **action spécifique** à l'encontre de **motifs antigéniques**.

Coup d'œil

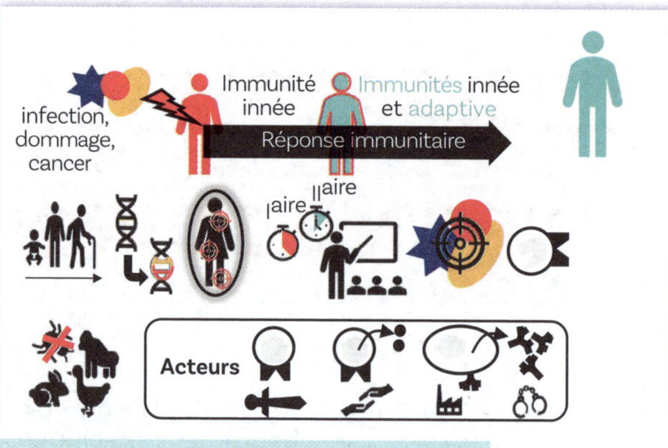

Caractéristiques générales de l'immunité adaptative

Des pistes pour argumenter

La place de l'immunité adaptative : décris l'apparition des acteurs de l'immunité au cours d'une réponse immunitaire. > p. 235

À la loupe

- L'**immunité adaptative** intervient **en second dans la réponse immunitaire**. Avec l'immunité innée, elle permet l'**élimination de l'élément déclencheur** (ou **antigène**) de la réponse immunitaire, tels que les **agents infectieux** et les **cellules anormales**.
- Les **mécanismes de défense** de l'immunité adaptative se mettent en place au cours de la vie de l'individu, **dans tout l'organisme**. Leurs **vitesse et intensité** de mise en œuvre augmentent à chaque nouvelle rencontre avec l'antigène, grâce à un **apprentissage de reconnaissance** reposant sur la **mémoire immunitaire**.
- Alors que chaque acteur de l'immunité innée reconnaît une diversité de motifs moléculaires étrangers (ou motifs antigéniques), **chaque acteur** de l'immunité adaptative est **spécifique à un motif antigénique**. L'aptitude de l'immunité adaptative à agir contre une **diversité de cibles** repose sur la génération d'une immense **diversité d'acteurs à la spécificité différente**.
- L'action cellulaire repose sur des **cellules effectrices** : **plasmocytes**, **lymphocytes T auxiliaires** (LTA) et **lymphocytes T cytotoxiques** (LTC). Elles sont respectivement issues de la **différenciation** des lymphocytes **B** (LB), **T CD4** (LT CD4) et **T CD8** (LT CD8). L'**action humorale** désigne le rôle de **molécules effectrices** : les **anticorps**, produits par les plasmocytes.

→ Voir lexique p. 285

2 L'origine de la diversité des anticorps et des récepteurs

Idées clés

→ Des **mécanismes aléatoires** de **recombinaison génétique** et d'**association protéique** engendrent une diversité immense de gènes et de protéines (comme les anticorps) telle que tous les **antigènes** possibles sont en principe **reconnaissables**.

→ Dans la diversité produite, une **première sélection** élimine ce qui est **incompatible avec le soi**, évitant des réactions immunitaires qui se déclencheraient contre des parties saines de l'organisme.

Coup d'œil

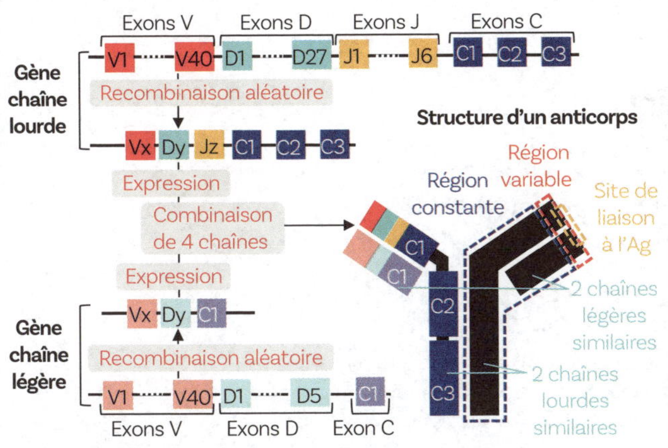

Recombinaison V(D)J et diversité combinatoire

Des pistes pour argumenter

Les anticorps présentent une haute spécificité pour les antigènes : > p. 237

À la loupe

• L'**immunité adaptative** agit **contre une immense diversité d'antigènes** (**agents pathogènes** variant et évoluant, cellules anormales), beaucoup plus grande que le nombre de gènes codants du génome humain.

• Les **anticorps** (Ac) sont des **protéines** (des **immunoglobulines**). Ils sont constitués de **quatre chaînes d'acides aminés**, deux légères et deux lourdes, et ont une **forme tridimensionnelle** en Y. Tous ces Ac ont une **région constante**, faite des mêmes acides aminés, reconnue par les cellules phagocytaires. Ils ont chacun **deux sites de fixation spécifiques** à un même motif antigénique. La spécificité est **conditionnée par les acides aminés** de cette région variable, dont la nature diffère entre plasmocytes.

• Chez les **cellules immunitaires**, la **recombinaison aléatoire de segments de gènes** (exons) exprimant les parties constantes et variables des chaînes lourdes et légères, ainsi que l'**assemblage aléatoire des chaînes lourdes et légères** génèrent une immense **diversité d'anticorps**. De semblables processus expliquent la diversité des **récepteurs de surface** de reconnaissance pour chaque type de lymphocytes.

• Les **organes lymphoïdes** primaires **produisent** (moelle osseuse) une grande **diversité de lymphocytes** et **sélectionnent** (thymus) les **cellules immunitaires** qui ne sont pas auto-réactives (de spécificité dirigée contre les cellules et molécules de l'organisme).

→ Voir lexique p. 285

3 La mise en œuvre de l'immunité adaptative

Idées clés

→ Lors d'une **deuxième phase de sélection**, quelques **cellules immunitaires** sont **activées** après une première rencontre avec un **antigène particulier**.

→ Il s'en suit des phénomènes de **sélection**, d'**amplification** et de **différenciation clonales**.

→ L'immunité adaptative met en place des **cellules-mémoires à longue durée de vie**. Ces cellules permettent une **réponse secondaire à l'antigène** plus rapide et quantitativement plus importante, qui assure une protection de l'organisme vis-à-vis de cet antigène.

Des pistes pour argumenter

- **Le rôle des LT CD4 dans la différenciation des plasmocytes :** présente l'expérience de Marbrook. > **p. 238**
- **L'action humorale des anticorps :** résume l'expérience montrant l'effet des anticorps sur la phagocytose. > **p. 237**

Coup d'œil

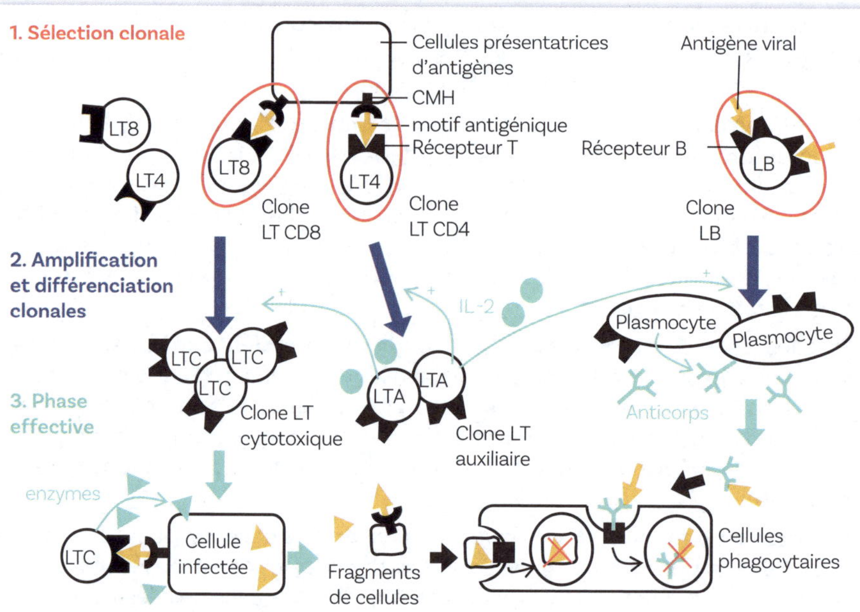

La réaction adaptative à une infection virale

- L'organisme génère une grande **diversité de spécificité antigénique** au sein des populations de **lymphocytes** (LB, LT CD4 et LT CD8), indépendamment des antigènes rencontrés.
- Les lymphocytes **sélectionnés dans le thymus circulent** dans un état dormant dans le sang et la lymphe ; certains rejoignent les **organes lymphoïdes secondaires** (rate, **ganglion lymphatique**, intestins...). Le système immunitaire **n'est pas un organe isolé** : il est **diffus** et **interagit** avec les différentes parties du corps (cerveau, intestins, etc.).
- Quelques **lymphocytes** sont **activés** après une première **rencontre avec un antigène** qui porte le **motif antigénique spécifique** à leur récepteur : c'est la **sélection clonale**. Les **LB** détectent les **antigènes circulants**, alors que les **LT** détectent les **antigènes présentés par les cellules présentatrices d'antigènes** (CPA).
- Les LB et de LT sélectionnés se multiplient activement par **mitose** : c'est l'**amplification clonale**. Au cours de la différenciation clonale, les nombreux lymphocytes produits se transforment en **cellules effectrices** (LB en plasmocytes, LT CD8 en LT cytotoxique et LT CD4 en LT auxiliaires) ou en **cellules mémoires** à longue durée de vie. Ces dernières permettent une **réponse plus rapide et quantitativement plus importante** lors des rencontres ultérieures avec le même antigène. Cette **séquence d'activation** dure **plusieurs jours** chez l'être humain, expliquant le délai de la réaction adaptative.
- Les **lymphocytes T cytotoxiques** (LTC) reconnaissent spécifiquement des **motifs antigéniques étrangers** présentés en association avec le **CMH** (présentoir d'antigène) à la surface d'une cellule infectée, endommagée ou cancéreuse. Ils libèrent des **molécules toxiques** qui détruisent la cellule cible. Les **lymphocytes T auxiliaires** (LTA) secrètent des **médiateurs chimiques** (ex. : **IL-2**) qui stimulent l'amplification et la différenciation clonales des lymphocytes activés. Les **plasmocytes sécrètent** de grandes quantités d'**anticorps** (un seul type d'anticorps par cellule) **sur le lieu de l'infection** et dans le sang. Ils **neutralisent les antigènes** et **favorisent leur destruction** par les cellules phagocytaires.
- Lors d'une réponse immunitaire, par exemple face à une infection par le virus de la grippe, **immunités innée et adaptative** participent **ensemble** à l'élimination de l'**agent infectieux**. Les LT sont activés par des CPA qui leur présentent des motifs antigéniques viraux, et les cellules de l'immunité innée phagocytent les débris cellulaires issus de l'action des LTC et les **complexes immuns** (association entre antigène viral et anticorps).
- Le virus de l'immunodéficience humaine (**VIH**) **cible les LT auxiliaires**. De par leur rôle essentiel dans la mise en place de l'immunité adaptative, leur destruction provoque l'**effondrement des défenses immunitaires** et l'installation de **maladies opportunistes** aboutissant au **SIDA**.

→ Voir lexique p. 285

MÉMO VISUEL

- L'immunité adaptative -

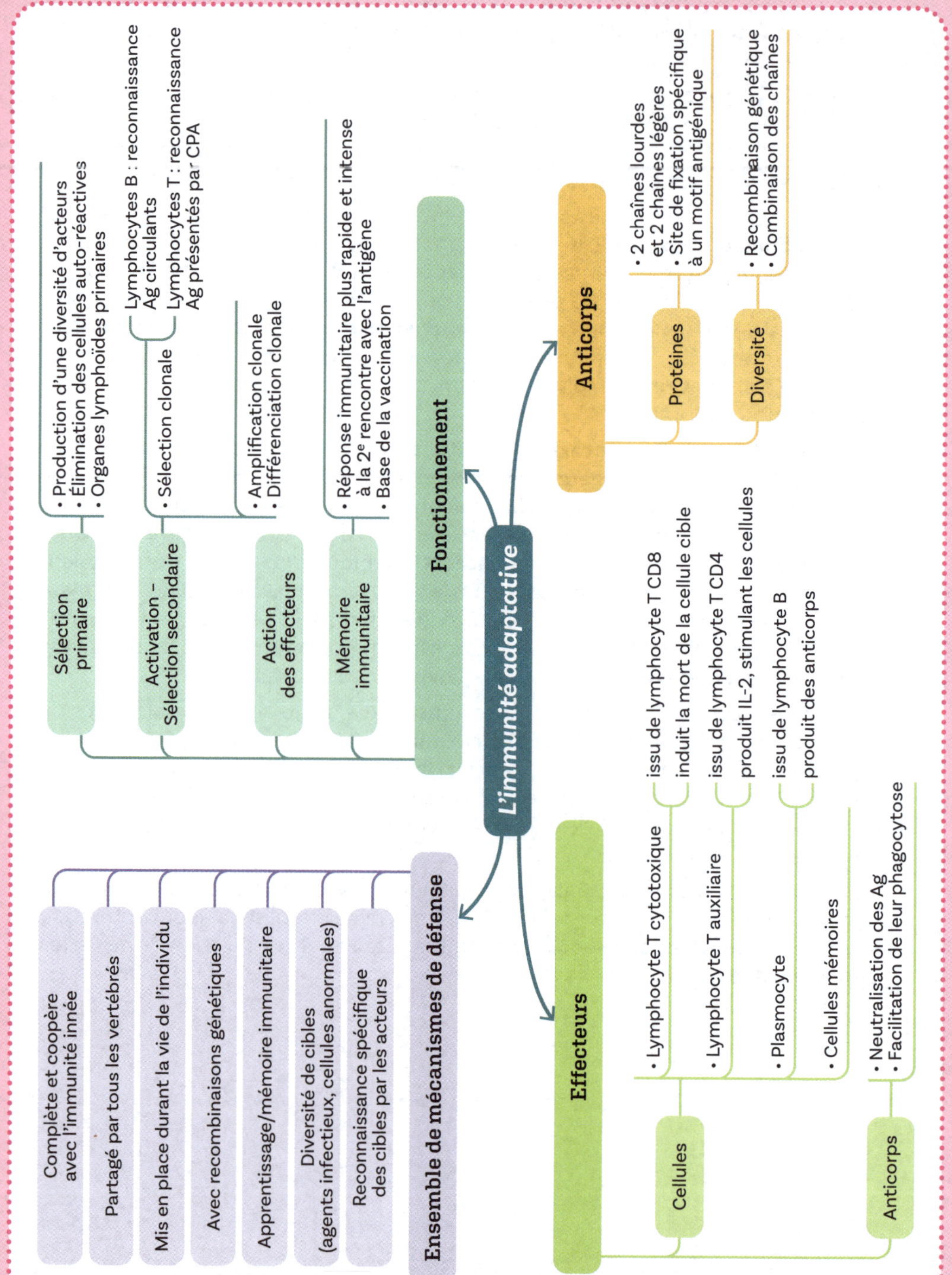

QCM ?

SE TESTER

1. Coche la ou les bonne(s) réponse(s).

1. Le système immunitaire est constitué :

- **a** d'organes, de cellules et de molécules qui coopèrent, permettant d'assurer l'immunité de l'organisme. ☐
- **b** de cellules immunitaires capables de reconnaître et d'éliminer des anticorps différents. ☐
- **c** d'organes lymphoïdes primaires et secondaires, où sont produits les lymphocytes. ☐
- **d** d'un organe isolé et de cellules interagissant avec les différentes parties du corps (cerveau, intestins, etc.). ☐

2. Les lymphocytes B :

- **a** nécessitent les lymphocytes T auxilliaires pour se différencier. ☐
- **b** peuvent se différencier en plasmocytes. ☐
- **c** peuvent se différencier en lymphocytes T. ☐
- **d** phagocytent les antigènes. ☐

3. La réponse immunitaire dirigée contre un virus :

- **a** fait intervenir uniquement l'immunité adaptative. ☐
- **b** repose sur une coopération entre immunités innée et adaptative. ☐
- **c** s'accompagne d'une production massive d'antigènes anti-virus de la grippe. ☐
- **d** implique des anticorps spécifiques au virus. ☐

4. Les anticorps :

- **a** sont sécrétés par les LT cytotoxiques. ☐
- **b** sont produits à la suite de mécanismes aléatoires de recombinaison génétique et d'association protéique. ☐
- **c** sont reconnus par les cellulaires phagocytaires par l'intermédiaire de leur partie constante. ☐
- **d** subissent le processus de sélection clonale. ☐

2. Vrai ou faux ?

		Vrai	Faux
1	L'immunité adaptative est présente chez tous les animaux.	☐	☐
2	L'immunité adaptative est déclenchée par l'immunité innée.	☐	☐
3	La mémoire immunitaire permet d'accélerer et d'amplifier la mise en œuvre de la réponse adaptative en cas de seconde rencontre avec le même antigène.	☐	☐
4	Chaque cellule de l'immunité adaptative présente divers récepteurs permettant d'agir à l'encontre d'une diversité de motifs antigéniques.	☐	☐
5	L'action cellulaire repose sur des cellules effectrices : plasmocytes, lymphocytes T auxiliaires (LTA) et lymphocytes T cytotoxiques (LTC).	☐	☐
6	La liaison entre un anticorps et un antigène s'effectue par la partie constante des immunoglobulines.	☐	☐
7	Dans la diversité de cellules produites, une première sélection élimine ce qui est incompatible avec le soi, évitant des réactions immunitaires qui se déclencheraient contre des parties saines de l'organisme.	☐	☐
8	Les lymphocytes T cytotoxiques produisent de l'IL-2 en grande quantité.	☐	☐
9	Les lymphocytes T auxiliaires sont issus de la différenciation de lymphocytes T CD4 (LT CD4) activés.	☐	☐
10	Les lymphocytes T8 sont sélectionnés à la suite d'une étape d'amplification clonale.	☐	☐

3. Complète le schéma avec les termes suivants.

a. *récepteur T* – **b.** *clones LT cytotoxiques* – **c.** *anticorps* – **d.** *sélection clonale* – **e.** *motif antigénique* – **f.** *cellule phagocytaire* – **g.** *amplification et différenciation clonales* – **h.** *CPA* – **i.** *plasmocytes* – **j.** *fragments cellulaires* – **k.** *CMH* – **l.** *phase effectrice* – **m.** *clones LT auxiliaires* – **n.** *cellule infectée* – **o.** *IL-2.*

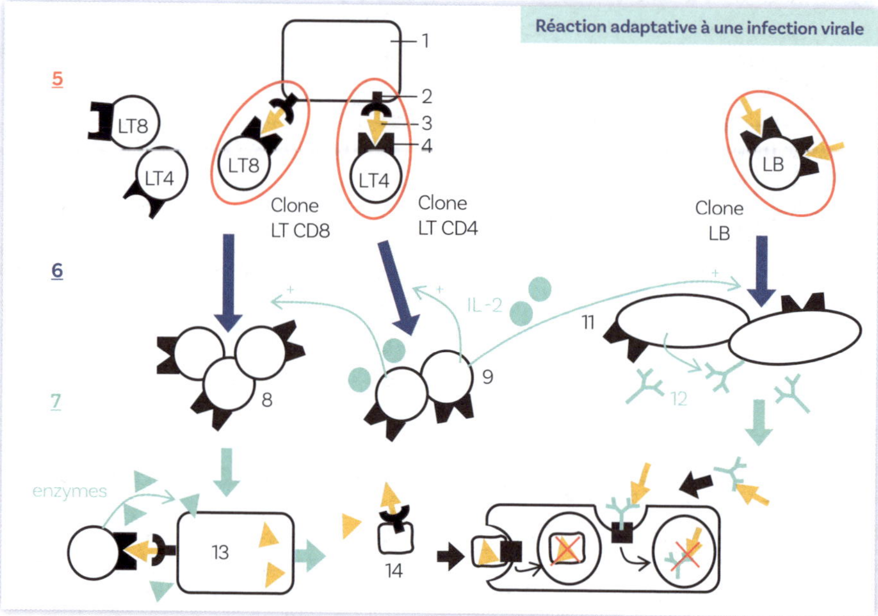

4. Réponds aux questions posées par ces mémo cartes.

1. Les caractéristiques générales de l'immunité adaptative

- Qu'est-ce que l'immunité adaptative ?
- Quelles sont les caractéristiques des mécanismes de défense de l'immunité adaptative ?
- Quelle est la spécificité des acteurs de l'immunité adaptative par rapport à ceux de l'immunité innée ?
- Quels sont les cellules et les molécules effectrices de l'immunité adaptative ?

2. L'origine de la diversité des anticorps et des récepteurs

- Qu'est-ce qu'un anticorps ?
- Quels sont les points communs et les différences entre les anticorps ?
- Comment expliquer l'immense diversité d'anticorps produits ?
- Comment l'organisme évite-t-il les réactions immunitaires contre lui-même ?

3. La mise en œuvre de l'immunité adaptative

- Comment les lymphocytes sont-ils activés ?
- Quels sont les trois processus successifs que subissent les lymphocytes activés ?
- Quels sont les fonctions des LT auxiliaires, des LT cytotoxiques, des plasmocytes et des anticorps ?
- Comment les immunités innée et adaptative coopèrent-elles ?
- Comment expliquer que la réponse secondaire à un antigène soit plus rapide et quantitativement plus importante que la réponse primaire ?

Réponses : 1. 1. a – **2.** a, b – **3.** b, d – **4.** b, c • **2. 1.** Faux – **2.** Vrai – **3.** Vrai – **4.** Faux – **5.** Vrai – **6.** Faux – **7.** Vrai – **8.** Faux – **9.** Vrai – **10.** Faux • **3. 1.** h – **2.** k – **3.** e – **4.** a – **5.** d – **6.** g – **7.** l – **8.** b – **9.** m – **10.** o – **11.** l – **12.** c – **13.** n – **14.** j – **15.** f.

SAVOIR-FAIRE

Méthode 1 Exploiter un graphique à courbes

SUJET La réponse immunitaire à la grippe

La grippe est une infection virale très contagieuse. Après la contamination par le virus de la grippe, la maladie se déclare sous 48 h en moyenne. Les principaux symptômes de la grippe sont la fièvre élevée, les frissons, la toux, les douleurs articulaires et musculaires, ainsi que la fatigue. La guérison survient en une semaine, avec une toux et une fatigue souvent plus prolongées. On s'intéresse à la réponse immunitaire de l'organisme en suivant l'évolution des effectifs des principaux acteurs de l'immunité et la charge virale (quantité de virus dans le sang) au cours du temps.

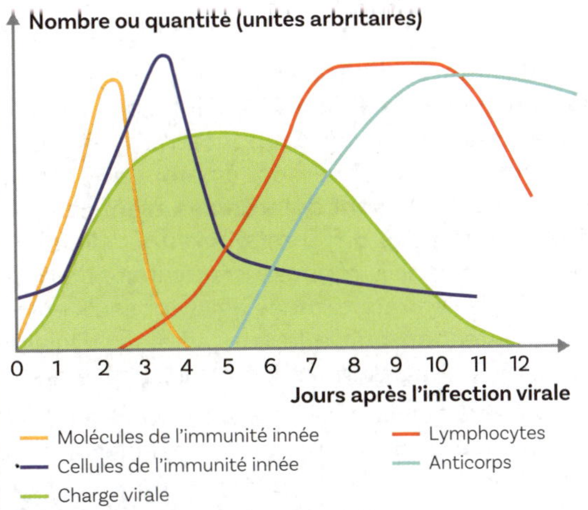

Évolution des principaux acteurs de l'immunité après une infection grippale

Consigne : Présente la réponse immunitaire de l'organisme permettant l'élimination du virus de la grippe.

CONSEILS

- Compare les jours où chaque acteur a un effectif maximal.
- Compare les plages temporelles où chaque acteur est détectable.
- Compare les dynamiques de mise en place et de disparition de chaque acteur.

+ d'aide ? Voir p. 228

CORRIGÉ

On observe que la charge virale augmente du moment de l'infection au 5e jour après l'infection, puis diminue jusqu'à être nul le 12e jour après l'infection. La charge virale est la quantité de virus dans le sang. On peut en conclure que le virus est éliminé totalement au 12e jour après l'infection.

On observe que le nombre maximal d'acteurs est atteint après l'infection : vers 2,5 jours pour les molécules de l'immunité innée, vers 3,5 jours pour les cellules de l'immunité innée, vers 8 jours pour les lymphocytes et vers 10,5 jours pour les anticorps. **Les activités maximales de chaque acteur sont ainsi distinctes dans le temps** de la réponse immunitaire permettant l'élimination du virus (12 jours). On sait que les molécules et les cellules de l'immunité innée sont responsables d'une réaction inflammatoire, et que les lymphocytes et les anticorps sont des acteurs de l'immunité adaptative. On en déduit que la réponse immunitaire de l'organisme face à une infection par le virus de la grippe implique d'abord une réaction inflammatoire aigue d'intensité maximale entre 2,5 et 3,5 jours avec les acteurs de l'immunité innée, puis des mécanismes immunitaires impliquant les acteurs de l'immunité adaptative dont l'intensité maximale a lieu entre 8 et 10,5 jours.

Que décrire ? Que comparer ?
- **Les maxima**, pour comparer les moments où l'activité de chaque acteur est maximale dans la réponse immunitaire.
- **Les phases de détection**, pour comparer le temps de présence des acteurs.
- **Les phases de variations**, pour comparer la dynamique de mise en place et de disparition des acteurs.

On constate que les molécules de l'immunité innée sont détectables entre le moment de l'infection et le 4ᵉ jour après l'infection. Les cellules de l'immunité innée sont détectables tout au long de la réponse immunitaire. Les lymphocytes et les anticorps sont détectables respectivement à partir de 2,5 et 5 jours après l'infection. **Les acteurs de l'immunité innée sont détectables avant ceux de l'immunité adaptative, et les phases de détection des différents acteurs cellulaires se chevauchent nettement.** On en déduit que dans la réponse immunitaire de l'organisme face au virus de la grippe, les acteurs de l'immunité innée agissent seuls entre le moment de l'infection et 2,5 jours après l'infection, puis que leurs acteurs cellulaires des immunités innée et adaptative coexistent et agissent ensemble jusqu'à la fin de l'infection.

On observe que la durée entre la détection des acteurs et la mesure de leur quantité maximale est : de 2 jours pour les molécules de l'immunité innée, de 3,5 jours pour les cellules de l'immunité innée et de 5,5 jours pour les lymphocytes (8 - 2,5 j) et les anticorps (10,5 - 5 j). **Cette durée est donc plus courte pour les acteurs de l'immunité innée que pour les acteurs de l'immunité adaptative**. On en déduit que la dynamique de mise en place d'une réponse maximale pour les acteurs de l'immunité innée est 1,5 à 2,5 fois plus rapide que celle des acteurs de l'immunité adaptative.

Par ailleurs, la quantité des acteurs est maximale pendant seulement 1 jour environ pour les acteurs de l'immunité innée (la courbe à l'allure d'un pic) et qu'elle se maintient environ 2 jours pour les acteurs de l'immunité adaptative (la courbe à l'allure d'un plateau). **La quantité des acteurs est maximale plus longtemps pour l'immunité adaptative que pour l'immunité innée.** On en déduit que dans la réponse immunitaire de l'organisme face au virus de la grippe, l'activité maximale des acteurs de l'immunité innée est plus brève que celle des acteurs de l'immunité adaptative.

Méthode 2 Exploiter les résultats d'un test Ouchterlony

SUJET La mémoire immunitaire contre la grippe

Un voyageur a contracté la grippe en 2018. On recherche la souche virale grippale qui l'a infecté à l'aide d'un test Ouchterlony. Cette méthode d'immunodiffusion permet de détecter la formation d'un complexe immun. On dispose de trois souches virales récoltées lors d'épidémies précédentes et recommandées par l'OMS pour la composition de vaccins contre la grippe saisonnière la saison2017/2018 : souche Michigan 2015 (M), souche Brisbane 2008 (B) et souche Hong-Kong 2014 (HK14). Elles sont introduites dans les puits creusés dans la gélose. Le puits central contient le sérum d'un patient ayant contracté la grippe. Depuis leur puits, les molécules diffusent dans la gélose dans toutes les directions. La formation d'un complexe immun se traduit par l'apparition d'un précipité blanc en forme d'arc.

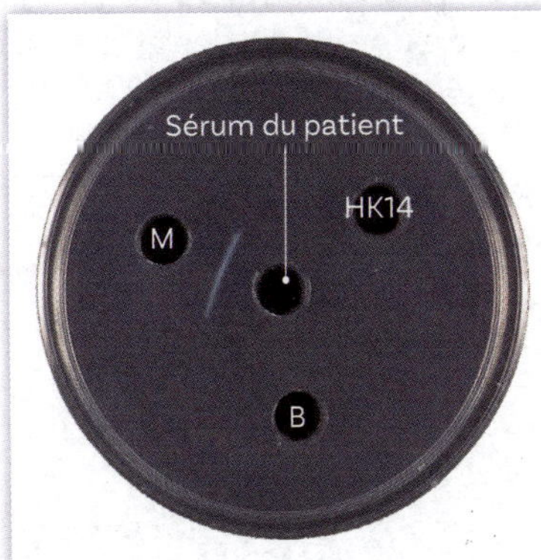

Consignes :

1. **Détermine la souche virale grippale qui a infecté le voyageur.**
2. **Argumente l'idée que cette expérience met en évidence la spécificité des anticorps.**

CONSEILS

- Recherche la présence de précipité blanc en forme d'arc.
- Mobilise les informations du texte pour tirer une conclusion sur les anticorps présents dans le sérum du patient.
- Mobilise tes connaissances pour répondre au problème.

+ d'aide ? Voir p. 229 et 230

CORRIGÉ

1. **On observe** un arc de précipitation uniquement entre le puit central et le puits M, le premier contient le sérum du patient et le second contient la souche virale Michigan 2015. **On lit** qu'un arc de précipitation correspond à un complexe immun. **On en conclut** qu'il y a un complexe immun entre des anticorps et des particules virales de la souche Michigan 2015. Le protocole précise que les particules virales sont dans le puits M. Ce qui signifie donc nécessairement que **le patient a des anticorps anti-virus de la souche Michigan 2015** dans son sérum.

Or, **on sait que** les anticorps sont des molécules effectrices de l'immunité innée et qu'ils sont produits massivement lorsque l'organisme rencontre l'antigène spécifique aux cellules qui les produisent. **On déduit de la présence de ces anticorps que le voyageur a été infecté par la souche virale grippale Michigan 2015**.

2. Le patient présente des anticorps anti-virus de la grippe qui forment des complexes immuns avec les particules virales de la souche Michigan 2015, mais pas avec celles des souches Brisbane 2008 et Hong-Kong 2014. Il y a donc une réaction très spécifique entre les anticorps et les antigènes.

Méthode 3 Exploiter une expérience de co-culture

SUJET La coopération entre cellules immunitaires

La **co-culture** est une technique qui permet à une variété de types de cellules d'être cultivées ensemble pour examiner l'effet des unes sur les autres. On réalise une expérience pour déterminer les conditions nécessaires la production de plasmocytes. On injecte à une souris des globules rouges de mouton (GRM). Trois jours plus tard, on prélève des lymphocytes T4 (LT CD4) et des lymphocytes B (LB) dans sa rate. Les lymphocytes sont mis en culture dans une chambre de Marbrook selon les modalités décrites dans le tableau. Quelques jours plus tard on détermine le nombre de plasmocytes.

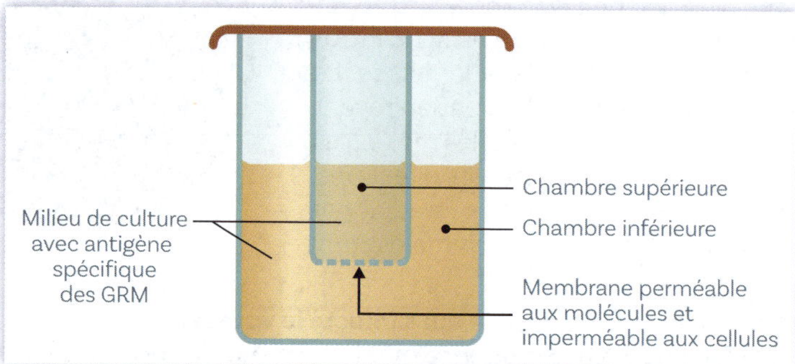

Conditions expérimentales	Nature des lymphocytes préalablement activés et placés dans la chambre		Nombre de plasmocytes présents (en individus) dans la chambre par 10^8 cellules de rate	
	Supérieure	Inférieure	Supérieure	Inférieure
1	/	LT CD4 + LB	0	960
2	/	LB	0	~ 0
3	LT CD4	LB	0	1 011

Consignes :

1. **Exploite les résultats des conditions expérimentales 1 et 2 (objectif, observations et conclusion).**

2. **Explique la conclusion apportée à la question précédente à l'aide de tes connaissances.**

3. **Montre que la transformation des LB activés en plasmocyte ne nécessite pas de contact physique avec les LT CD4 activés.**

CONSEILS

- Identifie la variable testée, la variable étudiée et la variable de référence.
- Compare les résultats expérimentaux pour tirer une conclusion.
- Mobilise tes connaissances sur l'origine des plasmocytes.

+ d'aide ?
Voir p. 230

CORRIGÉ

1. Objectif : on cherche à savoir si la quantité de LT CD4 activés, et placés dans la même chambre que des LB activés, a un effet sur la quantité de plasmocytes au cours du temps.

> **Variable testée** : grandeur dont l'expérimentateur fait varier la modalité entre deux conditions expérimentales.
> **Variable étudiée** : grandeur dont l'expérimentateur connaît toutes valeurs seulement à la fin de l'expérience.
> **Variable de référence** : grandeur associée à la mesure de la variable étudiée.

Observations : lorsque les LTCD4 activés sont mis en co-culture dans la même chambre que les LB activés, on observe que la quantité de plasmocytes augmente au cours du temps, puisqu'elle passe de 0 à 960 individus en quelques jours. Lorsque les LB activés sont placés en culture dans la chambre inférieure sans LT CD4 activés, on constate que la quantité de plasmocyte stagne au cours du temps, puisqu'elle est égale à 0 individus au début de l'expérience et quelques jours plus tard.

> Condition expérimentale
> Variation de l'état (ou état) de la variable étudiée
> Justification

Conclusion : les résultats des conditions 1 et 2 **sont différents**, on en conclut que la quantité de LT CD4 activés, placés dans la même chambre que des LB activés, **a un effet** sur la quantité de plasmocytes au cours du temps. Les LT CDT4 activés, en présence de LB activés, **causent une augmentation** de la quantité de plasmocytes en quelques jours.

> **Raisonnement déductif**
> Résultats ≠ : effet
> Résultats = : pas d'effet

2. On sait que les plasmocytes sont issus de la multiplication et la différenciation clonales de LB activés, processus stimulés par les LT CD4 activés et différenciés en LT auxiliaires. Ainsi, la présence de LT CD4 activés avec les LB activés permet le déroulement des processus évoqués et la production de plasmocytes d'où l'augmentation de leur nombre au cours du temps.

3. On cherche à mettre en évidence que la transformation des LB activés en plasmocytes ne nécessite pas de contact physique avec les LT CD4 activés. Il s'agit ainsi de tester l'effet de ce contact cellulaire sur la quantité de plasmocytes présents dans la chambre inférieure. Pour cela, on compare les conditions expérimentales 1 et 3 puisque la seule différence entre les deux est la modalité de ce contact. Dans la condition expérimentale 1, le contact physique entre LT CD4 et les LB activés existe, puisque toutes les cellules sont placées dans la chambre inférieure. Dans la condition expérimentale 3, le contact physique n'existe pas puisque les LT CD4 activés sont placés dans la chambre supérieure séparée par une membrane imperméable aux cellules de la chambre inférieure dans laquelle ont été placés les LB activés. On observe que le nombre de plasmocyte a augmenté au cours du temps dans les conditions expérimentales 1 et 3 puisqu'il est passé en quelques jours respectivement de 0 à 960 individus et de 0 à 1 011 individus. Les deux résultats expérimentaux sont similaires. On en déduit que le contact physique entre LT CD4 et LB activés **n'a pas d'effet sur** le nombre de plasmocytes, donc que le contact physique entre LT CD4 et LB activés **n'est pas nécessaire** à la transformation des LB activés en plasmocytes. De fait, l'action des LT auxiliaires fait intervenir des médiateurs chimiques dont l'existence est cohérente avec les résultats expérimentaux (la membrane entre les deux chambres laisse passer les molécules, ce qui permet d'expliquer la transformation des LB activés même lorsque les LT CD4 activés en sont physiquement éloignés), mais la nature ne peut pas être mise en évidence avec cette expérience.

Ton **KIT DE SURVIE** pour le **BAC** avec SCHOOLMOUV

Chapitre 13 L'immunité adaptative

Tu viens de voir les notions à connaître sur l'immunité adaptative. Pour t'aider à retenir l'essentiel et t'entraîner pour le Bac, voici ton kit de révisions clé en mains conçu par SchoolMouv !

Vidéo

Pour mieux comprendre et t'en souvenir à coup sûr, regarde la vidéo. C'est parfois bien plus clair en images.

Vidéo **L'immunité adaptative**
https://flashbelin.fr/focusbacschoolmouv/svt/1re/13

Contenu additionnel

Voici un bonus autour du même sujet. La curiosité n'est pas toujours un vilain défaut. Il suffit de créer ton compte pour avoir accès à plein de contenus supplémentaires.

Fiche **L'immunité adaptative**
https://www.schoolmouv.fr/eleves/cours/l-immunite-adaptative/fiche-de-cours

Tchat avec un prof

Pour poser toutes tes questions à un prof particulier, découvre l'abonnement tchat. Tu peux le tester gratuitement pendant 7 jours : fini les questions sans réponses, tu vas devenir incollable.

https://focusbac.schoolmouv.fr/offre

Activation de la spécificité des lymphocytes B

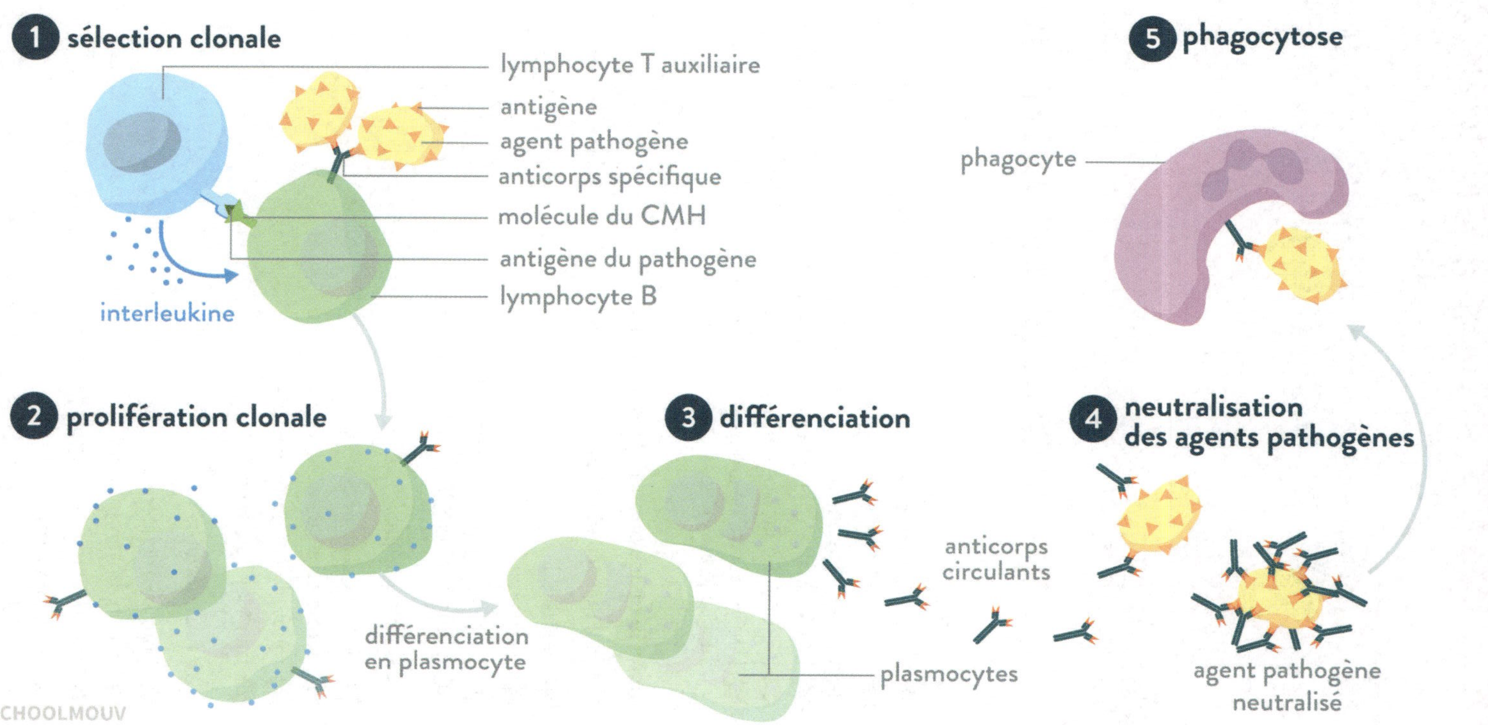

THÈME 5

14 L'utilisation adaptative en

RÉVISIONS 2de

Un quiz avant de commencer

1. Vrai ou faux ?

		Vrai	Faux
1	La vaccination permet de soigner une infection.	☐	☐
2	La vaccination repose sur les cellules mémoires.	☐	☐
3	Un vaccin peut contenir des agents pathogènes agressifs.	☐	☐
4	La vaccination collective permet de lutter contre des épidémies.	☐	☐
5	Il existe des vaccins contre tous les agents infectieux.	☐	☐
6	Une immunité de groupe est atteinte lorsque le taux de couverture vaccinale est élevé.	☐	☐

2. Coche la ou les bonne(s) réponse(s).

1. Lors d'un second contact avec un même antigène, la réponse immunitaire est :

- a plus rapide que lors du premier contact. ☐
- b moins rapide que lors du premier contact. ☐
- c plus forte que lors du premier contact. ☐
- d moins forte que lors du premier contact. ☐

2. Les antibiotiques :

- a peuvent soigner une infection. ☐
- b permettent de lutter contre les virus. ☐
- c fonctionnent comme les vaccins. ☐
- d tuent les bactéries. ☐

3. La vaccination :

- a permet d'acquérir une protection durable de l'organisme. ☐
- b est un moyen préventif. ☐
- c est spécifique à un agent pathogène. ☐
- d est réservée aux enfants. ☐

Réponses : 1. 1. Faux – **2.** Vrai – **3.** Faux – **4.** Vrai – **5.** Faux – **6.** Vrai • **2. 1.** a, c – **2.** a, d – **3.** a, b, c.

de l'immunité santé humaine

L'ESSENTIEL EN 3 POINTS

Qu'est-ce que la vaccination préventive ? Comment exploite-t-elle la mémoire immunitaire pour protéger ?

1 **Vaccination préventive et mémoire immunitaire**

La **vaccination préventive** induit une **réaction immunitaire** contre certains agents infectieux. L'injection de **produits immunogènes**, mais **non pathogènes** provoque la formation d'un **réservoir de cellules mémoires** dirigées **contre l'agent d'une maladie**. > p. 244

Comment la vaccination préventive peut-elle être une stratégie pour protéger les populations ?

2 **Vaccination préventive et protection des populations**

La vaccination préventive améliore les **capacités de défense** d'un individu, dont le **phénotype immunitaire** est modelé au gré des expositions aux antigènes. Dans une population, la vaccination offre une **immunité collective** au-delà d'un certain **taux de couverture vaccinale**. > p. 245

Quels procédés d'immunothérapie sont utilisés dans la lutte contre certains cancers ?

3 **Les procédés d'immunothérapie dans la lutte contre le cancer**

Des procédés d'immunothérapie (**vaccins thérapeutiques** et **anticorps monoclonaux**) ont été développés pour lutter contre **certains types de cancer**, et de nombreux sont en cours de développement. C'est un champ de recherche aux **implications sociétales** importantes. > p. 246

LE COURS en 3 fiches

1 Vaccination préventive et mémoire immunitaire

Idées clés

→ La vaccination préventive est l'injection de **produits immunogènes**, mais **non pathogènes**, qui provoque la formation d'un **réservoir de** cellules mémoires dirigées **contre l'agent** d'une maladie. Elle induit une **réaction immunitaire** plus rapide et plus intense contre cet agent.

→ L'**adjuvant** du vaccin aide à déclencher la **réaction innée**.

Coup d'œil

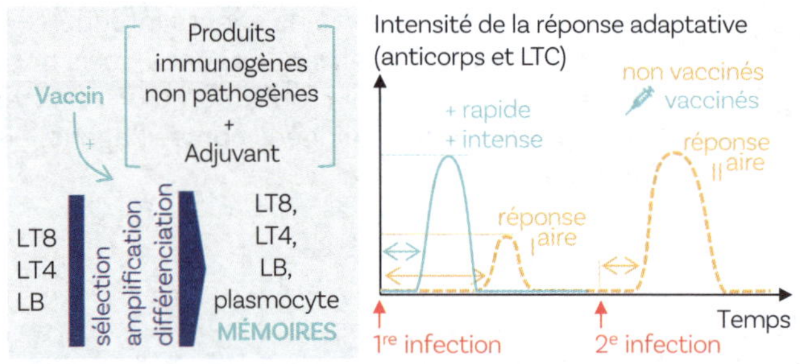

Vaccin, mémoire immunitaire et réponse secondaire

Des pistes pour argumenter

L'effet de la vaccination : compare la production d'anticorps avec et sans vaccin. > **p. 250**

À la loupe

- La **mémoire immunitaire** désigne les mécanismes impliqués dans la **capacité du système immunitaire à réagir** plus rapidement et plus intensément lorsqu'il reconnaît un **antigène** (Ag) **déjà rencontré** dans le passé (réponse secondaire).
- Elle repose sur des **acteurs à longue durée de vie**, les **cellules mémoires** (**lymphocytes** LT CD4, LT CD8 et LB, et plasmocytes) et certains **anticorps**. Les cellules mémoires s'activent **plus rapidement que les cellules naïves**.
- La **vaccination préventive** consiste à exposer **volontairement un individu sain aux Ag** d'agents infectieux non pathogènes pour **générer des cellules mémoires** en capacité de réagir rapidement lors de toute rencontre ultérieure et naturelle avec ces agents infectieux pathogènes.
- Les vaccins sont des préparations avec des **produits immunogènes**, mais **non pathogènes**. On trouve des **agents infectieux entiers atténués** (vaccins vivants atténués ; ex. : virus de la rougeole), des **agents entiers inactivés** (vaccins inactivés ; ex. : bactérie de la coqueluche) ou des **particules antigéniques** (vaccins sous-unitaires ; ex. : bactérie du tétanos).
- D'autres vaccins utilisent des **virus génétiquement modifiés** avec la **séquence génétique** d'un antigène (vaccins à vecteur viral ; ex. : Ebola ou Covid-19) ou l'**ARNm synthétique** de l'Ag (vaccins à ARNm ; ex. : Covid-19).

→ Voir lexique p. 285

2 Vaccination préventive et protection des populations

Idées clés

→ La vaccination préventive améliore, à tout âge, les **capacités de défense** d'un individu en modifiant le **phénotype immunitaire**.

→ Dans une population, la vaccination offre une protection optimale au delà d'un **taux de couverture vaccinale** qui bloque la circulation de l'**agent infectieux**. Cela résulte du fait que l'on peut porter et transmettre l'agent infectieux sans être soi-même malade (**porteur sain**).

Des pistes pour argumenter

- **L'immunité de groupe :** compare la couverture vaccinale optimale pour plusieurs agents pathogènes. > p. 251
- **La réussite de la vaccination préventive collective :** cite l'exemple de la variole, maladie éradiquée grâce à la vaccination.

Coup d'œil

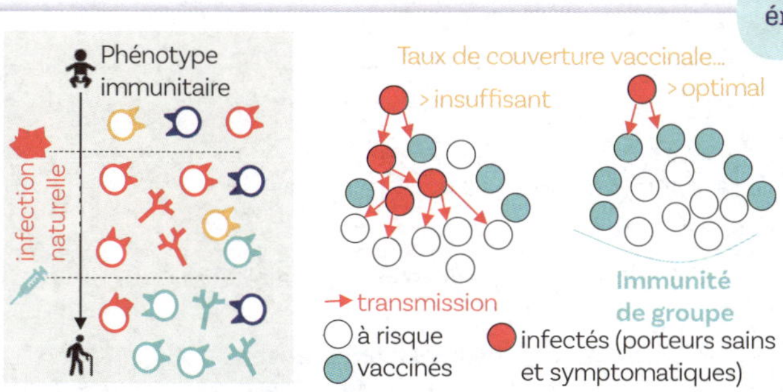

Phénotype immunitaire et immunité collective

À la loupe

- Le **phénotype immunitaire** est l'ensemble des organes, cellules et molécules contribuant à la **défense d'un organisme**. Il conditionne les **capacités immunitaires** et est modelé **au gré des expositions aux antigènes**. La **vaccination préventive** stimule la **mémoire immunitaire** et améliore ainsi les **capacités immunitaires**.
- La **vaccination préventive individuelle** limite le risque de transmettre un agent infectieux et/ou de développer des symptômes de la maladie. Elle est **applicable à tout âge** : en bas âge avant un contact naturel avec l'agent infectieux (ex. : tuberculose) ou plus tard (ex. : HPV, grippe). Certains individus ont des **contre-indications à la vaccination**, temporaires ou permanentes (ex. : femme enceinte, maladies immunitaires, allergies, etc.).
- La **vaccination préventive collective** permet la **protection des individus non vaccinables et vulnérables** par l'**immunité de groupe**. Les personnes vaccinées bloquent la circulation du virus, empêchant celui-ci d'atteindre les individus vulnérables.
- Dans le cadre d'une **politique de santé publique** pour protéger les populations, certains vaccins et leurs **rappels** sont **obligatoires** à des âges précis, selon les métiers et les projets personnels. Le risque de développer une maladie grave en ne se vaccinant pas est plus important que celui de voir apparaître un effet indésirable lié à la vaccination.

→ Voir lexique p. 285

3 Les procédés d'immunothérapie dans la lutte contre le cancer

Idées clés

→ Des procédés d'immunothérapie (**vaccins thérapeutiques** et **anticorps monoclonaux**) ont été développés pour lutter contre certains types de cancer.

→ De nombreux sont **en cours de développement** : c'est un champ de recherche aux **implications sociétales** importantes.

Des pistes pour argumenter

L'effet des anticorps monoclonaux : compare l'effet de traitements anti-cancéreux sur la masse d'une tumeur. > **p. 253**

Coup d'œil

<table>
<tr><th></th><th colspan="2">Anticorps monoclonaux</th><th>Vaccin thérapeutique</th></tr>
<tr><td>Acteurs</td><td colspan="2">Anticorps</td><td>Antigènes tumoraux</td></tr>
<tr><td rowspan="5">Modalités d'action</td><td colspan="2">Fixation sur récepteurs membranaires</td><td>Présentation aux LB et LT par les CPA</td></tr>
<tr><td rowspan="2">Inhibition activité cellules cancéreuses</td><td>Stimulation activité LT par levée d'inhibition</td><td>Stimulation activité LB et LT par activation</td></tr>
<tr><td colspan="2">Activation système immunitaire</td></tr>
<tr><td>Diminution croissance tumeur</td><td colspan="2">Destruction cellules cancéreuses</td></tr>
</table>

L'immunothérapie

À la loupe

- L'**immunothérapie** est un ensemble de **techniques médicales qui utilisent le système immunitaire** d'un individu malade pour agir **contre les cellules cancéreuses**.
- La **vaccination thérapeutique** consiste à inoculer à un individu malade des **antigènes spécifiques à ses cellules cancéreuses**. Ce procédé **stimule les cellules de l'immunité adaptative**. Le système immunitaire met en place ou amplifie une réponse immunitaire adaptative contre ses cellules cancéreuses.
- Les **anticorps monoclonaux** sont des anticorps **issus d'un même clone cellulaire** et qui ont ainsi tous la **même spécificité antigénique**. Les anticorps monoclonaux **neutralisent les Ag** (récepteurs, ligands) en s'y fixant. Ainsi, ils permettent de **bloquer la croissance** de cellules cancéreuses, de **stimuler la réponse immunitaire**, ou encore de **lever l'inhibition des cellules immunitaires** par les cellules cancéreuses.
- D'autres procédés sont en cours de développement. Par exemple, les **cellules CAR-T**, qui sont des **lymphocytes T génétiquement modifiés** dans le but de reconnaître puis d'éliminer les cellules cancéreuses.
- L'immunothérapie est un champ de recherche aux **implications sociétales** importantes. À cause de leurs **coûts conséquents**, les traitements innovants restent **limités à quelques types de cancers**. Malgré une **innovation rapide** dans ce secteur, l'**impact budgétaire** interroge donc la capacité de la société à maintenir un accès à l'innovation et aux meilleurs traitements pour tous.

→ Voir lexique p. 285

MÉMO VISUEL

- L'utilisation de l'immunité adaptative en santé humaine -

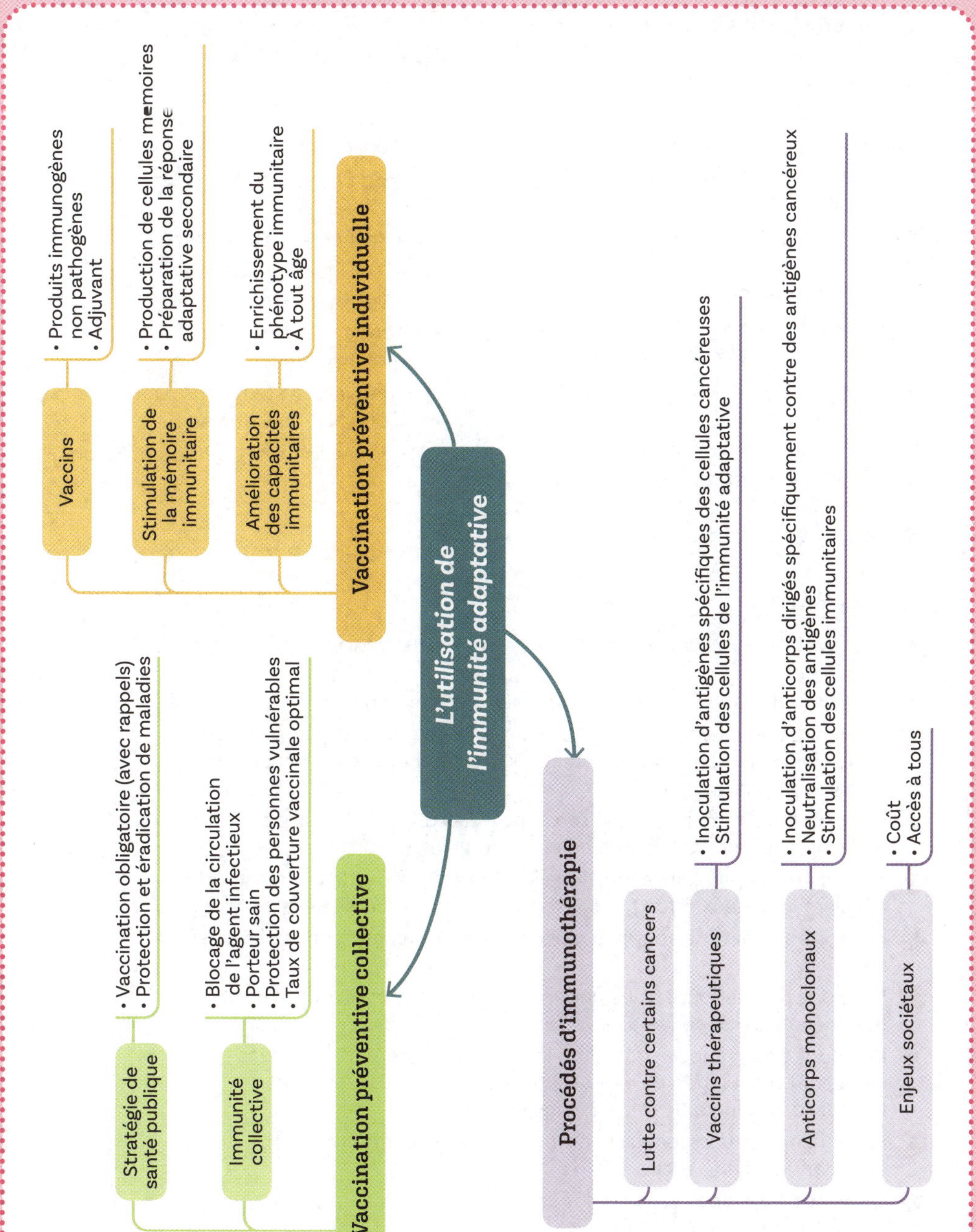

SE TESTER

1. Coche la ou les bonne(s) réponse(s).

1. Les vaccins :

- **a** contiennent des produits pathogènes qui stimulent les défenses immunitaires. ☐
- **b** contiennent des produits immunogènes, mais non pathogènes. ☐
- **c** provoquent la formation d'un réservoir de cellules mémoires dirigées contre les agents de maladies. ☐
- **d** contiennent toujours un adjuvant. ☐

2. La réponse immunitaire secondaire :

- **a** est plus intense et moins rapide que la réponse adaptative primaire. ☐
- **b** repose sur des cellules immunitaires mémoires. ☐
- **c** est non spécifique aux antigènes déjà rencontrés par le système immunitaire. ☐
- **d** repose sur l'immunité innée. ☐

3. La vaccination préventive :

- **a** est réalisée avant la première rencontre avec un agent infectieux. ☐
- **b** permet de soigner une maladie déjà déclarée. ☐
- **c** améliore les capacités de défense d'un individu à l'âge adulte. ☐
- **d** modifie le phénotype immunitaire. ☐

4. La vaccination thérapeutique :

- **a** est uniquement réalisable chez les enfants. ☐
- **b** consiste en l'injection d'anticorps monoclonaux. ☐
- **c** stimule le système immunitaire d'une personne malade. ☐
- **d** permet de protéger les populations. ☐

2. Vrai ou faux ?

		Vrai	Faux
1	La vaccination préventive induit une réaction immunitaire contre certains agents infectieux.	☐	☐
2	L'adjuvant du vaccin évite de déclencher une réaction inflammatoire aiguë.	☐	☐
3	La vaccination préventive consiste à exposer volontairement un individu sain à des anticorps d'agents infectieux non pathogènes pour stimuler la mémoire immunitaire.	☐	☐
4	Le phénotype immunitaire est l'ensemble des organes, cellules et molécules contribuant à la défense d'un organisme.	☐	☐
5	La vaccination préventive individuelle augmente le risque de transmettre un agent infectieux et/ou de développer des symptômes de la maladie.	☐	☐
6	Les porteurs sains ne sont pas malades et ne transmettent pas les agents infectieux.	☐	☐
7	Dans une population, la vaccination offre une protection optimale dès que le taux de couverture vaccinale atteint 50 %.	☐	☐
8	L'immunité de groupe est atteinte lorsque les personnes vaccinées bloquent la circulation du virus, empêchant celui-ci d'atteindre les individus vulnérables et non vaccinables.	☐	☐
9	Les anticorps monoclonaux sont produits par le corps en réaction à l'apparition d'un cancer.	☐	☐
10	Les vaccins thérapeutiques et les anticorps monoclonaux sont des procédés d'immunothérapie.	☐	☐

3. Complète le tableau ci-dessous, qui présente les acteurs et modalités d'action de deux procédés d'immunothérapie.

<table>
<tr><th></th><th colspan="2">Anticorps monoclonaux</th><th>Vaccin thérapeutique</th></tr>
<tr><td>Acteurs</td><td colspan="2"></td><td></td></tr>
<tr><td rowspan="4">Modalités d'action</td><td colspan="2"></td><td></td></tr>
<tr><td></td><td></td><td></td></tr>
<tr><td rowspan="2"></td><td colspan="2"></td></tr>
<tr><td colspan="2"></td></tr>
</table>

4. Réponde aux questions posées par ces mémo cartes.

1. Vaccination préventive et mémoire immunitaire

- Qu'est-ce que la mémoire immunitaire ?
- Qu'est-ce que la vaccination préventive ?
- Qu'est-ce qu'un vaccin ?
- Comment la vaccination préventive induit-elle une réaction immunitaire plus rapide et plus intense ?

2. Vaccination préventive et protection des populations

- Qu'est-ce que le phénotype immunitaire ? Comment change-t-il au cours du temps ?
- Comment la vaccination préventive améliore-t-elle les capacités de défense d'un individu ?
- À quel moment de la vie la vaccination préventive se pratique-t-elle ?
- Comment et à quelle condition la vaccination préventive permet-elle de protéger une population ?

3. Les procédés d'immunothérapie dans la lutte contre le cancer

- Qu'est-ce que l'immunothérapie ?
- Comment les vaccins thérapeutiques peuvent-ils contribuer à lutter contre les cancers ?
- Comment les anticorps monoclonaux agissent-ils ?
- Quelles sont les implications sociétales du développement des procédés d'immunothérapie ?

Réponses : 1. 1. b, c - **2.** b - **3.** a, d - **4.** c • **2. 1.** Vrai - **2.** Faux - **3.** Faux - **4.** Vrai - **5.** Faux - **6.** Faux - **7.** Faux - **8.** Vrai - **9.** Faux - **10.** Vrai • **3.** voir p. 246.

SAVOIR-FAIRE

Méthode 1 Exploiter les résultats d'un test ELISA

SUJET Un candidat vaccin contre le Sars-Cov2

Un essai clinique en phase 1 pour un candidat vaccin contre le Sars-Cov2 a été mené entre juillet et août 2020 aux États-Unis. Vingt-cinq participants volontaires, entre 18 et 55 ans, jamais infectés par le virus et en bonne santé y ont participé. Parmi eux, deux groupes de cinq personnes ont reçu deux injections (le 1er et le 57e jours), soit du candidat vaccin (contenant 5.10^{10} particules virales), soit d'un placebo. À six reprises, les chercheurs ont réalisé un prélèvement sanguin de chaque volontaire et un dosage des anticorps anti-spike (la protéine spike permettant au virus d'entrer dans les cellules) à l'aide d'un test ELISA (*Enzyme Linked ImmunoSorbent Assay*). Il s'agit d'une technique de dosage immuno-enzymatique permettant de quantifier les concentrations de diverses molécules en mesurant la coloration de la préparation.

D'après www.biotek.fr/applications/elisa-and-related-immunoassays.html.

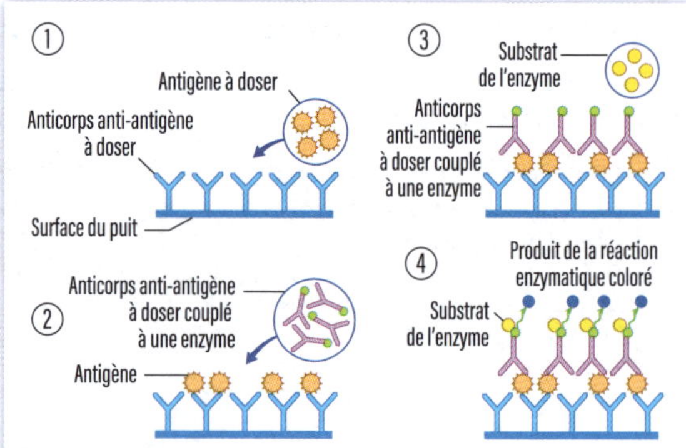

Technique ELISA

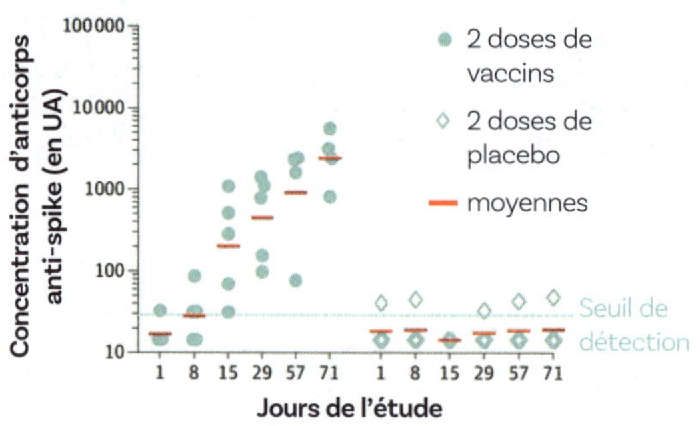

Dosages des anticorps anti-spike

Consignes

1. **Explique en quoi la coloration de la préparation renseigne sur la concentration de l'antigène recherché.**

2. **Identifie l'antigène à doser dans le cadre de l'étude menée pour le vaccin contre le Sars-Cov2.**

3. **Détermine l'effet du vaccin sur la concentration d'anticorps anti-spike.**

CONSEILS

- Recense les informations sur la technique ELISA pour établir une corrélation entre l'intensité de la coloration et la concentration en antigène.
- Recherche la molécule qui est dosée.
- Compare l'évolution de la concentration d'anticorps anti-spike chez les personnes ayant reçu le vaccin et celles ayant reçu le placebo.

+ d'aide ?
Voir p. 244

CORRIGÉ

1. Dans un test ELISA, la coloration de la préparation est due au produit coloré d'une réaction enzymatique dont l'enzyme impliquée est fixée à des anticorps dirigés contre l'antigène à doser. La coloration est corrélée positivement à la concentration de l'enzyme, donc à la concentration de ces anticorps avec enzyme. Or, ces anticorps avec enzyme se lient aux antigènes à doser qui se sont préalablement fixés sur d'autres anticorps positionnés à la surface du puit. On en déduit que la concentration des anticorps avec enzyme est corrélée positivement à la concentration d'antigènes à doser. En conclusion, la coloration de la préparation est positivement corrélée à la concentration d'antigènes à doser parce que la quantité de produit coloré dépend de la concentration d'antigènes à doser.

> Une **corrélation** est un lien entre deux variables. Elle est positive si, lorsque l'une des variables augmente, l'autre augmente aussi. Ce lien peut être un lien de cause à effet, mais ce n'est pas toujours le cas.

2. On mesure la concentration d'anticorps anti-spike ; l'antigène à doser est donc l'anticorps anti-spike.

3. On cherche à avoir si le vaccin a un effet sur la concentration d'anticorps anti-spike durant 71 jours après la 1re injection.

Chez les personnes ayant reçu deux doses de vaccins, on observe que la concentration **moyenne** d'anticorps anti-spike augmente au cours du temps puisqu'elle passe d'une valeur indétectable à 1 150 UA entre le 1er et le 71e jour.

> Le **seuil de détection** correspond à la concentration minimale de molécule pouvant être détectée par le test.

Chez les personnes ayant reçu le placebo, on constate que la concentration **moyenne** d'anticorps anti-spike stagne au cours du temps à une valeur indétectable de J1 à J71.

Les deux résultats expérimentaux sont différents. On en déduit que le vaccin **augmente** la concentration **moyenne** d'anticorps anti-spike durant 71 jours après la 1re injection.

Méthode 2 Calculer le taux de couverture optimal

SUJET La vaccination contre la grippe et la rougeole

Dans une population, la vaccination offre une protection optimale au-delà d'un taux de couverture vaccinale qui bloque la circulation de l'agent infectieux. La connaissance des maladies infectieuses a permis de construire un modèle mathématique pour calculer le nombre moyen d'individus infectés par contamination (N) en fonction du taux de couverture vaccinale (p) et du nombre moyen d'individus sains non immunisés que contamine un individu infecté (R_0). Ce nombre doit être strictement inférieur à 1 pour qu'une épidémie soit évitée. La relation mathématique est : **$N = R_0 - p.R_0$**.

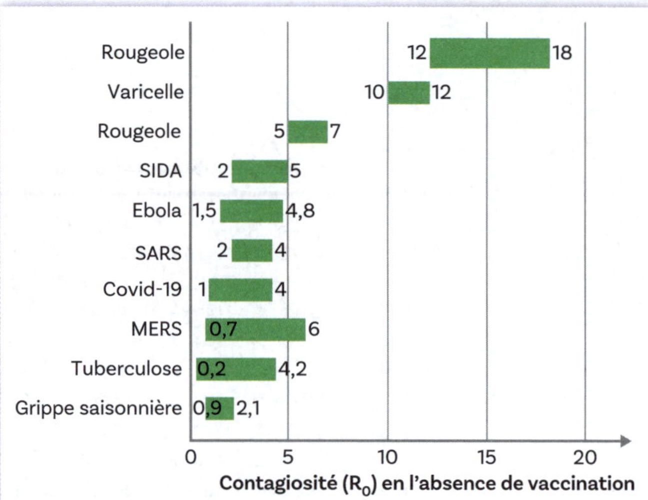

Contagiosité de différentes maladies

D'après www.inrae.fr.

Consigne : Compare les taux de couverture vaccinale à atteindre dans la population afin de développer une immunité de groupe efficace pour éviter des épidémies de grippe saisonnière et de rougeole.

CONSEILS

- Recherche le R_0 de la grippe saisonnière et de la rougeole sur le graphique.
- Manipule la relation mathématique pour exprimer p en fonction de R_0 en considérant que N est strictement inférieur à 1 : **$R_0 - p.R_0 < 1$.**
- Calcule p pour les deux maladies infectieuses.

+ d'aide ? Voir p. 245

CORRIGÉ

Pour la grippe saisonnière, on lit que la valeur de R_0 est comprise entre 0,9 et 2,1. Pour la rougeole, R_0 est compris entre 12 et 18.

Une épidémie est évitée si le nombre moyen d'individus infectés par contamination (N) est strictement inférieur à 1. Sachant que $N = R_0 - p.R_0$ et que N doit être strictement inférieur à 1, alors $R_0 - p.R_0$ doit être aussi strictement inférieur à 1.

Si $R_0 - p.R_0 < 1$ alors,

$\rightarrow - p.R_0 < 1 - R_0$ avec ($R_0 > 0$),

$\rightarrow p > \frac{1-R_0}{-R_0}$,

$\rightarrow p > \frac{R_0 - 1}{R_0}$, à multiplier par 100 pour exprimer p en %.

En appliquant cette dernière relation mathématique, le taux de couverture vaccinale (p) doit être entre 0 % ($R_0 = 0{,}9$) et 52 % ($R_0 = 2{,}1$) pour la grippe saisonnière, et entre 92 % ($R_0 = 12$) et 95 % ($R_0 = 18$) pour la rougeole. Le taux de couverture vaccinale pour la rougeole est plus élevé que celui de la grippe saisonnière, cela s'explique par un R_0 moyen environ 10 fois plus élevé (15,5 *vs* 1,5).

Méthode 3 Exploiter les résultats d'un processus de croissance

SUJET Le traitement d'une tumeur avec l'atezolizumab

Les anticorps monoclonaux ciblant des molécules de point de contrôle immunitaire ont obtenu un succès sans précédent en clinique pour le traitement d'un large éventail des cancers humains. En particulier, les anticorps dirigés contre les récepteurs membranaires PD-1 des lymphocytes T, et leur ligand PD-L1, qui permettent de lever l'inhibition de leur activité. L'atezolizumab est un anticorps monoclonal anti-PD-L1 utilisé en immunothérapie chez l'être humain. Afin de mener des recherches sur les traitements à base de cet anticorps, les chercheurs inoculent à des souris des cellules cancéreuses présentant les protéines PD-L1 humaine. 7 et 11 jours plus tard, ils traitent un lot de souris avec l'atezolizumab et un autre lot avec du PBS (témoin). Au 21e jour, les tumeurs sont extraites et pesées. La masse est exprimée en mg (moyenne ± SEM, chapitre 7) ; les « *** » signifient que les résultats sont significatifs, la probabilité que les deux moyennes ne soient pas différentes est inférieure 0,1 % ($p < 0,001$).

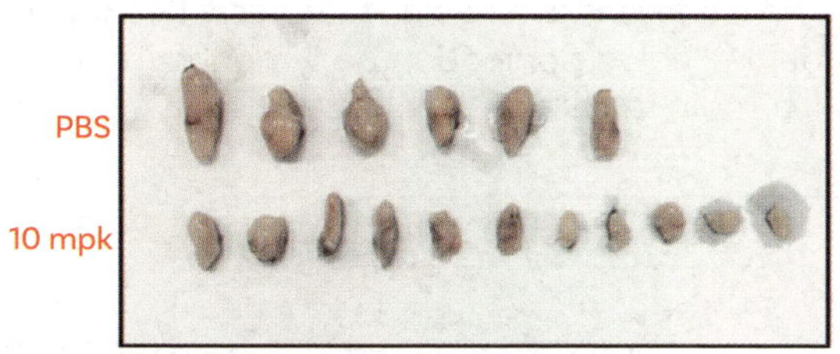

Observations de tumeurs

D'après *A human programmed death ligand 1-expressing mouse tumor model for evaluating the therapeutic efficacy of anti-human PD-L1 antibodies*, www.researchgate.net.

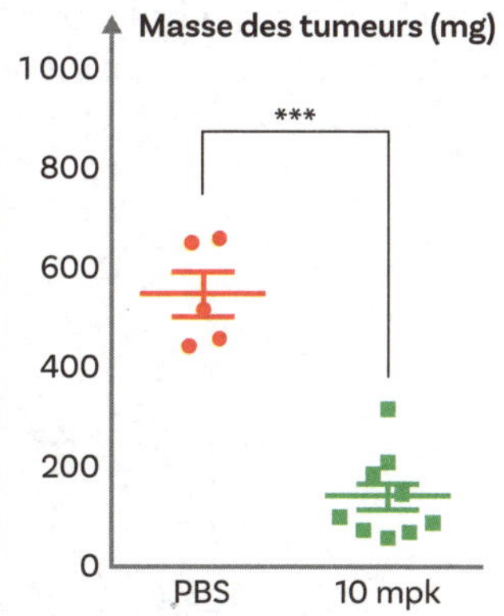

Comparaison de la masse des tumeurs

Consigne : Détermine l'effet de l'atezolizumab sur la tumeur.

CONSEILS

- Compare les masses moyennes des tumeurs des souris traitées et non traitées avec l'atezolizumab.
- Tires-en une conclusion.

+ d'aide ? Voir p. 238 et 246

CORRIGÉ

On cherche à savoir si l'atezolizumab a un effet sur la masse d'une tumeur après 14 jours de traitement.

Chez les souris du lot témoin, traitées avec du PBS, on observe que la masse moyenne de la tumeur est d'environ 550 +/- 50 mg. Chez les souris ayant reçu l'atezolizumab en traitement,

> Lis attentivement le **protocole** : des cellules cancéreuses ont été inoculées et non une tumeur. La masse de la tumeur n'est donc pas réduite au cours du temps avec l'Ac, c'est sa croissance qui est ralentie.

on constate que la masse moyenne de la tumeur est d'environ 175 +/- 25 mg, soit environ 3 fois plus que la masse moyenne du lot témoin.

Les deux résultats expérimentaux sont différents. On en déduit que l'atezolizumab **a un effet sur** la taille de la tumeur après 14 jours de traitement. L'atezolizumab **inhibe (syn. réduit)** la croissance de la tumeur.

Méthode 4 Exploiter les résultats de cytométrie de flux

SUJET La vaccination thérapeutique avec le néoantigène ARHGAP 29

On cherche à déterminer l'effet de la vaccination avec le néoantigène ARHGAP 29 chez un patient. Un néoantigène cancéreux est un produit des gènes ayant accumulé des mutations aléatoires au sein d'une tumeur. Les chercheurs ont quantifié par cytométrie de flux de la population de LT CD4 activés spécifiques au néoantigène tumoral ARHGAP 29. C'est une méthode d'analyse qui permet, à grande vitesse, de caractériser et compter des cellules en suspension dans un fluide. Pour identifier les LT CD4 activés spécifiques à l'antigène ARHGAP 29, on a des marqueurs fluorescents ayant une haute affinité pour eux. Les lymphocytes qui présentent à la fois une fluorescence rouge et une fluorescence orange correspondent à cette population de lymphocytes T CD4. Chaque point bleu est une cellule. Un témoin reçoit un placebo.

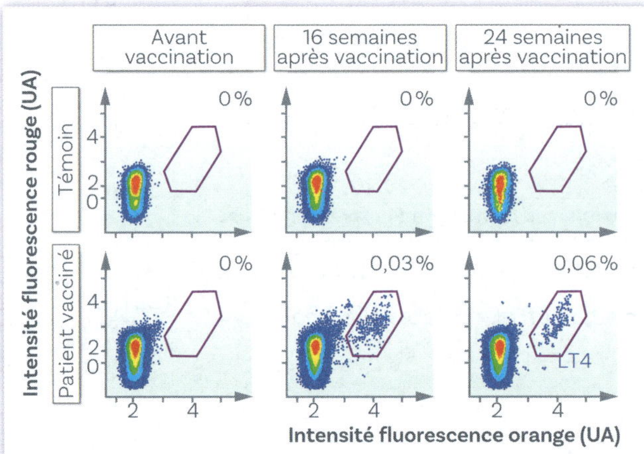

Consignes :

1. Montre que la vaccination thérapeutique avec le néoantigène ARHGAP 29 stimule le système immunitaire.

2. Argumente le potentiel de ce traitement pour éviter une récidive de cancer.

CONSEILS

- Compare l'évolution du nombre de LT CD4 spécifiques au néoantigène du patient vacciné et du témoin avant et 16 semaines après la vaccination.
- Tires-en une conclusion.
- Décris l'évolution du nombre de LT CD4 spécifiques au néoantigène chez le patient après la vaccination.

+ d'aide ?

Voir p. 238 et 246

CORRIGÉ

1. On cherche à savoir si la vaccination thérapeutique avec le néoantigène ARHGAP 29 a un effet sur le système immunitaire après 16 semaines.

On étudie la proportion de LT CD4 activés spécifiques au néoantigène ARHGAP 29 parmi la population cellulaire. Or, les LT CD4 activés appartiennent au système immunitaire, ils constituent un indicateur de son état. Pour répondre au problème, on peut donc tester l'effet la vaccination thérapeutique sur la proportion de LT CD4 activés spécifiques au néoantigène ARHGAP 29.

Chez le témoin, on observe que la proportion de LT CD4 activés spécifiques au néoantigène **stagne** au cours du temps, puisqu'elle est egale à 0 % avant la vaccination et 16 jours après la vaccination. Chez le patient ayant reçu le vaccin avec le néoantigène, on constate que la proportion de ces lymphocytes **augmente** au cours du temps, puisqu'elle passe de 0 % avant la vaccination à 0,03 % au 16e jour après la vaccination. Les deux résultats expérimentaux sont différents. On en déduit que la vaccination thérapeutique avec le néoantigène ARHGAP 29 **cause l'augmentation de** la proportion de LT CD4 activés spécifiques au néoantigène après 16 semaines. On en conclut que cette vaccination thérapeutique **active** le système immunitaire.

Recherche la présence de points bleus dans l'hexagone magenta, qui correspondent aux lymphocytes activés par le néoantigène. La proportion de ces cellules est précisée en %.

2. On constate que 24 semaines après la vaccination thérapeutique, la proportion de LT CD4 activés spécifiques au néoantigène chez le patient est supérieure à celle qu'elle était à la 16e semaine après la vaccination, puisqu'elle est de 0,06 % contre 0,03 %. Le fait que les LT CD4 spécifiques à l'antigène cancéreux soient toujours présents 24 semaines après l'injection du vaccin thérapeutique et que leur proportion ait augmenté montre que la réponse immunitaire contre cet antigène est durable et se renforce. Ce constat souligne le potentiel de ce traitement pour éviter une récidive de cancer. Cependant, la particularité des cellules cancéreuses est de se multiplier rapidement, d'autres mutations pourraient apparaître et leur permettre d'échapper à ces lymphocytes.

Ton **KIT DE SURVIE** pour le **BAC** avec SCHOOLMOUV

Chapitre 14

L'utilisation de l'immunité adaptative en santé humaine

Tu viens de voir les notions à connaître sur l'utilisation de l'immunité adaptative. Pour t'aider à retenir l'essentiel et t'entraîner pour le Bac, voici ton kit de révisions clé en mains conçu par SchoolMouv !

Vidéo

Pour mieux comprendre et t'en souvenir à coup sûr, regarde la vidéo. C'est parfois bien plus clair en images.

Vidéo **La vaccination et l'immunothérapie**

https://flashbelin.fr/focusbacschoolmouv/svt/1re/14

Contenu additionnel

Voici un bonus autour du même sujet. La curiosité n'est pas toujours un vilain défaut. Il suffit de créer ton compte pour avoir accès à plein de contenus supplémentaires.

Fiche **La vaccination et l'immunothérapie**

https://www.schoolmouv.fr/eleves/cours/la-vaccination-et-l-immunotherapie/fiche-de-cours

Tchat avec un prof

Pour poser toutes tes questions à un prof particulier, découvre l'abonnement tchat. Tu peux le tester gratuitement pendant 7 jours : fini les questions sans réponses, tu vas devenir incollable.

https://focusbac.schoolmouv.fr/offre

Le Focus de SchoolMouv

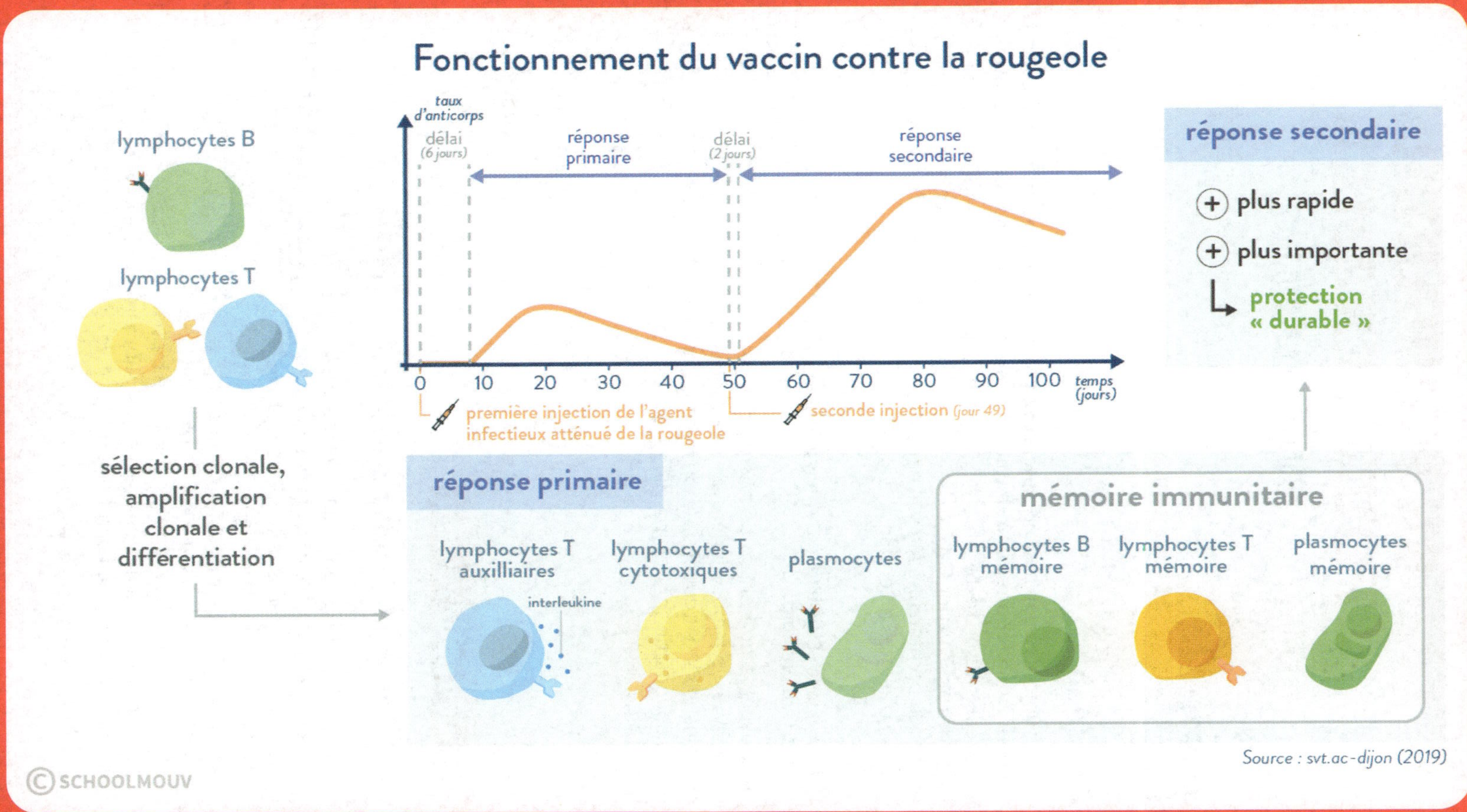

SE PRÉPARER POUR L'EXAMEN

Synthèse argumentée

SUJET 1 Cellules phagocytaires et réponse immunitaire

Question

Suite à une infection bactérienne, expliquer comment les cellules phagocytaires participent à une réponse immunitaire permettant l'élimination des bactéries.
Vous rédigerez un texte structuré. Votre argumentation s'appuiera sur des expériences et/ou des observations et/ou des exemples judicieusement choisis. Le document fourni est conçu comme une aide : il peut vous permettre d'illustrer votre exposé, mais son analyse n'est pas attendue.

Document > Efficacité de la phagocytose avec ou sans anticorps

On mesure la proportion de micro-organismes phagocytés par une lignée de macrophages humains *in vitro* incubée ou non avec un anticorps spécifique (anticorps dirigé contre ces micro-organismes).

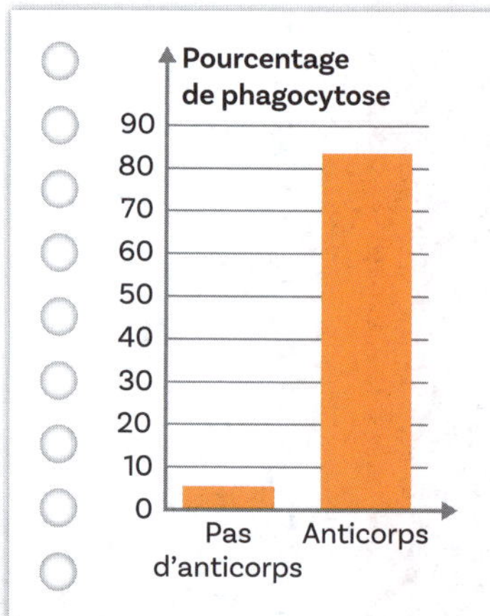

Les clés pour réussir

Analyser et reformuler le sujet

COUP DE POUCE

Tu peux t'appuyer sur la méthode p. 8.

→ Le problème est centré sur « les cellules phagocytaires », c'est-à-dire les cellules capables de réaliser la phagocytose, comme les macrophages, les cellules dendritiques et les granulocytes. Il questionne leurs rôles dans « une réponse immunitaire impliquant les immunités innée et adaptative », il aborde donc les fonctions des cellules phagocytaires dans l'immunité innée, le déclenchement et la coopération avec l'immunité adaptative.

- « Expliquer comment » signifie décrire les mécanismes. On attend ainsi des détails sur la manière dont les cellules phagocytaires contribuent à la défense de l'organisme contre des bactéries.
- Le détail des processus de l'immunité adaptative n'est pas attendu.
- Le document d'aide est une expérience permettant de mettre en évidence l'effet des anticorps sur la phagocytose.
- Termes à définir en introduction : « cellules phagocytaires », « réponse immunitaire », « immunité innée » et « immunité adaptative ».

Recenser et organiser les idées et arguments pour répondre au sujet

- **Idée clé 1. Les cellules phagocytaires éliminent les corps étrangers et les débris cellulaires.**
  - Diversité des cellules phagocytaires.
  - Reconnaissance des corps étrangers et débris cellulaires par les cellules phagocytaires.
  - Phagocytose.
  - Place des cellules phagocytaires dans la réponse inflammatoire aiguë.

Exemple pour argumenter : illustre la phagocytose avec un schéma, décris l'électronographie du document p. 223 (chapitre 12) pour argumenter que des cellules immunitaires peuvent ingérer des bactéries.

- **Idée clé 2. Les cellules phagocytaires activent l'immunité adaptative.**
  - Nature des cellules présentatrices d'antigène (CPA).
  - Migration des CPA vers les organes lymphoïdes secondaires.
  - Sélection clonale des lymphocytes T par les CPA.

Exemple pour argumenter : présente une expérience mettant en évidence le rôle des cellules présentatrices d'antigènes dans l'activation des lymphocytes T

- **Idée clé 3. Les cellules phagocytaires éliminent les produits de l'immunité adaptative.**
  - Reconnaissances des anticorps.
  - Élimination des complexes immuns.
  - Élimination des débris cellulaires issus de l'action des LTc.

Exemple pour argumenter : présente les résultats expérimentaux du document d'aide qui montrent l'effet des anticorps sur l'efficacité de la phagocytose pour argumenter l'idée que les cellules phagocytaires reconnaissent les anticorps.

SE PRÉPARER POUR L'EXAMEN

Synthèse argumentée

SUJET 2 Immunothérapie et cancers

La lutte contre les cancers englobe les volets préventif et curatif.

Question

Montrer sur quelles connaissances des mécanismes de la réponse immunitaire reposent les stratégies préventives et curatives contre le cancer.
Vous rédigerez un texte structuré. Votre argumentation s'appuiera sur des expériences et/ou des observations et/ou des exemples judicieusement choisis.

Les clés pour réussir

Analyser et reformuler le sujet

- Le sujet invite à faire le lien entre « les stratégies préventives et curatives contre le cancer », pour diminuer le risque de développement et pour soigner les cancers, et les « mécanismes de la réponse immunitaire » qu'ils mobilisent.
- Le verbe d'action « montrer » signifie « mettre en évidence ». Il s'agit donc de présenter différents moyens pour réduire le risque de développer le cancer et pour lutter contre, en détaillant pour chacun les mécanismes de défense impliqués.
- Termes à définir en introduction : « stratégies préventives et curatives contre le cancer », « réponse immunitaire », « cancer » et « immunité adaptative ».

Recenser et organiser les idées et arguments pour répondre au sujet

- **Idée clé 1. La vaccination préventive**
  - Définition (acteurs, finalités).
  - Formation de la mémoire immunitaire, réponse adaptative secondaire.

Exemple pour argumenter : vaccin contre les papillomavirus (HPV).

- **Idée clé 2. La vaccination thérapeutique**
  - Définition (acteurs, finalités)
  - Stimulation de l'immunité adaptative

Exemple pour argumenter : vaccin contre un antigène cancéreux (ex. : ARHGAP29).

- **Idée clé 3. Les anticorps monoclonaux**
  - Définition (acteurs, finalités)
  - Neutralisation d'antigènes (récepteurs, ligands)

Exemple pour argumenter : effet du atezolizumab (anticorps monoclonal anti-PD-L1) sur le volume d'une tumeur cancéreuse du côlon.

SE PRÉPARER POUR L'EXAMEN

Résolution de problème

SUJET 3 La thyroïdite d'Hashimoto

Mme T. présente une grosseur au niveau du cou et souffre de nombreux maux d'origine métabolique : fatigue, cheveux et ongles cassants, peau sèche, frilosité, rythme cardiaque ralenti. Son médecin lui prescrit des examens approfondis.

Question

Expliquer l'origine de la maladie de Mme T.

Vous organiserez votre réponse selon une démarche de votre choix intégrant des données issues des documents et des connaissances complémentaires nécessaires.

Document 1 > Analyse sanguine de Mme T

Mme T. manifeste un œdème (gonflement) de la glande thyroïde. La thyroïde est une glande hormonale située à la base du cou. Elle sécrète des hormones thyroïdiennes dont les actions sont multiples (croissance, métabolisme, température interne, etc.).

Résultats de dosages hormonaux

Hormones thyroïdiennes	Individu sain	Mme T
Triiodothyronine	0,8 à $2{,}7.10^{-9}$ mol.L^{-1}	$0{,}6.10^{-9}$ mol.L^{-1}
Thyroxine	11 à 27.10^{-12} mol.L^{-1}	8.10^{-12} mol.L^{-1}

D'après http://www.medecine.unige.ch/TestsThyroidiens.

Document 2 > Structure histologique d'une glande thyroïde normale (en a.) et de la glande thyroïde de Mme T. (en b.)

L'observation au microscope de la glande thyroïde montre des cellules sécrétrices ou thyrocytes, organisées en vésicules, qui en coupe, apparaissent circulaires.

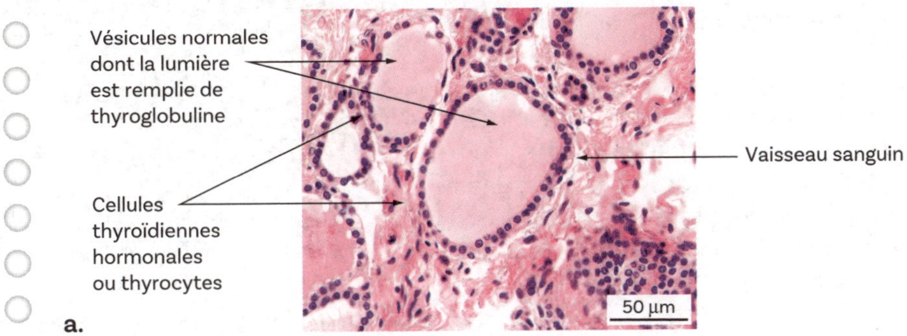

a.

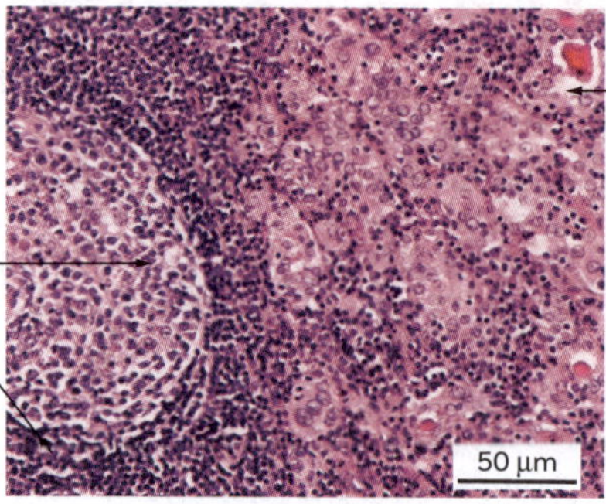

b.

Document 3 > Résultats de cultures cellulaires

On prélève dans la thyroïde de Mme T. diverses cellules avec lesquelles sont réalisées des cultures. On recherche la présence de plasmocytes, cellules sécrétrices d'immunoglobulines.

	Cellules cultivées en présence de thyrocytes	Plasmocytes présents	Immunoglobulines
Culture 1	Lymphocytes B	aucun	Pas d'immunoglobuline « anti-thyroglobuline »
Culture 2	Lymphocytes B + Macrophages	aucun	Pas d'immunoglobuline « anti-thyroglobuline »
Culture 3	Lymphocytes B + Macrophages + Lymphocytes T CD4	nombreux	Immunoglobulines « anti-thyroglobuline » nombreuses

Document 4 > Biosynthèse des hormones thyroïdiennes

Étape 1. Le thyrocyte fabrique une protéine, la thyroglobuline (molécule précurseur), qui est expulsée par exocytose vers la lumière de la vésicule où elle s'accumule. Le thyrocyte prélève l'iode (I) apporté par l'alimentation dans le sang et le transfère dans la lumière de la vésicule.

Étape 2. Il y a ioduration de la thyroglobuline. Le couplage de la thyroglobuline et de l'iode (I) conduit à la thyroxine et la triiodothyronine.

Étape 3. Il y a endocytose de la thyroxine et triiodothyronine de la part des thyrocytes.

Étape 4. Les hormones thyroïdiennes sont libérées dans le sang.

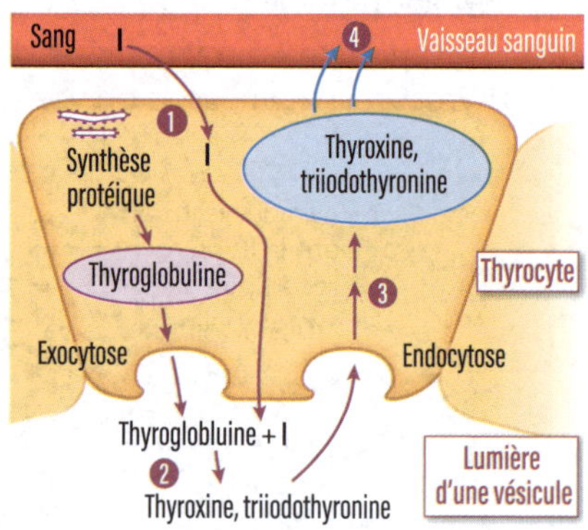

D'après Alain Hamon, université d'Angers, http://slideplayer.fr/slide/1324104/.

COUP DE POUCE

Tu peux t'appuyer sur la méthode p. 8.

Les clés pour réussir

Analyser et reformuler le sujet

- La problématique s'intéresse à « la maladie de Mme T. ». Une maladie est une altération de l'état de santé qui se manifeste par un ensemble de caractères (symptômes) perceptibles. Il est précisé dans la phrase introductive que « Mme T. présente une grosseur au niveau du cou et souffre de nombreux maux d'origine métabolique : fatigue, cheveux et ongles cassants, peau sèche, frilosité, rythme cardiaque ralenti.
- L'action « expliquer l'origine » signifie « décrire la cause ». Il convient donc de rechercher et de détailler ce qui a pour conséquence les symptômes présentés par Mme T.
- La démarche doit intégrer l'exploitation des quatre documents et de tes connaissances.

Mobiliser ses connaissances en lien avec le sujet

- Acteurs de l'immunité innée.
- Réaction inflammatoire aiguë.
- Acteurs de l'immunité adaptative.
- Anticorps : nature et modalités d'action.

Recenser les idées issues des documents

- **Doc 1 :** détermine l'anomalie hormonale chez Mme T.
- **Doc 1 :** recense les informations concernant la localisation de la glande thyroïde et son état chez Mme T.
- **Doc 2 :** détermine et décris l'anomalie du phénotype immunitaire de la glande thyroïde de Mme T.
- **Doc 3 :** identifie les conditions où les plasmocytes et les immunoglobulines anti-thyroglobuline sont produits chez Mme T.
- **Doc 4 :** décris le lien entre la thyroglobuline, la thyroxine et la triiodothyronine.

Mettre en relation les informations issues des documents et/ou des connaissances

- **Doc 1 et introduction :** établis le lien entre l'anomalie hormonale et les désordres métaboliques symptomatiques.
- **Doc 1 et introduction :** établis le lien entre l'état et la localisation de la glande thyroïde et la grosseur au niveau du cou de Mme T.
- **Doc 1, 2, introduction et connaissances :** montre que Mme T. présente une inflammation de la glande thyroïdienne, qui explique directement l'un des symptômes.
- **Doc 2, 3 et connaissances :** montre que les conditions sont réunies pour que les plasmocytes dans la thyroïde de Mme T. produisent des anticorps anti-thyroglobuline. À l'aide des connaissances sur les modes d'action des anticorps, formule la conséquence attendue de la présence de ces anticorps sur la quantité de thyroglobuline.
- **Mise en relation précédente, doc 1 et 4 :** détermine la cause des taux hormonaux anormalement bas de thyroxine et la triiodothyronine.

Sommaire

COACHING BAC

GRAND ORAL

FICHE 1

CRÉER UN ENVIRONNEMENT DE TRAVAIL

propice à la concentration et à la réussite

À LA RENTRÉE

OBJECTIFS

→ Installer son espace de travail.
→ Prévoir son matériel.
→ Acheter ou emprunter les documents utiles.
→ Prendre les bonnes habitudes.

1 Installe ton espace de travail

> **Prévois le matériel nécessaire.**
Rassemble tes manuels, tes cahiers et classeurs et une trousse (des stylos de plusieurs couleurs, un crayon à papier, une gomme et des surligneurs) ainsi qu'un ordinateur si possible.

> **Regroupe tes affaires par discipline.**
Crée **un espace pour chaque matière** : tu peux ainsi y rassembler tes manuels, tes fiches de révisions et tes cahiers d'exercices. De même, organise des dossiers par matière sur ta tablette ou ton ordinateur et **enregistre** tous tes documents pour ne rien perdre !

> **Organise un espace d'affichage.**
Dispose sur un tableau magnétique ou des feuilles blanches ton **planning** de révisions, tes **pense-bêtes**, les **dates clés** de ton année !

> **Soigne ton espace.**
Dans l'idéal, ton lieu de travail doit être rangé, au calme, bien éclairé et confortable (privilégie une assise avec un dossier). **Évite de travailler ailleurs que sur ton bureau** (sur ton lit par exemple), c'est contre-productif !

> **Informe ton entourage.**
Préviens ta famille quand tu es en train de travailler et communique tes **dates d'examens**. C'est plus facile si tous tes proches sont au courant, ils seront d'autant plus attentifs à toi.

« Si la vue d'un bureau encombré évoque un esprit encombré alors que penser de celle d'un bureau vide ? »

Albert Einstein

2 Choisis les bons outils qui vont t'accompagner toute l'année

> **Choisis les bons outils numériques.**
Sur Internet, veille au choix des plateformes numériques que tu utilises ! Pour éviter les pièges, privilégie les liens Internet indiqués dans tes **manuels scolaires**, les **sites de référence** proposés par le ministère de l'Éducation nationale et ceux qui te sont **recommandés** par tes enseignants. Certaines plateformes, comme SchoolMouv, proposent des **contenus rédigés par des enseignants de l'Éducation nationale**.

LE SAVAIS-TU ?

Si tu n'as pas d'ordinateur ou que tu cherches un endroit calme pour travailler, tu peux aller au **CDI** de ton lycée ou à la **médiathèque** de ton quartier !

L'INFO À RETENIR

N'hésite pas à solliciter le professeur-documentaliste de ton lycée, il t'aidera à créer ta session sur ordinateur, à faire le tri parmi les ressources disponibles et te proposera d'emprunter des documents.

> **N'oublie pas certains incontournables documents papier.**
Les **dictionnaires** et **mémentos** sont fiables et ils ont l'avantage de limiter le temps que tu passes devant les écrans.

> **Achète le bon matériel.**
Privilégie les cahiers à spirales qui restent ouverts et les fiches de révisions cartonnées (elles résisteront mieux toute l'année).

3 Assure-toi d'avoir une bonne hygiène de vie

> **Veille à ton équilibre alimentaire.**
Varie tes menus et évite les sucreries, les sodas et les excès de thé ou de café. Néanmoins, accorde-toi quelques **petits plaisirs** pour tenir le coup ! Certains aliments sont recommandés lors des périodes intenses de révisions : poissons gras, avocat, huile d'olive, fruits rouges contenant de nombreux antioxydants.

> **Prévois de bonnes nuits de sommeil.**
Quand on dort, le cerveau s'active ! Il faut **proscrire les nuits blanches**, totalement contre-productives. Si tu as du mal à t'endormir, vérifie que ta chambre soit bien aérée, que la température ambiante te convienne (19 °C dans l'idéal) et mets-toi dans l'obscurité. Une heure avant l'endormissement, bannis les écrans et privilégie par exemple l'écoute de musique douce.

> **Planifie des temps de pause.**
Inutile de réviser jour et nuit. Prévois de t'aérer l'esprit plusieurs heures chaque week-end !

> **N'oublie pas l'activité physique.**
Il n'est pas sain de rester assis toute la journée et, qui plus est, devant un ordinateur. Si tu aimes le sport, **continue de pratiquer** ton activité favorite, sinon garde à l'idée de **bouger un peu tous les jours**, en sortant marcher avec des amis par exemple !

L'ASTUCE À CONNAÎTRE

Si tu ne parviens pas à te passer de musique pour travailler, privilégie des **playlists instrumentales** pour ne pas laisser les paroles te déconcentrer.

FICHE 2

COMPRENDRE
ce qu'on attend de moi pour progresser

EN DÉBUT D'ANNÉE

OBJECTIFS

→ Connaître son niveau de départ.
→ Optimiser le temps de classe.
→ Mettre en place une bonne organisation pour les révisions.

1 Définis ton niveau dans chaque discipline

> **Fais une évaluation diagnostique dans chaque matière.**

Pour cela, tu peux t'aider de plusieurs éléments : les résultats des tests de positionnement en classe de Seconde, tes précédents bulletins, tes premières évaluations de l'année... Regarde tes **notes** mais aussi les **commentaires** des professeurs, ces annotations sont très utiles pour repérer tes points forts et les pistes pour t'améliorer ! Fais également confiance à ton **ressenti** : quelle est ta matière préférée ? Dans quelle discipline te sens-tu le plus à l'aise ?

> **Précise ton niveau.**

Pour chaque matière, entoure les cases qui correspondent à ton expérience dans le tableau suivant. Une fois tes niveaux définis, tu peux établir des **paliers de niveaux** à atteindre en y associant des **dates** (par exemple : niveau 2 à atteindre en décembre, niveau 3 à atteindre en février, et ainsi de suite).

niveau 1 Insuffisant	niveau 2 Fragile	niveau 3 Satisfaisant	niveau 4 Très bonne maîtrise
J'ai des lacunes importantes.	Je fais des erreurs majeures.	Je fais des erreurs mineures.	Je respecte tous les attendus. Je peux même parfois aller plus loin.
J'ai besoin d'aides répétées.	J'ai besoin d'aides ponctuelles.	J'ai rarement besoin d'aide.	Je n'ai pas besoin d'aide.
Réussite rare.	Quelques réussites.	Réussite fréquente.	Réussite systématique.
Je ne sais pas mobiliser mes acquis de manière adéquate à la situation.	Je mobilise mes acquis, mais rarement de manière adéquate.	Je mobilise mes acquis de manière adéquate, même s'il y a des imperfections dans la réalisation de la tâche.	Je mobilise mes acquis de manière adéquate et la réalisation de la tâche est parfaite.

2 Sois efficace en cours

- **Relis ton cours précédent** avant chaque séance. L'idéal est de relire tes notes **la veille au soir**, sinon tu peux profiter d'une heure d'intercours. Tu gagneras en efficacité dès le début du temps de classe.
- **Reste concentré(e).** Évite tout ce qui peut nuire à ton attention (parasites visuels ou auditifs) et positionne-toi correctement. Es-tu bien installé(e) ? As-tu le dos droit, les jambes tendues, le buste en avant ? Sois **à l'écoute de ton corps** !
- **Prends des notes efficaces.** L'objectif n'est pas d'écrire tout ce que dit le professeur, mais de **dégager l'articulation du cours**. Note bien les noms des parties principales et secondaires, les connecteurs logiques et mets en valeur les informations stratégiques du cours. Structure tes notes toujours de la même façon, de sorte que tu puisses te repérer d'**un seul coup d'œil** : utilise les mêmes couleurs pour les titres, les sous-titres, les exemples, etc. Choisis quelques **abréviations**, cela te permettra d'écrire plus rapidement.
- **Reste en action. Participe** dès que tu le peux ! Lis les textes à voix haute, va au tableau lorsque c'est proposé, pose des questions si tu n'as pas bien compris ou si tu souhaites approfondir certains points. D'une part, le cours te paraîtra **plus vivant**, moins ennuyeux, et d'autre part, le professeur notera ta bonne volonté.

QUELQUES RÈGLES POUR ASSIMILER TON COURS PROGRESSIVEMENT

Jour J : Relis tes notes, complète-les et mets-les en forme.

J+1 : Apprends ton cours une première fois et profites-en pour approfondir ou pour vérifier ce qui te pose des difficultés.

J+3 : Relis ton cours et fais des exercices associés.

J+15 : Révise pour t'assurer de n'avoir rien oublié.

3 Hiérarchise et priorise le travail à fournir

- **Chaque week-end, liste les tâches** que tu dois réaliser pour la semaine suivante et répartis-les selon le principe de la matrice d'Eisenhower (voir ci-contre).

  Ajoute ensuite les devoirs à rendre ultérieurement (fiches de lecture, devoirs maison, rapports de stage, etc.).

  N'oublie pas les objectifs de niveaux que tu te seras fixés (voir tableau plus haut).

La matrice Eisenhower

	URGENT	PAS URGENT
IMPORTANT	• QUADRANT 1 Tâches importantes et urgentes → À traiter en priorité	• QUADRANT 2 Tâches importantes mais non urgentes → À traiter rapidement
PAS IMPORTANT	• QUADRANT 3 Tâches urgentes mais non importantes → Peuvent attendre	• QUADRANT 4 Tâches inutiles → À identifier et limiter au maximum

- Cette matrice met en évidence que notre cerveau obéit plus naturellement à **l'urgence** qu'à **l'importance** ! Tu éviteras ainsi de passer tes journées à courir après les urgences au détriment de ce qui est vraiment important.

FICHE 3

RÉVISER efficacement

TOUT AU LONG DE L'ANNÉE

OBJECTIFS

→ Construire son planning de révisions.
→ Varier les activités pour tenir le rythme.
→ Faire un point régulier pour vérifier sa progression.

1 Établis un planning de révisions

Crée un tableau par semaine ou par mois, sur Excel ou sur une feuille :

> Commence par **barrer les créneaux où tu n'es pas disponible** (temps de classe, activité extrascolaire, week-end en famille).

> Prévois des **créneaux de 1h30** pour chaque temps de travail.

> Privilégie des **horaires fixes** (heure de début et de fin, heures de repas, pauses) car la régularité est un gage de réussite.

> Fixe **un à deux temps de loisir** chaque semaine pour t'aérer l'esprit.

> Attribue des **couleurs** à tes différentes activités.

Élabore ton planning selon des règles simples :

> Inscris **en priorité le matin** les matières qui te posent problème, les tâches difficiles et les disciplines à gros coefficient.

L'ASTUCE À CONNAÎTRE

Des plannings de révisions vierges sont disponibles gratuitement sur Internet (par exemple sur **www.canva.com**) : semaine, mois ou année !

LE SAVAIS-TU ?

Le sketchnoting est une technique de prise de notes **visuelle**, **créative** et **graphique** qui permet de noter ses pensées en les organisant à l'aide d'illustrations, de symboles et de textes. Tu peux justement t'y entrainer en faisant ton emploi du temps.

Scanne-moi !

> N'oublie pas les travaux que tu as listés à partir de la **matrice Eisenhower** (voir p. 269).

> **Après le déjeuner**, privilégie les tâches créatives qui te plaisent : schémas à construire, diaporamas à illustrer, lecture.

> **En fin d'après-midi**, prévois des temps de révisions pour reprendre ce que tu as déjà vu précédemment.

Fais évoluer ton planning :

Si parfois tu ne respectes pas ton planning, pas de panique ! **Reste flexible** en laissant deux blocs de 1h30 libres chaque semaine, tu pourras ainsi parer à tout imprévu. L'essentiel est de reprogrammer au plus vite le temps de travail manqué.

2 Alterne les modalités de travail

> **Le secret pour tenir le rythme, c'est de varier.**

Alterne les types de révisions, les exercices et les matières à travailler. Le cerveau aime la régularité mais pas la routine. Ne pas se lasser est important pour **garder le moral** et une **bonne dynamique de travail**.

> **Tu as du mal à te concentrer ?**

Essaie la **méthode Pomodoro**. L'objectif est de rester **concentré(e) à 100 %** sur une seule et unique tâche pendant plusieurs sessions de 25 min. Une courte pause sépare chaque session, puis un temps de pause plus long intervient après plusieurs sessions

La méthode Pomodoro

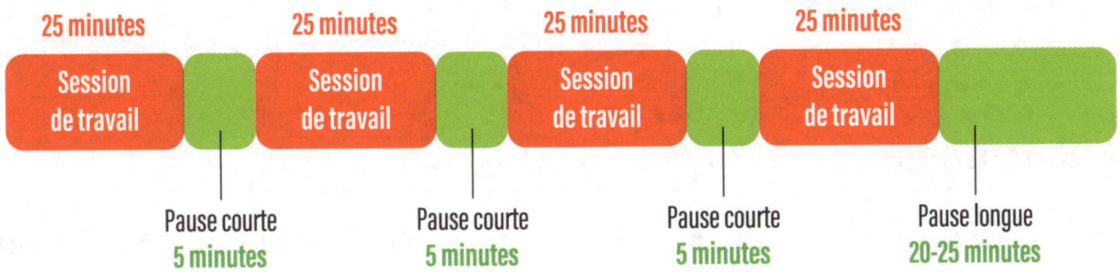

3 Fais une auto-évaluation régulièrement

Fais un **point régulier** pour vérifier la bonne avancée de tes révisions et l'efficacité de tes méthodes de travail.

> **Si tu as atteint tes objectifs.**

Tu peux considérer que **les compétences sont acquises**, il te suffira de réviser régulièrement.

> **Si tu n'as pas atteint tes objectifs.**

Prévois dans ton planning des temps de travail supplémentaires pour **reprendre le cours** et **faire des exercices associés**.

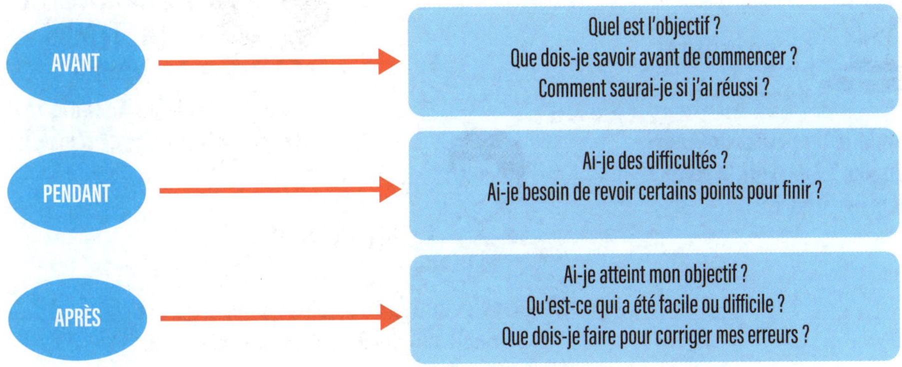

FICHE 4

GÉRER mon stress

DE J-15 À J-1

OBJECTIFS

→ Réviser entre amis.
→ Être en forme et maîtriser son niveau de stress.
→ Préparer ses affaires pour le jour J.

1 Entoure-toi

> **Révise avec des amis qui ont envie de réussir.** Travailler en groupe peut être très stimulant, à condition que tout le monde ait le **même objectif**.

> **Choisis le bon endroit.** Évite le café du quartier ou la chambre d'un ami chez qui l'ambiance est très bruyante.

> **Échange avec tes amis sur tes cours.** Discute avec eux de ce sur quoi vous travaillez, ça te permet de **vérifier que tu as bien compris** et d'**approfondir** les choses.

> **Partage tes productions avec le groupe.** Fais un maximum d'exercices, donne-les à tes amis pour qu'ils les corrigent et **mets-toi à la place du jury** en retour ! C'est une méthode très efficace pour progresser.

> **Challenge-toi.** Toujours dans un esprit bienveillant, organise des sessions de tests pour **t'entraîner** aux épreuves.

Il est aussi possible d'**attribuer un rôle** à chaque membre du groupe, en changeant chaque jour :

LE CONVIVIAL

Apporte les petites douceurs du jour pour tenir le coup (boissons, en-cas).

LA GARDIENNE DU TEMPS

Est responsable des horaires (temps de travail et de pauses).

LE MESSAGER

Informe les autres du matériel à apporter, est responsable des documents de travail du jour.

Soutien émotionnel, ambiance dé-stressante, motivation et rigueur, il y a de nombreux avantages à travailler entre amis. Mais **tu peux aussi demander de l'aide à tes parents, tes frères et sœurs** qui sont déjà passés par là, et **tes enseignants** !

QUELQUES RÈGLES POUR BIEN TRAVAILLER EN GROUPE

- Le groupe peut être constitué de **3 ou 4 personnes** maximum.
- Tout le monde doit être au clair sur les **objectifs du jour**.
- **Chacun respecte** les séquences de travail et les pauses.
- Un temps de débriefing et de convivialité est essentiel pour **décompresser** !

2 Sois prêt physiquement et mentalement

Face au stress, plusieurs solutions existent : yoga, sophrologie, relaxation, méditation…

Si tu ne sais pas comment t'y prendre, **tu peux essayer de simples exercices de respiration**. Commence par **t'isoler** et **assieds-toi**. Inspire profondément pendant 3 secondes et expire doucement pendant 5 secondes, tout cela sur 1 à 2 minutes. Une fois le rythme installé, **associe une image à ta respiration**, par exemple la mer qui monte quand tu inspires et qui se retire quand tu expires.

Quelques jours avant ta première épreuve, repère et calcule ton trajet jusqu'au centre d'examens, avec **plusieurs modes de transport** possibles.

> **Détends-toi, aère-toi.** Marche un peu, lis un magazine, mais évite les réseaux sociaux !

> **Couche-toi tôt.** Sans réviser jusqu'au bout de la nuit ! Pour y arriver plus facilement, force-toi à **te lever tôt la semaine** précédant la période des examens, comme ça tu seras déjà dans le rythme.

L'ASTUCE À CONNAÎTRE

Programme **plusieurs sonneries** sur ton réveil et demande à un proche de s'assurer que tu seras debout à l'heure !

3 Prépare-toi et prépare tes affaires

Ton sac et ta tenue doivent être **prêts la veille de chaque épreuve**. Il est indispensable de prévoir une tenue adaptée selon la nature de l'épreuve :

> **Pour les épreuves écrites, privilégie des vêtements confortables** dans lesquels tu seras **à l'aise** pour travailler. Emmène aussi un pull ou un gilet, facile à retirer si tu as trop chaud ou à mettre si tu grelottes de froid !

> **Pour les épreuves orales, prévois une tenue simple mais correcte**, même s'il fait chaud. L'apparence joue un **rôle important** lorsqu'on s'exprime devant un jury.

Prépare ton sac :

- ☐ Pièce d'identité et convocation (avec l'adresse du centre d'examen)
- ☐ 2 stylos
- ☐ 2 surligneurs
- ☐ 1 correcteur
- ☐ 1 crayon à papier et 1 gomme
- ☐ Crayons de couleurs et règle pour les schémas
- ☐ Calculatrice (vérifier les piles avant)
- ☐ Mouchoirs
- ☐ Gourde d'eau et en-cas
- ☐ Montre

Durant la période d'examens, mets en place ce rituel le matin et le soir pour te mettre en confiance et t'assurer une certaine **sérénité** !

! LES FAUX-PAS À ÉVITER

- Couleurs trop flashy
- Accumulation d'accessoires
- Vêtements troués, usés ou froissés

FICHE 1

COMPRENDRE l'épreuve du Grand Oral

OBJECTIFS

→ Comprendre les finalités de l'épreuve.
→ Connaître les attentes du jury.

Une épreuve pour te préparer à l'entrée dans l'enseignement supérieur	Une épreuve pour t'amener à « savoir parler en public »
> L'épreuve du Grand Oral te permet de **travailler sur ton projet d'orientation**, en t'amenant à formaliser tes choix pour ta poursuite d'études. > Elle t'invite également à **te préparer pour réussir dans l'enseignement supérieur** : s'exprimer en public, collaborer, mener à bien une présentation et exercer son esprit critique sont en effet des compétences attendues d'un étudiant dans l'enseignement supérieur. > La **forme de l'exposé oral** est une **modalité d'évaluation** qui jalonnera l'ensemble de ton parcours d'études supérieures. Le Grand Oral est une **véritable opportunité de te préparer à devenir étudiant** en adoptant dès maintenant les bons réflexes et en te projetant vers l'avenir.	Une prise de parole efficace implique **d'être convaincant(e) et de savoir capter son auditoire**, ce qui nécessite les compétences suivantes : > mobiliser ses connaissances ; > structurer son propos ; > développer son esprit critique ; > élaborer une présentation structurée et argumentée ; > être en mesure d'expliciter ses choix et les positions défendues ; > maîtriser son trac ; > poser sa voix et adopter le bon rythme de parole ; > gérer sa communication non verbale.

Les points à maîtriser pour réussir son Grand Oral

1. Je choisis des sujets en lien avec mon programme de spécialité et mon projet d'orientation.
2. Je développe mes compétences oratoires et je maîtrise mon trac pour être capable de m'exprimer clairement.
3. Je suis en mesure de développer une argumentation.
4. Je respecte le délai imparti à chaque étape de l'épreuve.
5. J'exécute ma présentation sans notes et debout.
6. Je présente mon projet d'orientation et le cheminement mené pour le construire en vue d'expliquer mes choix de poursuite d'études.

Connaître les attentes du jury

Le jury se compose de deux enseignant(e)s de disciplines différentes, dont l'un(e) au moins enseigne l'une des spécialités choisies par le (la) candidat(e). Il valorise **« la solidité des connaissances du candidat, sa capacité à argumenter et à relier les savoirs, son esprit critique, la précision de son expression, la clarté de son propos, son engagement dans sa parole, sa force de conviction »** selon les critères suivants :

	Qualité orale de l'épreuve	Qualité de la prise de parole en continu
	La voix soutient efficacement le discours. Qualités prosodiques marquées (débit, fluidité, variations et nuances pertinentes, etc.). Le candidat est pleinement engagé dans sa parole. Il utilise un vocabulaire riche et précis.	Discours fluide, efficace, tirant pleinement profit du temps et développant ses propositions.
	Quelques variations dans l'utilisation de la voix ; prise de parole affirmée. Il utilise un lexique adapté. Le candidat parvient à susciter l'intérêt.	Discours articulé et pertinent, énoncés bien construits.
	La voix devient plus audible et intelligible au fil de l'épreuve mais demeure monocorde. Vocabulaire limité ou approximatif.	Discours assez clair mais vocabulaire limité et énoncés schématiques.
	Difficilement audible sur l'ensemble de la prestation. Le candidat ne parvient pas à capter l'attention.	Énoncés courts, ponctués de pauses et de faux démarrages ou énoncés longs à la syntaxe mal maîtrisée.

	Qualité des connaissances	Qualité de l'interaction	Qualité et construction de l'argumentation
	Connaissances maîtrisées, les réponses aux questions du jury témoignent d'une capacité à mobiliser ces connaissances à bon escient et à les exposer clairement.	S'engage dans sa parole, réagit de façon pertinente. Prend l'initiative dans l'échange. Exploite judicieusement les éléments fournis par la situation d'interaction.	Maîtrise des enjeux du sujet, capacité à conduire et exprimer une argumentation personnelle, bien construite et raisonnée.
	Connaissances précises, capacité à les mobiliser en réponse aux questions du jury avec éventuellement quelques relances.	Répond, contribue, réagit. Se reprend, reformule en s'aidant des propositions du jury.	Démonstration construite et appuyée sur des arguments précis et pertinents.
	Connaissances réelles, mais difficulté à les mobiliser en situation à l'occasion des questions du jury.	L'entretien permet une amorce d'échange. L'interaction reste limitée.	Début de démonstration mais raisonnement lacunaire. Discours insuffisamment structuré.
	Connaissances imprécises, incapacité à répondre aux questions, même avec une aide et des relances.	Réponses courtes ou rares. La communication repose principalement sur l'évaluateur.	Pas de compréhension du sujet, discours non argumenté et décousu.

Grille d'évaluation officielle de l'épreuve orale terminale
(https://www.education.gouv.fr/bo/20/Special2/MENE2002780N.htm?cid_bo=149115).

EXPLORER
les thèmes sélectionnés

OBJECTIFS

→ Explorer tous les aspects d'un sujet pour arrêter son choix.
→ Réaliser des cartes mentales pour s'approprier les thématiques.

Comment explorer un sujet ?

Pour amorcer la réflexion, il est nécessaire de se poser un certain nombre de questions. Tu peux pour cela appliquer la méthode QQOQCCP.

> **Qui ?** Qui est concerné par le sujet (acteurs économiques, individus, groupes sociaux…) ?

> **Quoi ?** Quels sont les faits ou éléments caractérisant le sujet (phénomènes, événements, processus…) ?

> **Où ?** Quels sont les lieux concernés par le sujet ?

> **Quand ?** Quelle est la période concernée par le sujet ?

> **Comment ?** De quelle manière le sujet s'exprime-t-il ou se manifeste-t-il ?

> **Combien ?** Combien de personnes ou quelle quantité d'éléments sont concerné(e)s par le sujet ?

> **Pourquoi ?** Quels sont les causes et les enjeux du sujet (naturel[le]s, intellectuel[le]s, économiques, politiques…) ?

La carte mentale : un outil idéal pour matérialiser ton exploration

Une carte mentale est une représentation de concepts, d'idées et d'informations sous forme d'arborescence.

Avec ses **différents embranchements**, ta carte mentale te permettra de **visualiser clairement** tous les aspects du sujet envisagé.

1. **Positionne la notion ou la thématique abordée au centre de ta carte mentale.**
2. **Intègre tes idées :** en partant du centre, dessine une branche par idée avec un mot-clé pour exprimer chaque notion ou concept identifié(e).
3. **Enrichis ta carte mentale :** utilise des icônes et des couleurs différentes pour chaque branche afin de caractériser tes axes.

Tu peux opter pour une **version manuscrite** en utilisant comme support :

> une feuille de papier en **format paysage** ;

> un ***paper board*** ;

> des **post-it** de différentes couleurs en fonction des branches de ta carte mentale.

Tu peux aussi opter pour une **version numérique** en t'aidant :

> de **logiciels spécialisés** tels que : xmind.net, lucidchart.com, gitmind.com, qui permettent aussi de mettre en place des cartes mentales collaboratives.

> de **logiciels de traitement de texte**, en utilisant la fonctionnalité Smart Art.

FICHE
3

STRUCTURER
son sujet

OBJECTIFS

→ Apprendre à organiser ses idées pour construire son argumentaire.
→ Construire une présentation structurée de sa question.

Comment structurer tes idées ?

1. **Regroupe toutes les informations recueillies** dans un même document (papier ou numérique) et **construis une bibliographie** pour avoir une vision globale de tes sources d'information.
2. **Classe ces informations par thème** puis analyse les liens entre les différentes idées pour dégager les éventuelles associations et contradictions.
3. **Hiérarchise tes idées** en distinguant au sein de chaque thématique les points clés des éléments plus secondaires.
4. **Produis une synthèse** de l'ensemble de tes idées pour en mémoriser les points clés et amorcer la construction de ton plan.

Comment structurer la présentation de ta question ?

1. **Le premier temps de ta présentation** consiste à :
   - énoncer ton sujet ;
   - expliciter les raisons de ton choix ;
   - présenter ta problématique et annoncer ton plan.
2. **La partie centrale de ta présentation est le développement de ta question**, qui te permet d'exposer tes arguments selon le plan annoncé lors de ton introduction en veillant à soigner les transitions entre tes parties et tes idées.
3. **Ta présentation s'achève par une conclusion courte et efficace** qui résume ton propos tout en apportant une ouverture.

Des exemples de plans possibles

- **Le plan dialectique** invite à la discussion en défendant un point de vue sur une question (la thèse), puis en apportant des arguments qui, selon une autre perspective, nuancent ce point de vue (l'antithèse) pour obtenir une vision approfondie de la question (la synthèse, qui peut être exprimée en conclusion).
- **Le plan thématique** présente dans chaque partie différentes facettes d'un sujet pour en offrir une vue la plus complète possible.
- **Le plan chronologique** met en avant les phases successives d'un sujet en analysant en détail chaque étape.
- **Le plan analytique** présente un fait ou un problème avant d'en aborder les causes puis les perspectives de résolution.
- **Le plan comparatif** met en évidence des ressemblances et des différences permettant d'alimenter la comparaison de différents éléments (idées, événements, œuvres, stratégies...).

FICHE
4

TRAVAILLER
sa voix et sa diction

OBJECTIFS

→ Apprendre à utiliser toutes les ressources de sa voix (volume, intonation, diction) pour capter son auditoire.
→ Veiller à bien utiliser l'ensemble de ces outils lors de ses prises de parole.

Pourquoi adapter le volume de ta voix ?	Pourquoi moduler les inflexions de ta voix ?	Pourquoi faut-il bien articuler ?
> **Pour dynamiser ton discours :** cela permet de rendre ton propos vivant et de lui donner ainsi plus de force. > **Pour maintenir l'attention de ton auditoire :** tes interlocuteurs n'auront pas de difficultés à t'entendre et pourront ainsi se concentrer sur ton propos. > **Pour donner une impression de confiance en toi et d'assurance.**	> **Pour éviter de lasser ton auditoire :** une voix monocorde est susceptible de te faire perdre l'attention de l'auditoire. > **Pour rendre ton discours plus vivant.** > **Pour transmettre des émotions :** capter l'attention de l'auditoire implique nécessairement d'agir sur un plan émotionnel, et les intonations de voix constituent un très bon vecteur en la matière.	> **Pour être mieux et plus vite compris par tes interlocuteurs :** l'auditoire n'aura pas de difficultés à t'entendre, et donc à comprendre ton discours. > **Pour rendre son propos plus fluide :** l'auditoire aura le temps d'apprécier la résonance des mots. > **Pour donner plus d'impact et de force à ton discours :** une bonne articulation repose en partie sur un usage approprié des silences.

Adapte le volume de ta voix	Module l'intonation de ta voix	Travaille ton articulation
> **Observe l'environnement dans lequel aura lieu ta prise de parole :** le niveau sonore ambiant, la taille de la salle… > **Adapte ton volume sonore à la situation de prise de parole :** cela permettra à ton auditoire d'avoir une écoute agréable et confortable. Il ne doit pas avoir à faire d'efforts pour t'entendre et te comprendre.	> **Utilise toute la tessiture de ta voix :** il ne faut pas avoir peur d'utiliser les graves, les aiguës et toutes les autres nuances de ta voix. > **Adapte ton intonation de voix aux messages que tu veux transmettre et aux émotions que tu souhaites véhiculer.** Cela implique d'avoir une intonation en adéquation avec ton sujet (interpeller, rassurer, émouvoir ou encore convaincre).	> **Pratique régulièrement** des exercices de diction et de prise de parole. > **Apprends à peser tous tes mots :** pour prendre le temps d'investir ton discours. > **Ralentis ton rythme** et ton débit de parole.

FICHE
5

DÉVELOPPER
sa répartie

OBJECTIFS

- → Comprendre les points à maîtriser pour répondre au jury de manière satisfaisante.
- → S'entraîner à interagir avec le jury.

Quels sont les points clés pour bien gérer ta manière de répondre au jury ?

Ce temps d'échange a pour finalité d'évaluer la solidité de tes connaissances et ta capacité à raisonner. Voici les points clés à travailler pour aborder sereinement cette partie de l'épreuve.

1. **Apprends à gérer tes émotions**, et plus particulièrement ton trac, pour adopter une posture d'écoute active et être en mesure de réagir de manière appropriée aux questions posées.
2. **Prends le temps de réfléchir avant de répondre.** La formulation d'une réponse pertinente est indissociable de ta capacité à comprendre les attentes du jury. Prends le temps d'écouter la question jusqu'au bout et laisse-toi quelques secondes pour y réfléchir avant de répondre.
3. **Assure-toi d'avoir bien compris le sens de la question posée.** Tu peux reformuler le point soulevé avec tes propres mots ou demander des précisions au jury.
4. **Apprends à gérer ta voix et ta diction.** Parle d'une voix posée, avec conviction et engagement. Prends le temps d'énoncer tes réponses et n'hésite pas à faire des pauses pour rythmer ton discours. Veille également à ta communication non verbale.
5. **Soigne ton vocabulaire et ton niveau de langue.**

Comment développer ton sens de la répartie ?

Entraîne-toi à développer ton sens de la répartie, c'est-à-dire ta capacité à répondre avec pertinence à toute remarque que l'on pourrait te faire.

> **Applique la règle des « quatre C »** pour formuler des réponses **<u>c</u>laires**, **<u>c</u>ourtes**, **<u>c</u>oncises** et **<u>c</u>oncrètes**. Sois vigilant(e) à bien structurer tes réponses pour que ton propos soit le plus compréhensible possible.

> **Mets en évidence ta capacité à raisonner** en faisant des **connexions** entre les notions abordées et tes connaissances sans oublier de mettre ces éléments **en perspective** avec des faits d'actualité.

> L'art de la répartie n'est pas inné, entraîne-toi régulièrement, notamment en pratiquant des **matchs d'improvisation** pour développer ta **confiance en toi**, ta capacité à **lâcher prise**, ton sens de l'**écoute** et ta **réactivité**.

Thème 1 – Le patrimoine génétique

ADN : acide désoxyribonucléique, molécule constituée de brins complémentaires de désoxyribonucléotides, en forme de double hélice. Support universel de l'information génétique.

ADN polymérase : enzyme capable de synthétiser un brin d'ADN complémentaire à un brin d'ADN existant à partir de désoxyribonucléotides libres.

Agent mutagène : voir ch. 2, p. 30.

Allèle : version de la séquence de nucléotides d'un segment de molécule d'ADN, constitutif d'un gène ou non.

Arbre généalogique : représentation graphique de liens de parenté entre personnes d'une même famille.

ARN : acide ribonucléique, molécule constituée d'un seul brin de ribonucléotides.

ARN polymérase : enzyme capable de synthétiser un brin d'ARN complémentaire à un brin d'ADN à partir de ribonucléotides libres.

ARN pré-messager/ARN messager : un pré-ARNm est le produit d'expression des gènes codants ; un ARNm est issu d'une maturation d'un pré-ARNm.

Caryotype : ensemble des différents types de chromosomes d'un individu ou d'une espèce.

Catalyseur : molécule qui accélère le déroulement de réactions chimiques sans en changer le sens ou le résultat, intactes en fin de réaction et agissant en faible quantité.

Cellule-œuf (ou zygote) : produit d'une fécondation, première cellule d'un organisme pluricellulaire.

Cellules somatiques/cellules germinales : types de lignée cellulaire chez les animaux ; respectivement, constituant l'organisme mais pas les gamètes, ou formant les gamètes.

Chromosome : voir ch. 1, p. 13.

Chromosomes homologues : chromosomes de même type formant une paire.

Chromatide : chacune des deux copies issues de la réplication d'un chromosome et réunies au moins au niveau du centromère avant leur séparation.

Chromatine : voir ch. 1, p. 13.

Clone : voir ch. 1, p. 15.

Code génétique : système de correspondance entre séquences de nucléotides et séquences d'acides aminés.

Codon : voir ch. 3, p. 46.

Cycle cellulaire : voir ch. 1, p. 14.

Diploïde/haploïde : expression qui renseigne sur le nombre de lots de chromosomes différents d'une cellule (ou d'un organisme) – un seul lot (n) : haploïde ; 2 lots (2n) : diploïde. Voir aussi « formule chromosomique ».

Diversité allélique : différents allèles existants pour un locus, c'est-à-dire les différentes séquences de nucléotides pour un segment particulier des molécules d'ADN.

Division cellulaire : formation de plusieurs cellules à partir d'une cellule.

Empreinte génétique : voir « profil génétique ».

Enzyme : voir ch. 3, p. 47.

Eucaryotes : domaine du vivant regroupant les organismes uni- et pluri-cellulaires possédant un noyau dans leur cellule.

Expression génétique : voir ch. 3, p. 44.

Exons/introns : voir ch. 3, p. 45.

Fécondation : fusion de deux cellules reproductrices différentes, aboutissant à la formation d'une cellule-œuf.

Formule chromosomique : expression synthétique de la relation entre la ploïdie et le nombre total de chromosomes d'une cellule : « n » pour haploïde ou « 2n » pour diploïde, « = », « nombre total de chromosomes dans la cellule (à une ou deux chromatides) ».

Fuseau mitotique/méiotique : réseau de microfilaments présents dans le cytoplasme de la cellule et assurant le déplacement des chromosomes lors des divisions cellulaires.

Gamète : cellule reproductrice produite par une méiose.

Gène (codant et non codant) : voir ch. 3, p. 45.

Généalogie génétique : application de la génétique à la généalogie, c'est-à-dire à la recherche de liens de parenté sur plusieurs générations.

Génération : ensemble d'individus d'une population appartenant à la même classe d'âge ou situés au même niveau d'un arbre généalogique.

Génie génétique : ensemble des techniques (ingénierie) liées à la biologie moléculaire.

Génome (ou patrimoine génétique) : ensemble du matériel héréditaire composé d'acides nucléiques (ADN ou ARN) d'un organite cellulaire, d'une cellule, d'un organisme cellulaire ou acellulaire (virus), ou d'une espèce.

Génomique : étude de la structure et du fonctionnement du génome. L'étude de grandes cohortes de patients permet l'identification des gènes dont certains allèles sont responsables d'une maladie ou la favorisent.

Génotype : combinaison des allèles d'un individu.

Histoire évolutive du vivant : succession temporelle des transformations touchant une ou plusieurs espèces.

Hybridation : croisement entre deux variétés d'une même espèce ou entre deux espèces différentes.

Information génétique : information codée par la séquence de nucléotides de la molécule d'ADN.

Interphase : ensemble des phases du cycle cellulaire entre deux divisions cellulaires.

Lignée évolutive : série linéaire (succession dans le temps) d'organismes, de populations, de cellules ou de gènes liés entre eux par des relations d'ancêtre à descendant.

Maturation : élimination des introns (régions non traduites en protéine) et d'un ou plusieurs exons.

Méiose : voir ch. 1, p. 13.

Migration : déplacements d'individus dans l'espace.

Mitose (ou division mitotique) : voir ch. 1, p. 13.

Mutation : modification permanente du génome d'une cellule. **Mutation ponctuelle** : substitution, délétion ou insertion de quelques nucléotides dans une séquence d'ADN. **Mutation somatique** : apparaît dans une cellule somatique. **Mutation germinale** : apparaît dans une cellule germinale.

Nucléotide : unité de base de l'ADN (désoxyribonucléotide) et de l'ARN (ribonucléotide), constitué d'un groupement phosphate, d'un sucre (désoxyribose ou ribose) et d'une base azotée (adénine, guanine, cytosine, thymine ou uracile).

Paléogénétique : discipline qui fait l'étude génétique des organismes et populations du passé.

Patrimoine génétique : voir « génome ».

Phénotype : ensemble des caractères observables d'un individu.

Phylogénie : (1) histoire évolutive ; (2) relations de parenté entre les êtres vivants définie par rapport à l'ancêtre commun.

Population : ensemble d'individus d'une même espèce qui occupent le même territoire.

Produit de réaction : espèce chimique transformée et libérée par une enzyme.

Profil génétique (ou empreinte génétique) : caractéristique spécifique de l'ADN d'un individu permettant une identification biologique ou l'établissement de liens de parenté.

Protéines structurantes : protéines associées aux molécules d'ADN et permettant leur compaction.

Relation de parenté : rapport entre personnes descendant les unes des autres, ou d'un ancêtre commun.

Réplication semi-conservative : processus de copie de l'ADN par séparation des deux brins d'une molécule parentale et synthèse de nouveaux brins complémentaires.

Reproduction : processus d'engendrement de nouveaux individus. Différent de la sexualité (sexe biologique, identité sexuelle et son expression, genre et orientation sexuels, érotisme, plaisir et intimité).

Reproduction asexuée : multiplication d'individus n'impliquant pas de fécondation.

Reproduction conforme : division cellulaire où toutes les caractéristiques du caryotype de la cellule parentale sont conservées dans les deux cellules filles.

Reproduction sexuée : multiplication d'individus impliquant une fécondation.

Ribosome : complexe moléculaire réalisant la synthèse des protéines à partir d'ARNm et d'acides aminés.

Sélection naturelle : variation non aléatoire des fréquences alléliques dans une population sous l'effet de l'environnement. Dans un environnement donné, les allèles favorisant la valeur sélective des individus voient leurs fréquences augmenter au cours des génération.

Séquençage du génome (ou d'une molécule d'ADN) : procédure permettant de déterminer la séquence de nucléotides de la totalité ou d'une partie d'un génome.

Séquence de nucléotides : suite ordonnée des nucléotides d'une molécule d'ADN.

Site actif : zone particulière de la structure tridimensionnelle des enzymes où se fixe(nt) le(s) substrat(s) et où se réalise la réaction chimique.

Spécificités de réaction et de substrat : propriétés des enzymes à catalyser un type de transformation chimique avec un type de substrat.

Substrat enzymatique : espèce chimique transformée dans une réaction de catalyse enzymatique par fixation dans le site actif d'une enzyme.

Traduction : synthèse de protéine à partir d'ARNm.

Transcription : synthèse de l'ARN à partir de l'ADN.

Transgénèse : processus qui permet d'obtenir un organisme génétiquement modifié, en introduisant volontairement un gène étranger dans un organisme.

Virus : domaine du vivant regroupant des organismes acellulaires.

Thème 2 - La dynamique interne de la Terre

Accrétion continentale ou océanique : formation de croûte continentale ou océanique par apport de matériel.

Accrétion magmatique ou tectonique : formation des croûtes par apport de matériel magmatique ou par exhumation du manteau grâce à des failles.

Andésite, dacite, rhyolite : roches volcaniques hydratées, croûte continentale.

Anomalie magnétique : voir ch. 6, p. 103.

Archipel volcanique : ensemble d'îles d'origine volcanique relativement proches les unes des autres.

Asthénosphère : voir ch. 5, p. 84.

Basalte : voir ch. 5, p. 82.

Chambre magmatique : réservoir lithosphérique de magma.

Chevauchement : recouvrement d'un terrain par un autre grâce à une faille inverse peu inclinée.

Collision : affrontement de deux plaques lithosphériques continentales conduisant à une chaîne de montagnes.

Comportement ductile ou cassant : manière de changer sous la contrainte : déformation continue ou discontinue (rupture).

Compression : déformation, action de comprimer un objet et résultat : l'objet est raccourci (Lf < Li) et épaissi (Hf > Hi). Ex. de déformation en compression : plis, failles inverses, chevauchements et nappes de charriage.

Conduction : transfert d'énergie thermique de proche en proche sans mouvement de matière.

Contrainte géologique : force appliquée sur une surface.

Convection : mouvements internes qui animent un fluide.

Convection thermique : transfert d'énergie thermique associé à un mouvement de matière.

Convergence : processus cinétique, rapprochement de deux plaques lithosphériques.

Croûte continentale ou océanique : enveloppe rocheuse superficielle du globe délimitée à sa base par la discontinuité de Mohorovicic (Moho), associée au domaine continental ou océanique.

Décompression : diminution de la pression.

Diorite, granodiorite, granite : roches plutoniques hydratées, croûte continentale.

Discontinuité de Gutenberg : voir ch. 5, p. 84.

Discontinuité de Lehman : voir ch. 5, p. 84.

Discontinuité de Mohorovicic (Moho) : voir ch. 5, p. 84.

Discontinuité sismique : frontière entre deux formations rocheuses ayant des vitesses de propagation des ondes sismiques différentes.

Divergence : processus cinétique, éloignement de deux plaques lithosphériques.

Domaine continental ou océanique : surface terrestre constituée de croûte continentale ou océanique.

Dorsale (rapide, lente) : relief sous-marin où se met en place la lithosphère océanique.

Expansion océanique : augmentation de la surface des fonds océaniques par accrétion au niveau des dorsales océaniques.

Extension : déformation, action d'étendre un objet et résultat : l'objet est allongé (Lf > Li) et aminci (Hf < Hi). Ex. de déformation en extension : failles normales.

Faille de détachement : voir ch. 6, p. 104.

Faille normale ou inverse : plan incliné définissant une zone de rupture le long de laquelle deux blocs rocheux se déplacent l'un par rapport à l'autre. Le compartiment supérieur descend (faille normale) ou monte (faille inverse) sur le plan.

Flux géothermique : quantité de chaleur dégagée à la surface du globe par unité de surface (exprimé en $W.m^{-2}$)

Forage : action de creuser un trou dans la Terre.

Fosse océanique : dépression topographique de très grande profondeur, de plus faible largeur relative.

Fusion partielle : passage d'une roche de l'état solide à un état où coexistent une phase solide et une phase liquide.

Gabbro : voir ch. 5, p. 82.

Géodésie spatiale : étude de la forme et des dimensions de la Terre, ainsi que celle du positionnement sur la planète. Les mesures géodésiques réalisées grâce aux satellites (ex. : systèmes GPS et SLR) permettent de positionner des stations dans un référentiel absolu et de déterminer le déplacement absolu des plaques.

Géodynamique terrestre interne : ensemble des mouvements et processus affectant l'intérieur de la Terre.

Gradient géothermique : variation de la température en fonction de la profondeur.

Granite : voir ch. 5, p. 82.

Hydrothermalisme : voir ch. 6, p. 105.

Lithosphère : enveloppe rocheuse du globe, d'une centaine de kilomètres d'épaisseur, constituée de la croûte terrestre et d'une partie du manteau supérieur.

Magma (mantellique ou crustal) : matière issue de la fusion de roches (du manteau ou de la croûte), comprenant des phases liquide, solide (cristaux) et gazeuse.

Manteau : enveloppe terrestre composée de péridotite, délimitée à son sommet par le Moho et à sa base par la discontinuité de Gutenberg.

Métabasaltes : roches métamorphiques issues de la transformation des basaltes.

Métagabbros : roches métamorphiques issues de la transformation des gabbros.

Métamorphisme : modification à l'état solide de la structure et de la composition minéralogique d'une roche soumise à des conditions de pression et de température différentes de celles de sa formation.

Minéraux : espèces chimiques solides formées par la répétition d'une maille élémentaire.

Mobilité horizontale : changement de position dans le plan horizontal.

Modèle PREM : voir ch. 5, p. 84.

Nappe de charriage : chevauchement de grande amplitude et de grandes distance (10z ou 100z de km).

Noyau (externe ou interne) : enveloppe rocheuse du globe la plus profonde limitée à son sommet par la discontinuité de Gutenberg, composée de deux couches de Fe et de Ni séparée par la discontinuité de Lehman, liquide (ext.) et solide (int.).

Objet géologique : minéral, fossile, roche, affleurement ou paysage.

Onde sismique : onde mécanique produite par un séisme. Les ondes de volume (P et S) se propagent à l'intérieur du globe contrairement aux ondes de surface.

Péridotite : roche principale du manteau

Plan de Wadati-Bénioff : voir ch. 6, p. 107.

Plaque lithosphérique : bloc de lithosphère rigide et déformable sur ses frontières avec d'autres plaques.

Plateau continental : prolongement du continent (au sens géographique : terre émergée) sous la surface de l'océan.

Plis : déformation ductile des roches en courbure (bosse, creux), résultat de la flexion des strates par compression.

Point chaud : site de formation de magma mantellique au sommet d'un panache mantellique (masse de manteau solide anormalement chaud remontant de la limite manteau/noyau ou asthénosphère/manteau inférieur).

Raccourcissement : déformation d'un objet caractérisée par la diminution de sa longueur.

Rift : fossé d'effondrement limité par des failles normales.

Roche magmatique plutonique ou volcanique : roche issue du refroidissement d'un magma, lent ou rapide.

Roche métamorphique : roche issue de la transformation d'autres roches à l'état solide.

Roche sédimentaire : roche résultant de l'accumulation de sédiments et/ou de la précipitation dans des solutions

Sédiments : particules issues de l'altération de roches et de matières précipitées ayant été transportées.

Séisme : voir ch. 5, p. 84.

Serpentinite : roche métamorphique issue de l'hydratation de la péridotite.

Sismicité : fréquence et intensité des séismes d'une région donnée.

Subduction : enfoncement d'une lithosphère dans l'asthénosphère sous-jacente.

Tectonique des plaques : modèle scientifique expliquant la structure superficielle de la planète par des plaques lithosphériques mobiles et leur dynamique globale.

Topographie : étude de la position et de l'altitude de n'importe quel point à la surface de la Terre.

Volcan : édifice de grande taille formé de l'accumulation de produits d'une ou plusieurs éruptions successives.

Zones de convergence ou de divergence : lieux où se déroule une convergence ou une divergence.

Thème 3 - Écosystèmes et services environnementaux

Absorption racinaire : voir ch. 7, p. 128.

Agrosystème (écosystème agricole) : écosystème modifié par l'Homme pour augmenter la production de biomasse. S'oppose à un écosystème dit « naturel ».

Atmosphère : enveloppe gazeuse entourant la surface de la Terre.

Biocénose : voir ch. 7, p. 126.

Biodiversité : diversités des écosystèmes, des espèces et des allèles.

Biosphère : ensemble des écosystèmes

Biotope : voir ch. 7, p. 126.

Commensalisme : interaction biotique augmentant la valeur sélective d'un partenaire et neutre pour celle de l'autre.

Compétition : voir ch. 7, p. 126.

Conditions abiotiques : ensemble des paramètres physico-chimiques du milieu.

Consommateurs : groupes écologiques fonctionnels d'organismes vivants s'alimentant de producteurs primaires, de consommateurs primaires...

Coopération : voir ch. 7, p. 126.

Cycle géochimique/biogéochimique : circuit d'un élément chimique entre différents réservoirs. Le cycle géochimique considère uniquement les réservoirs non vivants (géosphère, hydrosphère, atmosphère), alors que le cycle biogéochimique inclut le réservoir vivant (biosphère).

Décomposeurs : groupe écologique fonctionnel d'organismes vivants qui s'alimentent de matière organique de tout ou partie d'organismes morts.

Diversité fonctionnelle : diversité des activités accomplies par les organismes vivants en relation avec les milieux qu'ils occupent.

Dynamique des populations : voir ch. 7, p. 126.

Écosystème (système écologique) : voir ch. 7, p. 126.

Équilibre dynamique : maintien d'un état par compensation entre des gains et des pertes d'énergie, de matière, etc. S'oppose à l'équilibre statique : maintien d'un état par absence d'échanges.

Espèce : ensemble d'organismes vivants partageant des caractères communs, capables de se reproduire ensemble et d'avoir une descendance viable et fertile.

Espèce ingénieure : voir ch. 7, p. 127.

Espèces domestiquée/sauvage : une espèce domestiquée est une espèce dont l'Homme maîtrise la reproduction ; par opposition, une espèce est sauvage.

Espèce invasive (espèce exotique envahissante) : espèce introduite par l'Homme volontairement ou involontairement sur un territoire hors de son aire de répartition naturelle, et qui menace les écosystèmes, les habitats naturels ou les espèces locales.

Exploitation : voir ch. 7, p. 126.

Flux de matière : transfert de l'élément chimique sous diverses formes entre deux réservoirs. Un flux peut être associé à une transformation chimique.

Génétique des populations : étude de la distribution et des changements des fréquences des allèles d'un gène dans les populations.

Géosphère : ensemble des parties rocheuses de la Terre.

Hôte : organisme qui héberge un ou des partenaires parasites ou mutualistes.

Hydrosphère : ensemble des zones superficielles de la Terre occupées par l'eau liquide, solide ou gazeuse.

Ingénierie écologique : voir ch. 8, p. 147.

Interaction biotique : voir ch. 7, p. 126.

Métabolisme : ensemble des transformations chimiques se déroulant à l'intérieur d'une cellule, d'un organisme.

Microbiote : ensemble des micro-organismes vivant sur et à l'intérieur d'un macro-organisme.

Milieu : ce qui entoure un individu, synonyme d'environnement. Parfois restreint aux conditions abiotiques.

Mutualisme : voir ch. 7, p. 126.

Parasitisme : interaction biotique bénéfique pour la valeur sélective d'un des partenaires (parasite) et néfaste pour celle de l'autre partenaire (hôte).

Photosynthèse : voir ch. 7, p. 128.

Pollinisation : dépôt du pollen sur le stigmate d'une fleur.

Perturbation : facteur qui dérègle le fonctionnement d'un système (Terre, écosystème, organisme...). Elle est naturelle si elle ne résulte pas de l'action humaine.

Parasitisme : voir ch. 7, p. 126.

Prédation : voir ch. 7, p. 126.

Producteurs primaires : groupe écologique fonctionnel d'organismes vivants produisant de matière organique à partir de matière minérale.

Recyclage de la matière organique : transformation de la matière organique en matière minérale.

Réseau trophique : ensemble des relations alimentaires entre espèces au sein d'un écosystème.

Réservoir de matière : compartiment terrestre stockant un élément chimique sous diverses formes.

Résilience écologique : voir ch. 7, p. 129.

Respiration cellulaire : voir ch. 7, p. 128.

Santé humaine : état complet de bien-être physique, mental et social. Ne consiste pas seulement en une absence de maladie ou d'infirmité.

Symbiose : voir ch. 7, p. 126.

Transpiration foliaire : voir ch. 7, p. 128.

Valeur sélective : voir ch. 7, p. 126.

Thème 4 – Variation génétique et santé

Agent mutagène : voir lexique thème 1

Allèles : voir lexique thème 1.

Antécédents familiaux : faits se rapportant à l'état de santé de la famille d'un individu.

Antibiogramme : voir ch. 11, p. 192.

Antibiorésistance : résistance aux antibiotiques. Cela correspond au fait qu'un traitement antibiotique n'est plus efficace sur une infection bactérienne.

Antibiotique : voir ch. 11, p. 192.

Arbre généalogique : voir lexique thème 1.

Cancer : maladie causée par la multiplication incontrôlée de cellules somatiques modifiées par l'accumulation de mutations dans le temps.

Cellules somatiques : voir lexique thème 1.

Chimiothérapie : voir ch. 10, p. 179.

Clone : voir lexique thème 1.

Dépistage : recherche et mise en évidence d'une maladie par un examen systématique avant l'apparition des premiers signes fonctionnels ou cliniques.

Déterminant génétique ou environnemental : allèle ou facteur environnemental responsable d'une pathologie.

Diabètes : maladies caractérisées par une glycémie (taux de glucose sanguin) trop élevée. Le diabète de type 2 (90 % des cas) résulte d'une insensibilité à l'insuline, hormone qui fait baisser normalement la glycémie.

Dominance/récessivité : relation entre deux formes de caractères déterminés par un seul gène, par extension, entre ses allèles. Le caractère dominant s'exprime chez l'individu ayant une copie (génotype hétérozygote) ou deux copies (génotype homozygote) de l'allèle dit « dominant ». Le caractère récessif s'exprime chez l'individu possédant deux copies de l'allèle dit récessif.

Épidémiologie : voir ch. 9, p. 165.

Fond (ou terrain) génétique : génotype favorable à l'apparition d'une maladie.

Gène de prédisposition (ou de susceptibilité) : gène dont certains allèles, dits « à risque », rendent plus probable l'apparition d'une pathologie, sans pour autant la rendre certaine.

Génome : voir lexique thème 1.

Génomique : voir lexique thème 1.

Hérédité : transmission, au sein d'une espèce vivante ou d'une lignée de cellules, de caractéristiques d'une génération à la suivante.

Homozygotie/hétérozygotie : état du génotype diploïde. Homozygote pour un gène : deux allèles identiques ; hétérozygote pour un gène : deux allèles différents.

Immunothérapie : voir ch. 10, p. 179.

Incidence : nombre de nouveaux cas d'une maladie, dans une population, dans un temps donné.

Lignée cellulaire : ensemble des cellules issues d'une cellule originelle par mitoses successives, présentant les mêmes caractères structurels et fonctionnels, et dont le devenir est identique.

Maladie monogénique : voir ch. 9, p. 164.

Maladie multifactorielle : voir ch. 9, p. 166.

Maladie polygénique : voir ch. 9, p. 166.

Métastase : voir ch. 10, p. 178.

Mode de vie : ensemble de pratiques, des comportements, des besoins et des aspirations d'une personne ou d'un groupe d'individus.

Mutation : voir lexique thème 1.

Patrimoine génétique : voir lexique thème 1.

Porteur sain (d'une maladie monogénique) : voir ch. 9, p. 165.

Radiothérapie : voir ch. 9, p. 179.

Relation de parenté : voir lexique thème 1.

Risque génétique : voir ch. 9, p. 165.

Risque relatif : voir ch. 10, p. 166.

Santé publique : ensemble des efforts des institutions publiques dans une société pour améliorer, promouvoir, protéger et restaurer la santé de la population grâce à une action collective.

Sélection naturelle : voir lexique thème 1.

Sensible ou résistant : caractère de bactéries sur lesquelles les antibiotiques sont efficaces ou inefficaces.

Séquençage du génome : voir lexique thème 1.

Susceptibilité (ou prédisposition génétique) : risque accru en raison de déterminants génétiques de développer une maladie ou un trouble particulier.

Thérapie génique : voir ch. 9, p. 165.

Transmission autosomique ou sexuelle : mode de transmission d'une maladie monogénique associée à un gène présent sur un chromosome autosomal ou un chromosome sexuel.

Transmission récessive ou dominante : mode de transmission d'une maladie monogénique associée à un allèle récessif ou à un allèle dominant.

Tumeur : voir ch. 10, p. 178.

Thème 5 - Le fonctionnement du système immunitaire

Action cellulaire/humorale : voir ch. 13, p. 228.

Adjuvant : voir ch. 14, p. 244.

Agent infectieux : micro-organisme (bactérie, virus...) susceptible de provoquer une infection.

Agent pathogène : facteur engendrant une lésion ou étant à l'origine d'une maladie.

Amplification clonale : voir ch. 13, p. 231.

Anticorps : protéines sécrétées par les plasmocytes et se liant spécifiquement à un antigène, neutralisant et facilitateur de la phagocytose.

Anticorps monoclonaux : voir ch. 13, p. 246.

Antigène : molécule ou fragment de molécule pouvant déclencher une réaction immunitaire adaptative.

Apprentissage : apparition ou modification du fonctionnement d'un système après qu'il a été soumis à une expérience dont certaines composantes ont été mémorisées.

Cancer : voir lexique thème 4.

Cellule dendritique : cellule de l'immunité innée, résidente, se transforme en CPA après avoir réalisé la phagocytose et active les lymphocytes T.

Cellule immunitaire : cellule du système immunitaire.

Cellule NK : cellule de l'immunité innée capable de tuer des cellules tumorales et des cellules infectées.

Cellule présentatrice d'antigène (CPA) : cellule présentant à sa surface un antigène qui pourra être reconnu par un lymphocyte.

Cellule ou molécule effectrice : cellule ou molécule qui participe à un mécanisme immunitaire.

CMH : structure protéique membranaire qui permet au CPA de présenter des antigènes.

Différenciation clonale : voir ch. 13, p. 230.

Ganglion lymphatique : organe de petite taille situé sur le trajet des vaisseaux lymphatiques, lieu de stockage de cellules immunitaires, où s'initie l'immunité adaptative.

Granulocytes : cellules de l'immunité innée, circulant dans le sang. Elles ont un noyau multilobé et de nombreuses granulations cytoplasmiques. Certaines quittent les vaisseaux sanguins pour phagocyter des bactéries présentes dans les tissus.

Immunité : voir ch. 12, p. 212.

Immunité adaptative : mécanismes de défense d'un organisme hautement spécifiques, mis en place au cours de la vie, apte à l'apprentissage de reconnaissance, qui complètent et coopèrent avec l'immunité innée dans la réponse immunitaire.

Immunité collective (ou immunité de groupe) : protection indirecte contre une maladie infectieuse, qui s'obtient lorsqu'une population est immunisée soit par la vaccination, soit par une infection antérieure.

Immunité innée : voir ch. 12, p. 212.

Immunothérapie : ensemble de techniques médicales qui utilisent le système immunitaire d'un individu malade pour agir contre l'origine de sa maladie.

Infection : pénétration et développement de micro-organismes pouvant provoquer des lésions.

Interleukines : molécules produites par les cellules immunitaires, qui leur permettent de communiquer.

Interleukine 2 (IL-2) : sécrétée par les LT auxiliaires, elle stimule l'activation et la multiplication des lymphocytes.

Lymphocytes (B, T4, auxiliaire, T8, cytotoxique) : cellules de l'immunité adaptative. Les LB reconnaissent les antigènes circulants et se transforment en plasmocytes. Les LT4 et LT8 reconnaissent les antigènes présentés par des CPA. Les premiers se transforment en LT auxiliaires secrétant des médiateurs chimiques (ex. : IL-2) qui stimulent l'amplification et la différenciation clonales des lymphocytes activés. Les seconds libèrent des molécules toxiques détruisant les cellules infectées, endommagées ou cancéreuses.

Macrophage : cellule de l'immunité innée, résidente et principal phagocyte (son nom signifie « gros mangeur », en grec). Elle peut se transformer en CPA.

Mastocyte : cellule de l'immunité innée, résidente dans le derme, libère de l'histamine contenue dans de grandes vésicules cytoplasmiques.

Médiateur chimique de l'inflammation : molécule produite par des cellules immunitaires qui contribuent à l'installation de la réaction inflammatoire aiguë.

Mémoire immunitaire : voir ch. 14, p. 244.

Monocyte : cellule de l'immunité innée, présente dans le sang et phagocyte. Elle peut se transformer en macrophage ou en cellule dendritique dans les tissus.

Motif antigénique : voir « motif moléculaire étranger ».

Motif moléculaire étranger (associé aux pathogènes ou associé aux dégâts) : voir ch. 12, p. 213.

Organes lymphoïdes primaires : voir ch. 13, p. 229.

Organes lymphoïdes secondaires : organes où s'initie l'immunité adaptative (ex. : ganglions lymphatiques, rate).

Pathogène : organisme qui peut causer une maladie.

Phagocytes : cellules immunitaires réalisant la phagocytose (ex. : monocyte, macrophage, granulocyte et cellule dendritique).

Phagocytose : processus d'ingestion et de destruction de particules et de micro-organismes réalisé par certaines cellules immunitaires.

Phénotype immunitaire : voir ch. 14, p. 245.

Plasma sanguin : phase liquide du sang.

Plasmocyte : voir ch. 13, p. 228.

Porteur sain : individu porteur d'un agent infectieux sans être lui-même malade.

Produits immunogènes : molécules qui provoquent une réponse immunitaire.

Rappel vaccinal : renouvellement de l'administration d'un vaccin, destiné à maintenir un bon niveau de protection.

Réaction inflammatoire : processus de l'immunité innée qui permet d'éliminer ou d'isoler un corps étranger et qui prépare le déclenchement de l'immunité adaptative. Aiguë, elle présente des symptômes stéréotypés : rougeur, chaleur, gonflement, douleur.

Récepteur de surface : protéine membranaire possédant une forte affinité pour un messager chimique. La liaison messager-récepteur modifie l'activité de la cellule.

Recombinaison génétique : processus conduisant à changer l'association physique entre deux segments d'ADN.

Réponse immunitaire : voir ch. 12, p. 212.

Réponse immunitaire adaptative secondaire : réponse immunitaire adaptative contre un antigène déjà rencontré, plus rapide et quantitativement plus importante que la réponse primaire.

Sélection clonale : voir ch. 13, p. 231.

Système immunitaire : voir ch. 12, p. 212.

Taux de vaccination : proportion de la population vaccinée (exprimée en fréquence ou en %).

Vaccin : voir ch. 14, p. 244.

Vaccination préventive : voir ch. 14, p. 244.

Vaccination thérapeutique : voir ch. 14, p. 246.

Vasodilatation : augmentation du diamètre des vaisseaux sanguins.

Crédits iconographiques

p. 17 : BSIP/Visuals Unlimited ; **p. 19g, reprise p. 19b, mg :** SPL/Pr G. Gimenez-Martin ; **p. 19md :** SPL/Biophoto Associates ; **p. 19d :** BSIP/Visuals Unlimited ; **p. 22 :** SPL/Dr Gopal Murti ; **p. 74 :** « The organization and duplication of chromosomes as revealed by autoradiographic studies using tritium-labeled thymidinee », J. Herbert Taylor, Phillip S. Woods and Walter L. Hughes, January 15, 1957, 43(1)122-128, PNAS vol. 43, n° 1 ; **p. 90g, m :** ISM/Hervé Conge ; **p. 90d :** François Michel ; **p. 115 : g, m, d :** Courtesy of MinUSc, Paul Pillot ; **p. 117g :** Anne Woerthe ; **p. 117m :** Beat Meier ; **p. 117d :** Isabelle Veltz ; **p. 183, reprise p. 184 :** SPL/Steve Gschmeissner ; **p. 198 :** iStock/Juan Carlos Mazo ; **p. 208 :** SPL/Dr Torsten Wittmann ; **p. 219g, m, d :** ISM/Hervé Conge ; **p. 221 :** McDonald B, Kubes P. Neutrophils and Intravascular Immunity in the Liver during Infection and Sterile Inflammation. *Toxicologic Pathology*. 2012;40(2):157-165. Doi :10.1177/0192623311427570 ; **p. 223 :** Volker Brinkmann, PLOS cover November 2005 ; **p. 253 :** Huang A, Peng D, Guo H, Ben Y, Zuo X, Wu F, Yang X, Teng F, Li Z, Qian X, Qin FX. A human programmed death-ligand 1-expressing mouse tumor model for evaluating the therapeutic efficacy of anti-human PD-L1 antibodies. Sci Rep. 2017 Feb 16;7:42687. Doi : 10.1038/srep42687. PMID : 28202921 ; PMCID : PMC5311961. ; **p. 260 :** SPL/José Calvo ; **p. 261 :** SPL/Dr E. Walker.

Responsable éditoriale : Audrey Gérard.
Suivi éditorial : Mirna Bousser.
Chargée d'édition multimédia : France Courbier.
Conception couverture et direction artistique : Studio Humensis, Audrey Hette.
Maquette intérieure : Studio Humensis, Audrey Hette
avec la participation de Charlotte Thomas, Marse et STDI.
Mise en pages et photogravure : STDI.
Iconographie : Valérie Delchambre.
Schémas et infographies : Laurent Blondel/Corédoc, STDI, Légendes cartographie, Thomas Haessig, Belin Éducation.
Prépresse : Arthur Caillard.
Fabrication : Zoé Farré-Vilalta.

La pâte à papier utilisée pour la fabrication du papier de cet ouvrage
provient de forêts certifiées et gérées durablement.

Imprimé par Graficas Cems
N° d'édition : 03582307-01 – Dépôt légal : juillet 2022.

Certifié PEFC
Ce produit est issu de forêts gérées durablement et de sources contrôlées.
PEFC/14-38-00143
www.pefc.es